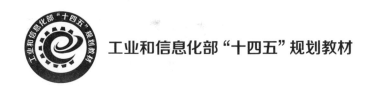

工业和信息化部"十四五"规划教材

# 武器装备通用质量特性设计与分析

赵河明　李兴民 ◎ 主编
鲁旭涛　戚俊成　张冬梅　张惠芳 ◎ 副主编

**DESIGN AND ANALYSIS OF GENERAL QUALITY CHARACTERISTICS OF WEAPONRY**

北京理工大学出版社
BEIJING INSTITUTE OF TECHNOLOGY PRESS

版权专有　侵权必究

**图书在版编目(CIP)数据**

武器装备通用质量特性设计与分析 / 赵河明，李兴民主编. --北京：北京理工大学出版社，2023.8

工业和信息化部"十四五"规划教材

ISBN 978-7-5763-2852-3

Ⅰ.①武… Ⅱ.①赵… ②李… Ⅲ.①武器装备-设计-高等学校-教材 Ⅳ.①TJ02

中国国家版本馆 CIP 数据核字(2023)第 171600 号

**责任编辑**：徐艳君　　**文案编辑**：徐艳君
**责任校对**：周瑞红　　**责任印制**：李志强

**出版发行** / 北京理工大学出版社有限责任公司
**社　　址** / 北京市丰台区四合庄路 6 号
**邮　　编** / 100070
**电　　话** / (010) 68914026（教材售后服务热线）
　　　　　　　(010) 68944437（课件资源服务热线）
**网　　址** / http://www.bitpress.com.cn

**版 印 次** / 2023 年 8 月第 1 版第 1 次印刷
**印　　刷** / 三河市华骏印务包装有限公司
**开　　本** / 787 mm×1092 mm　1/16
**印　　张** / 14.25
**字　　数** / 364 千字
**定　　价** / 48.00 元

图书出现印装质量问题，请拨打售后服务热线，负责调换

# 前 言

党的二十大指出，"教育、科技、人才是全面建设社会主义现代化国家的基础性、战略性支撑。必须坚持科技是第一生产力、人才是第一资源、创新是第一动力，深入实施科教兴国战略、人才强国战略、创新驱动发展战略，开辟发展新领域新赛道，不断塑造发展新动能新优势。"2023年国家《质量强国建设纲要》中提出了2025年和2035年两阶段发展目标，强调加快质量技术创新应用，全面提升质量保证能力。依据《武器装备质量管理条例》和《装备通用质量特性管理工作规定》，强调处理好武器装备性能先进性与通用质量特性的关系，充分发挥武器装备的效能，标志着我国武器装备质量管理的科学化和法制化水平迈上了新台阶。为了适应新时期国防建设和增强御敌能力，新型武器装备科技含量在不断增加，使用和保障要求逐步提高，装备体系结构越来越复杂，伴随而来的装备质量特性设计与分析工作内容越来越多，为此我们组织编写了《武器装备通用质量特性设计与分析》一书。

本书比较完整地介绍与通用质量特性有关的可靠性、维修性、保障性、安全性、测试性和环境适应性等（也称"六性"）设计与分析方法，共分为8章。第1章由赵河明编写；第2章由彭志凌、周春桂编写，第3章由戚俊成编写；第4章由鲁旭涛编写；第5章由张惠芳编写；第6章由李兴民编写；第7章由张冬梅编写；第8章由韩晶、续彦芳编写；全书由赵河明、崔俊杰、李长福统稿。特别是在编写"六性"章节的基础上，提出"武器装备性能与通用质量特性综合设计"的章节内容，非常适合于通用质量特性工作者的工程实际应用。

本书主要使用对象为装备型号设计人员、装备质量管理人员、装备用户技术人员、装备保障服务人员等，也可作为高等院校学生的教材和通用质量特性工作者的培训教材。

由于受编写时间和作者水平所限，书中难免有疏漏与不妥之处，敬请读者批评指正。

编　者

# 目　录
## CONTENTS

**第 1 章　概　　论** ··············································································· 001
　1.1　武器装备通用质量特性工作的必要性 ···················································· 001
　1.2　武器装备通用质量特性的发展概况 ······················································· 003
　1.3　武器装备通用质量特性之间的关系与特点 ············································· 007
　　　习题 ····································································································· 008

**第 2 章　武器装备可靠性设计与分析** ······················································ 009
　2.1　可靠性的概念 ··················································································· 009
　　2.1.1　可靠性的定义 ············································································· 009
　　2.1.2　武器装备常用的可靠性参数 ·························································· 010
　2.2　可靠性建模 ······················································································ 013
　　2.2.1　常用的可靠性模型 ······································································· 013
　　2.2.2　典型装备可靠性建模示例 ····························································· 018
　2.3　可靠性预计 ······················································································ 019
　　2.3.1　可靠性预计的一般步骤 ································································ 020
　　2.3.2　可靠性预计常用的方法 ································································ 020
　　2.3.3　典型装备可靠性预计示例 ····························································· 024
　2.4　可靠性分配 ······················································································ 025
　　2.4.1　可靠性分配的一般步骤 ································································ 026
　　2.4.2　可靠性分配常用的方法 ································································ 026
　　2.4.3　典型装备可靠性分配示例 ····························································· 030
　2.5　故障模式、影响及危害性分析 ······························································ 030
　　2.5.1　基本概念 ···················································································· 030
　　2.5.2　FMECA 的一般步骤 ···································································· 032
　　2.5.3　典型装备 FMECA 示例 ································································ 035

## 2.6 可靠性设计 ······ 041
### 2.6.1 冗余设计 ······ 041
### 2.6.2 降额设计 ······ 042
### 2.6.3 容差设计 ······ 045
### 2.6.4 元器件、零部件的选择与控制 ······ 049
### 2.6.5 潜在通路分析 ······ 053
### 2.6.6 可靠性设计准则 ······ 058
习题 ······ 061

# 第3章 武器装备维修性设计与分析 ······ 063
## 3.1 维修性的概念 ······ 063
### 3.1.1 维修性的定义 ······ 063
### 3.1.2 武器装备常用的维修性参数 ······ 065
## 3.2 维修性分配 ······ 067
### 3.2.1 维修性分配的目的、条件与原则 ······ 067
### 3.2.2 维修性分配的一般步骤 ······ 068
### 3.2.3 维修性分配方法 ······ 068
### 3.2.4 典型装备维修性分配示例 ······ 069
## 3.3 维修性预计 ······ 070
### 3.3.1 维修性预计的目的、条件与原则 ······ 070
### 3.3.2 维修性预计的一般步骤 ······ 071
### 3.3.3 维修性预计的方法 ······ 071
### 3.3.4 典型装备维修性预计示例 ······ 073
## 3.4 维修性设计 ······ 073
### 3.4.1 简化设计 ······ 073
### 3.4.2 可达性和可操作性设计 ······ 074
### 3.4.3 标准化、互换性和模块化设计 ······ 075
### 3.4.4 防差错和标志设计 ······ 076
### 3.4.5 维修安全性设计 ······ 077
### 3.4.6 维修性人机工程设计 ······ 077
### 3.4.7 测试诊断设计 ······ 077
### 3.4.8 维修性通用设计准则示例 ······ 078
## 3.5 基于FMECA的维修性分析 ······ 079
### 3.5.1 FMECA在维修性分析中的步骤 ······ 079
### 3.5.2 FMECA在维修性分析中的应用示例 ······ 080
习题 ······ 081

# 第4章 武器装备测试性设计与分析 ······ 082
## 4.1 测试性的概念 ······ 082

4.1.1　测试性的定义 ·················································································· 082
　　4.1.2　武器装备常用的测试性参数 ····························································· 084
4.2　测试性设计分析的内容 ················································································· 084
　　4.2.1　确定测试性要求和测试方案 ······························································ 084
　　4.2.2　测试特性分析与设计 ········································································ 084
　　4.2.3　BIT 设计分析 ·················································································· 085
　　4.2.4　测试兼容性设计 ··············································································· 085
4.3　测试性分配 ···································································································· 085
　　4.3.1　测试性分配的目的 ············································································ 085
　　4.3.2　测试性分配的一般步骤 ····································································· 086
　　4.3.3　测试性分配的方法 ············································································ 086
　　4.3.4　典型装备测试性分配示例 ·································································· 089
4.4　测试性预计 ···································································································· 090
　　4.4.1　BIT 测试性预计方法 ········································································· 090
　　4.4.2　LRU 测试性预计方法 ········································································ 092
　　4.4.3　系统测试性预计方法 ········································································· 093
　　4.4.4　典型装备测试性预计示例 ·································································· 094
4.5　测试性设计 ···································································································· 095
　　4.5.1　测试性设计的目标 ············································································ 096
　　4.5.2　武器装备研制各阶段的测试性设计工作 ·············································· 096
　　4.5.3　测试方案的确定与固有测试性设计 ····················································· 097
　　4.5.4　测试性设计准则 ··············································································· 100
　　习题 ······················································································································· 101

# 第 5 章　武器装备安全性设计与分析 ································································ 103
5.1　安全性的概念 ································································································ 103
　　5.1.1　安全性的定义 ··················································································· 103
　　5.1.2　武器装备常用的安全性参数 ······························································ 104
5.2　安全性分析 ···································································································· 105
　　5.2.1　安全性分析的一般步骤 ····································································· 105
　　5.2.2　故障树分析 ······················································································ 106
　　5.2.3　初步危险分析 ··················································································· 119
　　5.2.4　系统危险分析 ··················································································· 120
　　5.2.5　使用和保障危险分析 ········································································· 122
5.3　安全性设计 ···································································································· 127
　　5.3.1　安全性设计的一般要求 ····································································· 127
　　5.3.2　安全性设计措施的优先顺序 ······························································ 127
　　5.3.3　防错、容错及故障保险设计 ······························································ 128

5.3.4 冗余保险设计 …………………………………………………………………… 129
5.3.5 能量控制设计 …………………………………………………………………… 130
5.3.6 安全性设计准则 ………………………………………………………………… 130
5.3.7 典型装备安全性设计与分析示例 ……………………………………………… 138
习题 …………………………………………………………………………………… 145

## 第6章 武器装备保障性设计与分析 …………………………………………………… 146

### 6.1 保障性的概念 …………………………………………………………………… 146
6.1.1 保障性的定义 …………………………………………………………………… 146
6.1.2 武器装备常用的保障性参数 …………………………………………………… 149

### 6.2 保障性分析 ……………………………………………………………………… 152
6.2.1 保障性要求分析确认 …………………………………………………………… 152
6.2.2 保障性薄弱环节梳理 …………………………………………………………… 152
6.2.3 以可靠性为中心的维修分析方法 ……………………………………………… 153
6.2.4 维修级别分析方法 ……………………………………………………………… 157
6.2.5 使用和维修工作分析方法 ……………………………………………………… 162

### 6.3 保障性设计 ……………………………………………………………………… 165
6.3.1 装备设计特性的保障性设计 …………………………………………………… 165
6.3.2 保障系统的保障性设计 ………………………………………………………… 166
6.3.3 保障性设计准则 ………………………………………………………………… 167

### 6.4 典型装备保障性设计与分析示例 ……………………………………………… 169
6.4.1 以可靠性为中心的维修分析应用示例 ………………………………………… 169
6.4.2 维修级别分析应用示例 ………………………………………………………… 171
6.4.3 使用与维修工作分析应用示例 ………………………………………………… 172
习题 …………………………………………………………………………………… 173

## 第7章 武器装备环境适应性设计与分析 ……………………………………………… 174

### 7.1 环境适应性的概念 ……………………………………………………………… 174
7.1.1 环境适应性的定义 ……………………………………………………………… 174
7.1.2 环境适应性的表征方法 ………………………………………………………… 174
7.1.3 环境适应性要求 ………………………………………………………………… 175

### 7.2 环境分析 ………………………………………………………………………… 176
7.2.1 装备寿命期环境剖面确定 ……………………………………………………… 176
7.2.2 确定环境类型及其量值 ………………………………………………………… 177

### 7.3 环境适应性设计 ………………………………………………………………… 177
7.3.1 热设计 …………………………………………………………………………… 177
7.3.2 防冲击和防振动设计 …………………………………………………………… 180
7.3.3 防潮湿、霉菌和盐雾设计 ……………………………………………………… 183

### 7.4 典型装备环境适应性设计分析示例 …………………………………………… 185

7.4.1　某型微纳卫星热控系统设计示例 ………………………………………… 185
　　7.4.2　某型弹箭防振动、冲击示例 …………………………………………… 186
　　7.4.3　某型飞机火力控制系统防潮湿、霉菌和盐雾设计示例 ………………… 187
　习题 …………………………………………………………………………………… 188

## 第8章　武器装备性能与通用质量特性综合设计 ………………………………… 189
8.1　概述 …………………………………………………………………………… 189
8.2　综合设计方法 ………………………………………………………………… 189
　　8.2.1　简单加权法 ……………………………………………………………… 190
　　8.2.2　理想点法 ………………………………………………………………… 190
　　8.2.3　功效系数法 ……………………………………………………………… 190
　　8.2.4　层次分析法 ……………………………………………………………… 191
　　8.2.5　综合效能设计方法 ……………………………………………………… 191
8.3　性能与通用质量特性综合设计步骤 ………………………………………… 192
8.4　典型装备性能与通用质量特性综合设计示例 ……………………………… 193
　　8.4.1　导弹性能与通用质量特性综合设计的内容 …………………………… 193
　　8.4.2　导弹系统效能的数学模型 ……………………………………………… 193
　　8.4.3　导弹系统效能模型 ……………………………………………………… 196
　　8.4.4　基于层次分析法的综合设计分析 ……………………………………… 196
　习题 …………………………………………………………………………………… 212

**参考文献** ………………………………………………………………………………… 214
**附录　通用质量特性相关国家和军用标准** …………………………………………… 215

# 第 1 章
# 概　　论

## 1.1　武器装备通用质量特性工作的必要性

武器装备是武装力量用于实施和保障战斗行动的武器、武器系统和军事技术器材的统称，通常分为战斗装备和保障装备。战斗装备是指在军事行动中直接杀伤敌人有生力量和破坏敌方各种设施的技术手段，主要包括枪械、火炮、火箭、导弹、常规弹药、爆破器材、坦克和其他装甲战斗车辆、作战飞机、战斗舰艇、鱼雷、水雷等装备。保障装备是为了有效使用战斗装备所必需的军事技术器材，主要包括通信指挥器材、侦察探测器材、雷达、声呐、电子对抗装备、情报处理设备、军用电子计算机、野战工程机械等装备。本书主要涉及战斗装备的通用质量特性设计与分析，也可为保障装备的通用质量特性应用与研究提供参考。

装备质量特性包括装备的专用质量特性、通用质量特性、经济性、时间性等方面，装备质量特性关系如图 1—1 所示。

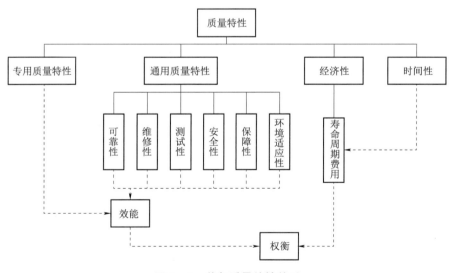

图 1—1　装备质量特性关系

(1) 专用质量特性反映了不同武器装备的个性特征，可以用性能参数和技术指标来描述，如弹药的射程、威力、飞行速度和弹径等，不同装备的专用质量特性是有差异的。

(2) 通用质量特性反映了不同武器装备的共性特性，描述了装备保持规定的功能和性能与时间特性有关的能力,包括装备的可靠性、维修性、测试性、安全性、保障性和环境适应性等(也称"六性"),如某型火炮储存十几年并保证在此储存期内作用可靠度不低于规定的值。通用质量特性参数对于各类装备来说,名称可以相同,但指标大小不同。如不管是装甲车辆、火炮、火控计算机还是军用空调等,都可用平均故障间隔时间(MTBF)这一通用参数来度量,但装甲车辆的 MTBF 可能是 200 h,而军用空调的 MTBF 可能是 2 000 h,可见参数名称相同但指标值不同。

(3)经济性指在装备的整个寿命周期内,为获取并维持装备的工作所花费的总费用。

(4)时间性指装备研制交付的时间,主要影响装备寿命周期费用。

为了适应新时期国防建设和增强御敌能力,新型武器装备科技含量在不断增加,使用和保障要求在逐步提高,装备体系结构越来越复杂,装备质量特性设计与分析的工作内容也越来越多。为了加强装备全系统全寿命通用质量特性管理工作,依据《中国人民解放军装备条例》和《武器装备质量管理条例》,原总装备部颁发了《装备通用质量特性管理工作规定》,顺应了武器装备的新特征和质量管理的新模式,遵循了武器装备可靠性发展的客观规律,强调了处理好武器装备性能先进性与通用质量特性的关系,充分发挥武器装备的效能,标志着我国武器装备质量管理的科学化和法治化水平迈上了新台阶。

质量特性是武器装备研制生产中赋予装备的固有特性,是否满足使用需求直接影响到装备效能的发挥,也关系到装备能否形成和保持其战斗力。在武器装备全寿命过程中,从零部件到武器装备全系统,都与质量特性密切相关,通用质量特性更是发挥专用特性的基础和保证。通用质量特性是影响武器装备效能、作战适用性、作战能力、生存能力及寿命周期费用的重要因素,武器装备通用质量特性水平的高低直接决定了战斗力水平的发挥,对战场或战争的结果有重要影响。

传统的武器装备质量设计更多地表现为性能设计,"重性能、轻效能"的现象普遍存在。这种做法导致武器装备出现故障多、维修难、保障差、费用高等技术质量问题,已严重影响武器装备效能的发挥。以往的通用质量特性设计没有得到应有的重视,仅依靠零散的、经验型的朴素思想开展设计。随着武器装备的综合化、信息化和性能的不断提高,性能与通用质量特性一体化设计、一体化协同和综合集成技术在装备研制过程中具有重要的价值。

性能与通用质量特性综合设计是在系统设计阶段利用故障注入、仿真分析和优化设计等方法来实现的。性能设计可以使性能水平达到优良,但是在这种情况下,通用质量特性不一定满足规定的要求,而性能与通用质量特性综合设计与分析则是通过选择合理的设计因素,寻求通用质量特性与性能之间的平衡,使武器装备达到满意的性能的同时通用质量特性达到要求。目前为止还没有收集到国外在武器装备性能与通用质量特性综合设计与分析技术方面更多更详细的资料,但可以肯定的是,他们在武器装备的性能与通用质量特性综合设计与分析中已开展了大量研究工作。

随着信息化、智能化和战场环境的变化,我国对武器装备通用质量特性提出了更高的要求。开展武器装备性能与通用质量特性综合设计与分析的技术应用研究,有助于缩短武器装备设计周期,节省设计资源,降低保障经费,提高装备的完好率。只有通过通用质量特性与性能同步设计与分析,才能建立适应现代化装备研发的模式,才能研发出满足作战需求的更高可靠性指标要求的武器装备。

## 1.2 武器装备通用质量特性的发展概况

武器装备的质量特性是指产品、过程或体系与要求有关的固有属性。质量概念的关键是"满足要求"。这些"要求"必须转化为有指标的特性,作为评价、检验和考核的依据。由于军队的需求是多种多样的,所以反映质量的特性也应该是多种多样的,如寿命、可靠性、安全性、经济性等。寿命是装备能正常使用的期限,通常包括使用寿命和储存寿命两种。使用寿命是指装备在规定条件下满足规定功能要求的工作总时间;储存寿命是指装备在规定条件下功能不失效的储存总时间。可靠性是指装备在规定时间内和规定条件下,完成规定功能的能力,可靠性是装备使用过程中主要的质量指标之一。安全性是指装备在使用过程中保证安全的程度,一般要求极其严格,视为关键特性而需要绝对保障。经济性指装备寿命周期的总费用,包括生产成本与使用成本两方面。装备质量特性的概念,在不同历史时期有不同的要求。由于生产力发展水平不同和各种因素的制约,人们对装备质量会提出不同的要求。

尽管作为产品基本属性的可靠性随着产品的存在而存在,但可靠性作为一门独立的工程学科只有60多年的历史,它从概率论、系统工程、质量控制和生产管理等学科中脱离出来,逐渐成为一门新兴的工程学科。

(1)国外通用质量特性的发展。

可靠性是通用质量特性发展的起点,或者说通用质量特性是从可靠性工程开始发展起来的。可靠性工程诞生于美国,多年来发展十分迅速,特别是在军事装备领域获得了广泛的应用,也取得了很大的成功。在第二次世界大战期间,德国V—Ⅱ火箭的诱导装置和美国军用雷达与以往的电子设备相比,均达到更加精密的程度,但在运输、储存和使用中却大量出现因故障而丧失战斗力的情况,导致人员伤亡,甚至战役失败。如美国对日作战的电子设备中有50%到达战场后不能工作;海军电子设备在规定时间内,仅有30%的时间能有效工作。于是,德国火箭研制者之一R. Lusser首先利用概率乘积法则,他认为$N$个部件组成的串联系统,其可靠度等于$N$个部件的可靠度的乘积,这就是现在常用的串联系统可靠性乘积定律,并以此算出V—Ⅱ诱导装置的可靠度为0.75,第一次定量地表示产品的可靠性。

美国则从电子管开始研究可靠性。1952年美国国防部成立了电子设备可靠性咨询小组,对电子产品的设计、制造、储存、运输、使用等各方面问题进行深入调查研究,经过5年时间的努力,于1957年6月发表了《军用电子设备可靠性报告》,成为美国可靠性工程发展的奠基性文件,从此确定了美国可靠性工程发展的方向。随后制定了许多可靠性标准、规范等,如《电子设备可靠性手册》《电子设备可靠性保证大纲》等。20世纪60年代美国阿波罗计划投入了大量的资金,对航天装置提出了极高的可靠性要求,大大推进了可靠性工程的全面发展,并使可靠性技术进入普及和全面发展时期。20世纪80年代以后,可靠性工程更加受到重视且更加成熟。美国从实践中认识到过去的军事装备过分追求先进的性能,而对可靠性和维修性重视不够,致使装备完好率下降和后勤保障费用大幅度增加。这一教训使美国国防部政策发生了变化,即从过分追求先进性能转变为强调可靠性和维修性。于是国防部制定第一个可靠性及维修性条令,即1980年正式颁布的DODD5000—40条令《可靠性及维修性》。该条令规定了发展各种武器的可靠性及维修性政策,国防部各部门对可靠性和维修性的职责,以及所有武器装备从一开始就要考虑可靠性和维修性;条令还规定了武器装备的可靠性应包括可用性、任务可靠性、维修人力和后勤支援等各个方面的指标。此外,还修订和颁发了一批通用质量特性标准和手册,如表1-1所示。

表1-1 美国通用质量特性标准

| 序号 | 特性 | 时间 | 报告/标准指令 |
| --- | --- | --- | --- |
| 1 | 可靠性 | 1957年 | 研究报告《军用电子设备可靠性》 |
| | | 1961年 | MIL—STD—756《可靠性模型的建立与可靠性预计》 |
| | | 1963年 | MIL—STD—781《可靠性试验(指数分布)》 |
| | | 1965年 | MIL—STD—785《系统与设备可靠性大纲》 |
| | | 1974年 | MIL—STD—1629《故障模式、影响及危害性分析程序》 |
| | | 1980年 | 指令DODD5000—40《可靠性及维修性》 |
| 2 | 维修性 | 1966年 | MIL—STD—470《系统与设备维修性大纲》<br>MIL—STD—471《维修性验证、演示和评估》<br>MIL—HDBK—472《维修性预计》 |
| 3 | 安全性 | 1969年 | MIL—STD—822《系统、有关分系统与设备的系统安全性大纲》 |
| 4 | 测试性 | 20世纪80年代 | MIL—STD—2165《电子系统及设备的测试性大纲》 |
| 5 | 保障性 | 1983年 | 指令DODD 5000—39《系统和设备综合后勤保障的采办和管理》 |
| 6 | 环境适应性 | 2000年 | MIL—STD—810F《环境工程考虑和实验室试验》 |

美国十分重视可靠性知识的普及和教育。从20世纪60年代后期,美国40%的大学都设置了可靠性课程,培养了大批学士、硕士、博士,造就了各行各业的可靠性工程技术专家。

维修性作为一种通用质量特性,是由美国提出的。世界各国军队都非常重视武器装备维修,投入了巨大的人力、物力。多年来,美军每年装备维修费都达数百亿美元,20世纪80年代以来维修费接近装备研制费与采购费总和。据统计,近40年来,其装备维修费约占国防费用的14.2%。美、俄一个陆军师的维修人员少则900余人,多则1 000余人,达到全师人数的10%以上。各国在军队建设中,都把装备维修力量建设作为一项重要内容。英国BAE公司专门设置虚拟维修性工程师,应用该技术来提高武器装备的维修性水平;美国在F22、JSF等型号的研制中也应用虚拟维修技术,并取得了较好的效果。由此可见,武器装备维修具有重要的作用和地位。同时维修已经不是由少数维修人员进行具体维修作业的问题,而是涉及军队组织指挥、人员训练、制度法规、装备性能、保障资源等多方面的问题,需要系统地加以研究和规划。正是在这样的背景下,维修不仅需要技术,而且需要理论,需要研究维修性工程的基本理论。

美国国防部在20世纪60年代进行的专门调查表明:由环境条件造成武器装备的损坏,占整个使用过程中武器装备损坏的50%以上,超过了作战损坏;在库存期,由环境条件造成损坏的比例占整个损坏的60%。20世纪80年代,美国国防部对价值180亿美元、总质量近380万t的三军库存常规弹药进行调查表明:由于美国本土、欧洲、大洋洲、太平洋等地自然环境造成的腐蚀和变质,仅陆军而言,待维修和销毁的弹药就已高达11.1万t。在海湾战争中,英国针对其导弹的固体发动机在高温、高湿条件下迅速失效的问题,得出了储存环境条件是影响发动机寿命的重要因素的结论。

欧洲各国对可靠性也给予了很大的关注，英国在标准局成立电子设备可靠性委员会，并从1968年起开始出版可靠性序列标准，如颁发 BS5760《设备、系统、元件可靠性标准》，阐明可靠性管理程序和试验方法，并列举26个工程应用实例；而且已召开了三届全英可靠性学术会议，把可靠性活动和质量管理活动联系起来。法国在国立通信研究所成立"可靠性中心"，进行数据收集和分析研究工作，并于1963年开始出版《可靠性》杂志。

日本可靠性工作的特点有：一是不拘于理论意义，采取实用化应用可靠性的观点；二是在成功的质量管理基础上引入可靠性工程，并把两者紧密结合，效果十分显著，连欧美等国都赞叹不如；三是可靠性工作主要是各大企业自成系统保证，企业有内控的可靠性指标、试验及评定的规范标准；四是非常重视可靠性技术的启蒙和培训，除了高校开设可靠性工程课，全国不少学术组织也设立可靠性研究会，普及可靠性技术。

自20世纪80年代以来，国外有许多组织机构开展了与性能和可靠性综合分析技术相关的研究工作，如美国 Virginia 大学的 ADEPT 与 DEPEND、美国 Duke 大学的 DIFtree、以色列飞机公司的 IRAT、俄罗斯航空中心的 SIM_S 等，都从不同侧面反映了该项技术的内涵与相关的技术内容，针对不同的领域呈现了多种研究思想和方法，这些有益的研究工作逐步总结出了性能与可靠性综合设计的技术内涵和研究思路。

(2) 我国通用质量特性的发展。

我国可靠性工作虽然在20世纪50年代就开始了，例如钱学森提出用两个不太可靠的元件组成一个可靠的系统，电子工业领域开始建立可靠性与环境试验研究机构。但出于种种原因，我国的可靠性工作真正从宣传、探索逐步进入实践阶段还是从20世纪70年代开始，从为提高航天火箭和人造卫星可靠性的需要，发展"七专"电子产品。到20世纪80年代，我国可靠性工作的发展变得十分迅速。电子工业以提高"三机"（电视机、录音机、收音机）可靠性为中心，大大促进了电子产品可靠性的提高，黑白电视机的 MTBF 从只有 250 h 提高到 5 000 h，彩色电视机提高到 1 万 h 以上。航空工业以飞机的定寿延寿为中心，推动了航空领域可靠性的发展。机械工业采用定期发布产品可靠性指标并限期考核通过的办法，推动机电产品可靠性工作的发展。20世纪90年代以后，我国可靠性技术得到进一步提高，航空、航天、船舶、兵器、电子等行业均建立了可靠性研究中心，颁布了大量的可靠性标准，产品的可靠性有了明显提高，大量产品已进入国际市场，为国家赢得了质量声誉。

在维修性方面，我军军队规模几经缩减，军费的实值也在减少。同时又要维护甚至提高军队的作战能力，客观上要求准备打赢现代技术特别是高新技术条件下的局部战争，这样就使武器装备维修面对费用少、要求高的两难境地。因此，对装备维修工作的目标、规模、质量、效率、消耗等多方面提出了新的要求，对维修保障系统建设提出了新的要求：提高战备完好性和保障能力；维修保障要高效、优质、低消耗；提高维修保障系统的机动性和生存力；提高战场损伤维修能力。

20世纪80年代末90年代初，美国有关武器装备保障性问题的标准、规范、手册和专著，经专业人士翻译并引入国内后，立刻在国内军方各兵种、各军事院校和工业部门引起极大的兴趣和强烈的反响。1991年和1992年，国内连续召开了两届武器装备综合保障研讨会，此后综合保障工作在我国武器装备领域逐渐开展起来。武器装备全寿命管理的关键是研制阶段的综合保障设计，但保障性设计思想并未在设计之初受到足够重视，距美国将保障性放在与性能、经费、进度同等重要的位置来综合确定设计方案的认识和做法还相去甚远。

安全性是武器系统的固有特性，是必须满足的首要设计要求。系统安全性技术的研究工作最早起源于美国,并且一直受到重视,美军方将武器装备系统的安全性作为其作战能力的要素之一,认为系统安全性和性能具有同等重要的地位。在装备系统安全性分析评估中,西方国家广泛地借鉴了其在武器装备系统安全性工作中的成功经验,已逐步趋向成熟。我国安全性工作起步较晚,且大都集中在核能和航空航天等领域,后来在船舶、兵器、电子等行业逐渐重视起来,并成为装备通用质量特性的首要指标要求。

环境条件是造成武器装备性能下降或失效的重要因素。在对越自卫反击战中,越军打来的炮弹中有37%瞎火。经调查,这些炮弹是我国的援越炮弹,由于不适应越南的潮湿环境而引起瞎火。由此可见,装备环境适应性是一个十分重要的问题,不但涉及加工制造,更主要的是涉及研制过程中的环境适应性设计。

装备通用质量特性的发展体系是随着武器装备的发展而建立起来的,我国先后发布了装备通用质量特性系列标准,如《装备可靠性工作通用要求》《装备维修性工作通用要求》《装备综合保障通用要求》《装备测试性工作通用要求》《装备安全性工作通用要求》《装备环境工程通用要求》等军用标准。在技术研究方面,装备的性能与通用质量特性综合设计运用了系统工程和军事运筹学理论及方法,以多指标综合优化、风险分析和费用管理为基础,以战备完好率为目标函数,以综合效能或费用为约束条件,初步建立了装备性能与通用质量特性综合设计评价模型。

在可靠性与性能综合设计方面,自1996年以来,我国的北京航空航天大学可靠性工程研究所、国防科技大学、信息产业部五所、兵器系统所和中北大学等单位先后在不同方向开展了可靠性与性能综合设计方法和技术的研究工作,开展了可靠性与性能设计理论研究和仿真平台设计、可靠性仿真建模和分析技术研究、可靠性与性能一体化建模研究等。针对典型电子产品、机械产品、导弹飞控系统等,开展了可靠性与性能一体化设计理论研究和应用技术研究,取得了一定的研究成果,积累了经验。在维修性与性能综合设计方面,虚拟维修的迅速发展为维修性工作的开展注入了新的活力。虚拟维修技术基于产品的数字样机,使开发逼真的维修过程成为可能,可以将产品维修性水平形象地展现出来。我国在国防预先研究中开展了虚拟维修性与维修分析系统的研究工作,取得了较大的进展;但在型号研制工作中,维修性工作与装备的性能设计尚未能很好地结合起来。

我国通用质量特性的发展体系是借鉴美国标准,并随着武器装备的发展而建立起来的,通用质量特性发展体系如表1—2所示,这是通用质量特性顶层的标准,而装备各个具体特性的工作项目的有关标准还有很多。

表1—2 我国通用质量特性顶层标准体系

| 序号 | 特性 | 标准 |
| --- | --- | --- |
| 1 | 可靠性 | GJB 450B—2021《装备可靠性工作通用要求》 |
| 2 | 维修性 | GJB 368B—2009《装备维修性工作通用要求》 |
| 3 | 测试性 | GJB 2547A—2012《装备测试性工作通用要求》 |
| 4 | 保障性 | GJB 3872—1999《装备综合保障通用要求》 |
| 5 | 安全性 | GJB 900A—2012《装备安全性工作通用要求》 |
| 6 | 环境适应性 | GJB 4239—2001《装备环境工程通用要求》 |

最早在《质量管理体系要求》(GJB 9001B—2009)中明确了"通用质量特性"的概念,为承担武器装备论证、研制、生产、试验、维修任务的组织规定了质量管理体系要求,并为实施质量管理体系评定提供了依据。《装备通用质量特性管理规定》要求综合运用经济、法律、行政手段,促进"通用质量特性"工作能力的提升。2017年发布的《质量管理体系要求》(GJB 9001C—2017)又对"通用质量特性"要求变更为根据产品的特点,建立并实施可靠性、维修性、保障性、测试性、安全性和环境适应性等通用质量特性工作过程。随着新型复杂武器装备科技含量的增加,系统越来越复杂,可靠性、维修性、保障性、测试性、安全性、环境适应性等问题越来越突出,全寿命、全系统和全费用管理仍将是制约装备发展的主要因素。

从形成标准规范的角度来说,通用质量特性的发展历程大致包括:1987年《军工产品质量管理条例》提出可靠性、维修性管理要求;1991年《航空航天质量管理》提出可靠性、维修性、安全性管理(RMS管理)的概念;2001年《国家军用系列标准》(GJB 9001A—2001)提出了优化设计技术、可靠性技术、维修性技术、综合保障技术、软件工程技术等五项工程技术的概念;2009年《质量管理体系要求》(GJB 9001B—2009)提出了武器装备"六性"的概念,即可靠性、维修性、保障性、安全性、测试性、环境适应性,而且强化了管理要求;2017年《质量管理体系要求》(GJB 9001C—2017)对"通用质量特性"的要求更多,要求根据产品的特点,建立并实施可靠性、维修性、保障性、测试性、安全性和环境适应性等通用质量特性工作过程,要求进行通用质量特性设计和开发,给出通用质量特性设计报告,要求进行通用质量特性专题评审等工作。

## 1.3 武器装备通用质量特性之间的关系与特点

通用质量特性的定义和内涵虽侧重于不同的方面,但相互之间是紧密关联的。可靠性、环境适应性代表了产品高可靠(无故障)工作的能力,维修性代表了便于预防和修复产品故障的能力,测试性代表了快速诊断产品故障的能力,保障性代表了与故障相关的维修保障能力,安全性代表了产品故障安全的能力。装备维修性、保障性都与故障检测及测试紧密联系,测试性是提高装备维修性、保障性指标的重要工作内容,而可靠性又与维修性、测试性、环境适应性等紧密相关,高可靠性的产品可降低维修性、测试性相关设计要求,可靠性水平低的产品要充分考虑维修性、测试性、环境适应性设计要求等。因此,装备的研制要考虑战术技术指标的实现,还要考虑通用质量特性之间的权衡和优化。随着新型复杂武器装备科技含量的增加,系统越来越复杂,可靠性、维修性、保障性、测试性、安全性、环境适应性等通用质量特性问题将会越来越突出。解决通用质量特性问题是一项系统工程,每一组通用质量特性要求都有若干指标支撑,彼此之间互相支持,且与产品的功能性能等专用质量特性指标共同形成互相渗透的指标体系。这些属性都是由设计师在设计过程中同时赋予的,它们的实现贯穿于产品论证、方案设计、产品研制、生产使用的各个阶段,不应仅考虑单个特性的要求开展相应的工作。

随着装备技术的发展,新形势下装备通用质量特性将不断向信息化、自动化、综合化、智能化方向发展。信息化是新军事变革的本质和核心,也代表了装备通用质量特性的发展趋势。装备通用质量特性信息化是实现装备信息化建设的重要领域。利用数字化通信、网络传输等信息技术来完善通用质量特性管理,加快装备通用质量特性信息系统建设,已成为装备通用质量特性发展的必由之路。自动化是通用质量特性发展的另一个趋势。随着计算机辅助技术的日益广泛应用,以计算机为中心的通用质量特性设计与分析自动化,将进一步改善武器装备通用质量特性设计和分析的能力,缩短研制周期,提高通用质量特性水平。通用质量特性管理自动化将大大提高装备的通用质量特性管理效率,通用质量特性信息收集和处理的自动化将提高信息收集速度和精度,从根本上解决通用质量特性信息不完善的问题,最终提高装备通用质量特性水平。装备的通用质量特性可以用综合指标来表征,工程体系的综合化是指通用质量特性设计分析综合化、可靠性试验综合化、硬件软件可靠性分析综合化和通用质量特性信息综合化。智能化软件是装备通用质量特性管理和设计分析的专家系统,用于帮助设计师和可靠性工程师设计更加可靠、易保障而且费用更低的武器装备;通用质量特性设计人员培训专家系统用于培训新装备设计及维修的通用质量特性人员,提高培训质量和效率。

装备通用质量特性工作开展具有覆盖装备的全寿命过程、依靠军用标准来规范、关键技术攻关和试验验证的特点。通用质量特性工作覆盖装备的全寿命过程,通用质量特性是在论证中提出,在设计中落实,在研制生产中实现,在使用中发挥、保持和提高的。装备通用质量特性工作是一项技术性、政策性很强的工作,涉及可靠性、维修性、保障性等具体专业技术,涉及广大的装备承制单位和部队使用人员,需要统一制定和颁布相关标准予以规范。通用质量特性水平的形成和提高,需要以关键技术攻关和试验验证为基础,通过一系列的设计、研制工作才能完成,一些重要通用质量特性指标甚至需要通过关键技术攻关才能实现。通用质量特性水平能否达到设计要求,还必须通过试验手段来进行验证,通过使用才能确认。

## 习　　题

1. 通用质量特性是由设计赋予、生产实现、管理保证并在试验或使用中体现出来的产品固有属性,这种说法合理吗?通用质量特性主要包含哪六个特性?

2. 通用质量特性都是围绕"故障"开展工作的,简述六个特性与"故障"的关系。

3. 传统的武器装备质量设计更多地表现为性能设计,"重性能、轻效能"的现象普遍存在,这种做法会导致什么后果?

4. 装备性能与通用质量特性综合设计与验证或者同步设计、同步验证的一体化工作理念有哪些好处?

5. 我国先后发布了装备通用质量特性系列标准,与六个特性"通用要求"有关的顶层国军标分别是什么?

习题答案

# 第 2 章
# 武器装备可靠性设计与分析

可靠性问题存在于人们的日常生活中,人们在选购商品时,除了对商品的外观及性能提出各种要求,在很大程度上还要考虑商品的经久耐用问题,这个"经久耐用"即为产品的可靠性固有特性。早在北宋,《武经总要》就记载了弓箭多次使用后弓力不减弱,天气冷热弓力保持不变的问题,这就是早期的武器可靠性。尽管当时人们并没有明确认识到可靠性规律,但可靠性问题存在于任何产品中。产品可靠性是设计出来的,是生产出来的,也是管理出来的,但首先是设计出来的。可靠性设计与分析是可靠性工程的重点与核心工作,其目的是挖掘与确定产品潜在的隐患和薄弱环节,并通过设计进行预防与改进,有效地消除隐患和薄弱环节,从而提高产品的可靠性水平,满足产品的可靠性要求。《装备可靠性工作通用要求》规定了可靠性建模、可靠性分配与预计、FMECA(故障模式、影响与危害性分析)、FTA(故障树分析)、潜在通路分析、电路容差分析、可靠性设计准则等可靠性设计与分析工作项目。本章具体给出了这些工作项目的方法、步骤和应用示例。其中 FTA 既可用于安全性分析,也可用于可靠性分析,这里受限于篇幅,将在安全性章节中叙述。

## 2.1 可靠性的概念

### 2.1.1 可靠性的定义

(1)可靠性。

根据《可靠性维修性保障性术语》(GJB 451A—2005),可靠性定义为产品在规定的条件下和规定的时间内完成规定功能的能力。定义中的"三个规定"是理解可靠性的核心。"规定的条件"包括使用时的环境条件和工作条件,产品的可靠性和它所处的环境条件关系极为密切,同一产品在不同环境条件下工作会表现出不同的可靠性水平。一辆装甲车辆在柏油路上行驶和在砂石路上行驶同样的里程,显然后者故障会多于前者,也就是说环境条件越恶劣,产品可靠性越低。"规定的时间"指的是规定的工作或使用时间。同一辆装甲车辆行驶 1 万公里发生的故障肯定比行驶 1 000 公里发生的故障多,也就是说,工作时间越长,可靠性水平越低,产品的可靠性与时间成递减函数关系。可靠性定义中的时间是广义的,除日历时间外,还可以是里程、次数等。"规定功能"指的是产品规格书中给出的正常工作的性能指标,完成不了规定功能就叫故障。

可靠性是产品的一种固有特性,它与产品的重量、体积、速度等指标要求一样,是产品性能指标体系的重要组成之一。提高产品的可靠性,可减少故障发生的次数,减少相应的维修次数,减少维修所需人力、物力以及保障设备器材等,进而降低产品的使用保障费用。对武器装备来说,提高装备各系统、设备和部件的可靠性,有助于提高装备系统的战备完好性和任务成功性,保证装备快速出动和持续作战能力。

(2)固有可靠性和使用可靠性。

从应用的角度出发,可靠性分为固有可靠性和使用可靠性。固有可靠性是产品在设计、制造中赋予的,用于描述产品通过采取一系列措施,设计和制造出来后达到的可靠性水平;使用可靠性则是综合考虑产品设计、制造、安装环境、维修策略和修理等因素,用于描述产品在计划的环境中使用的可靠性水平。

(3)基本可靠性和任务可靠性。

从设计的角度出发,可靠性分为基本可靠性和任务可靠性。基本可靠性考虑要求保障的所有故障影响,用于度量产品无须保障的工作能力,包括与维修和供应有关的可靠性,通常用平均故障间隔时间(MTBF)来度量;任务可靠性仅考虑造成任务失败的故障影响,用于描述产品完成任务的能力,通常用任务可靠度(MR)或致命性故障间隔任务时间(MTBCF)来度量。

### 2.1.2 武器装备常用的可靠性参数

(1)可靠度(reliability)。

产品在规定的条件下和规定的时间内,完成规定功能的概率,一般用 $R(t)$ 表示可靠度函数。

在一批产品中,使用到时间 $t$ 时,各个产品发生故障(失效)的时间为 $T$,产品寿命有可能是 $T>t$,也有可能是 $T \leqslant t$。因此,发生故障的概率是一个随机事件,产品可靠度的定义可用式(2-1)表示:

$$R(t) = P(T>t) \tag{2-1}$$

如果 $N$ 个产品从开始工作到 $t$ 时刻的故障(失效)数为 $n(t)$,当 $N$ 足够大时,产品在该时刻的可靠度可以近似地用它的故障(失效)频率表示,如式(2-2)所示:

$$R(t) \approx \frac{N-n(t)}{N} \tag{2-2}$$

产品的可靠度是时间的函数,随着时间的增长,产品的可靠度会越来越低,它介于 0 与 1 之间,即 $0 \leqslant R(t) \leqslant 1$,它的时间曲线如图 2-1 所示。

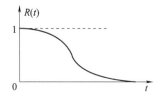

图 2-1 可靠度与时间的关系

(2)累积故障(失效)概率(cumulative failure probability)。

产品在规定的条件下和规定的时间内发生故障(失效)的概率,其数值等于 1 减可靠度。一般用 $F(t)$ 表示累积故障(失效)概率,如式(2-3)所示:

$$F(t)=\frac{n(t)}{N} \tag{2-3}$$

由式(2—2)和式(2—3)可以看出，$R(t)+F(t)=1$。

产品的累积故障(失效)概率是随着时间的增加而加大的，它是介于 0 与 1 之间的数。它的时间曲线如图 2—2 所示。

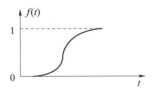

图 2—2　累积故障(失效)概率与时间的关系

故障(失效)密度函数是累积故障(失效)概率对时间的变化率，记为 $f(t)$。$f(t)$ 是产品在单位时间内发生故障(失效)的概率，它的表达式如式(2—4)所示：

$$f(t)=\frac{\mathrm{d}F(t)}{\mathrm{d}t}$$
$$F(t)=\int_0^t f(t)\mathrm{d}t \tag{2-4}$$

因此，可靠度函数可表示为式(2—5)：

$$R(t)=\int_t^\infty f(t)\mathrm{d}t$$
$$f(t)=-\frac{\mathrm{d}R(t)}{\mathrm{d}t} \tag{2-5}$$

累积故障(失效)概率、可靠度与故障(失效)密度函数三者的关系，可用图 2—3 来表示。

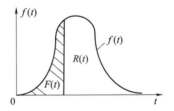

图 2—3　$F(t)$、$R(t)$、$f(t)$ 三者的关系

(3) 故障(失效)率(failure rate)。

故障(失效)率是衡量产品可靠性的一个重要特征量。在许多资料上，一些产品的可靠性指标，往往只给出一个故障率的要求。

故障(失效)率定义为工作到某时刻尚未发生故障(失效)的产品，在该时刻后单位时间内发生故障(失效)的概率。

故障(失效)率是时间 $t$ 的函数，记为 $\lambda(t)$，称为故障(失效)概率函数。

(4) 平均故障间隔时间(mean time between failures，MTBF)。

平均故障间隔时间是可修复产品的基本可靠性参数。对可修复的产品，是指一个或多个产品在它们的使用寿命期内的某个观察期间累积工作时间与故障次数之比。

(5)平均失效前时间(mean time to failure,MTTF)。

平均失效前时间是不可修复产品的基本可靠性参数。对不可修复的产品,当所有试验样品都观察到寿命终了的实际值时,是指它们的算术平均值。当不是所有试验样品都观察到寿命终了的截尾试验时,是指受试样品的累积试验时间与失效数之比。

(6)平均严重故障间隔时间(mean time between critical failure,MTBCF)。

平均严重故障间隔时间是产品的任务可靠性参数,是指在规定的一系列任务剖面中,产品任务总时间与严重故障总数之比,也称平均致命故障间隔时间。

(7)可靠寿命。

可靠寿命是指给定的可靠度所对应的产品寿命单位数,如工作时间、循环次数、里程等。

(8)储存寿命。

储存寿命是指产品在规定的储存条件下能够满足规定要求的储存期限。

(9)使用寿命。

使用寿命是指产品使用到无论从技术上还是经济上考虑都不宜再使用,而必须大修或报废时的寿命单位数。度量使用寿命时需要规定允许的故障率,允许故障率越高,使用寿命越长。

(10)首次大修期限。

首次大修期限是指在规定的条件下,产品从开始使用到首次大修的寿命单位数,也称首次翻修期限。

(11)可靠性使用参数与合同参数。

装备可靠性参数可分为使用参数与合同参数。使用参数是直接反映装备使用需求的参数,即由使用需求导出的参数,可以描述装备在实际使用时的可靠性水平;可靠性使用参数的量值称为可靠性使用指标,包括目标值与门限值,目标值大于门限值。

合同参数是在研制总要求和研制任务书中表述用户对装备可靠性要求的参数,是研制方在研制与生产中能够控制的参数,是由使用参数转换而来的。可靠性合同参数的量值称为可靠性合同指标,包括规定值与最低可接受值,规定值大于最低可接受值。规定值是研制方进行可靠性设计的依据。最低可接受值是可靠性考核验证的依据。

表2-1根据《装备可靠性维修性保障性要求论证》(GJB 1909A—2009)给出了典型武器装备的可靠性参数与指标示例。表2-1中的最低值就是最低可接受值。

表2-1 典型坦克的可靠性参数与指标示例

| 类型 | | 参数名称 | 使用参数 | 合同参数 | 验证时机 | 验证方法 |
|---|---|---|---|---|---|---|
| 综合参数 | 可用性 | 使用可用度 | 目标值0.62<br>门限值0.58 | — | 生产定型<br>使用阶段 | 使用评估 |
| | | 可达可用度 | — | 规定值0.88<br>最低值0.78 | 设计定型 | 试验验证 |
| | 任务成功性 | 任务成功度 | 目标值0.66<br>门限值0.61 | — | 使用阶段 | 使用评估 |

续表

| 类型 | | 参数名称 | 使用参数 | 合同参数 | 验证时机 | 验证方法 |
|---|---|---|---|---|---|---|
| 可靠性参数 | 基本可靠性 | 平均故障间隔时间 | 目标值 250 km<br>门限值 200 km | 规定值 300 km<br>最低值 250 km | 设计定型<br>生产阶段 | 试验验证<br>使用评估 |
| | 任务可靠性 | 平均严重故障间隔时间 | 目标值 1 200 km<br>门限值 1 000 km | 规定值 1 500 km<br>最低值 1 250 km | 设计定型<br>生产阶段 | 试验验证<br>使用评估 |
| | 耐久性 | 首次大修寿命 | 门限值 10 000 km | 最低值 10 000 km | 设计定型<br>使用阶段 | 试验验证<br>使用评估 |
| | | 使用寿命 | 15 年 | — | 使用阶段 | 使用评估 |

## 2.2 可靠性建模

随着科学技术的发展，系统的复杂程度越来越高，而系统越复杂则其发生故障的可能性就越大。因此，迫使人们必须提高对元件可靠度的要求。假如各元件的可靠度都等于 0.999，那么，有 40 个元件组成的串联系统其可靠度约等于 0.96，而 400 个元件组成的串联系统其可靠度约等于 0.67。某些复杂系统包括成千上万个元件（如导弹和宇宙飞船等），那么为了保证系统的高可靠度，对元件的可靠度就得提出更高的要求。这样，一方面由于对元器件可靠度的要求过高，而元器件的生产又受到材料及工艺水平的限制，很可能无法达到过高的可靠度指标；另一方面也将导致系统本身价格十分昂贵，万一系统失效，将会在人力和物力上造成巨大损失，甚至会引起严重后果。这种情况就使系统的可靠性问题显得特别突出，迫使人们不得不给予应有的重视和研究。

可靠性模型是对系统及其组成单元之间的可靠性/故障逻辑关系的描述，可靠性模型包括可靠性框图和数学模型，按用途分为基本可靠性模型与任务可靠性模型两类。

建立可靠性模型的主要目的：

(1) 明确各单元之间的可靠性逻辑关系及其数学模型。

(2) 利用模型进行可靠性定量分配和预计，发现设计中的薄弱环节，以改进设计。

(3) 对不同的设计方案进行比较，为设计决策提供依据。

### 2.2.1 常用的可靠性模型

常用的可靠性模型包括串联模型、并联模型、混联模型、储备模型等。

#### 2.2.1.1 串联模型

组成系统的所有单元中任一单元发生故障就会导致整个系统故障的系统叫作串联系统。或者说，只有当所有单元都正常工作时，系统才能正常工作的系统叫作串联系统。串联系统的可靠性框图如图 2-4 所示。

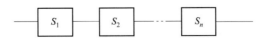

图 2-4 串联系统的可靠性框图

根据概率计算的基本法则,可得到串联系统可靠度表达式,如式(2—6)所示:

$$R_s = P(S) = P(S_1 \cdot S_2 \cdots S_n) \qquad (2-6)$$

式中:$R_s$——系统 $S$ 的可靠度;

$P(S)$——系统 $S$ 正常工作的概率。

假如系统中各分系统是相互独立的,则有式(2—7):

$$P(S) = \prod_{i=1}^{n} P(S_i) \qquad (2-7)$$

当第 $i$ 个单元的可靠度为 $R_i$ 时,即有基本可靠性模型,如式(2—8)所示:

$$R_s = \prod_{i=1}^{n} R_i \qquad (2-8)$$

基本可靠性模型是串联模型,主要用于计算故障率或 MTBF。

#### 2.2.1.2 并联模型

组成系统的所有单元都发生故障时才会导致系统故障的系统叫作并联系统。或者说,只要有一个单元正常工作时,系统就能正常工作的系统叫作并联系统。并联系统的可靠性框图如图 2—5 所示。

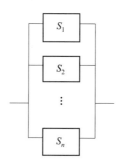

**图 2—5 并联系统的可靠性框图**

对于串联系统来说,单元数目越多,系统可靠性就越低,因此在设计上要求结构越简单越好。然而,对于任何一个高性能的复杂系统,即使是简洁的设计,也需要众多的元器件。为了提高系统的可靠度,一个办法是提高元器件的可靠度,但又需要很高的成本,有时甚至高到不可能负担的地步。另一个办法就是贮备,即增加系统中部分或全部元器件作为贮备,一旦某一元器件发生失效,作为贮备的元件仍在工作。这样,由于某一元器件失效而不会致使系统发生故障,只有当系统中贮备元件全部发生失效的情况下,系统才发生故障。这样的系统就称为"工作贮备系统",并联系统是属于工作贮备系统的一种情况。

对于并联系统而言,如果各个分系统相互独立,根据并联系统的定义和各子系统的独立性有式(2—9):

$$P(F) = P(F_1) \cdot P(F_2) \cdots P(F_n) \qquad (2-9)$$

式中:$F$——系统 $S$ 发生故障的事件;

$F_n$——第 $n$ 个分系统发生故障的事件;

$P(F)$——系统 $S$ 发生故障的概率。

由于:$P(F) = 1 - R$

$$P(F_i)=1-R_i$$
故得到式(2—10)：
$$R_S=1-\prod_{i=1}^{n}(1-R_i) \tag{2—10}$$
如果各分系统的可靠度相同，则有式(2—11)：
$$R_S=1-(1-R_1)^n \tag{2—11}$$
由于可靠度是一个小于 1 的正数，从上述结果不难看出，并联系统的可靠度大于每个分系统的可靠度。而且，并联的分系统个数越多，系统的可靠度越高。这种情况与串联系统恰好相反，正是这个基本事实，使人们想到用并联的方法来提高系统的可靠度。

### 2.2.1.3 混联模型

把若干个串联系统或并联系统重复地加以串联或并联，就能得到更复杂的可靠性结构模型，称这个系统为混联系统。计算混联系统可靠度或故障率，要对其混联系统中的串联和并联系统的可靠度或故障率进行合并计算，最后就可计算出系统的可靠度或故障率。混联系统的可靠度通常采用等效系统进行计算。例如：图 2—6 为一常见的并串联系统 $S$，单元 $S_1$ 和 $S_2$ 先并联再与 $S_3$ 单元串联。

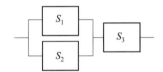

图 2—6 混联系统可靠性框图

该混联系统的可靠度计算如式(2—12)所示：
$$R_S=[1-(1-R_1)(1-R_2)]R_3 \tag{2—12}$$
式中：$R_S$——系统 $S$ 正常工作的概率；
$R_i$——系统 $S_i$ 正常工作的概率。
如果各单元的寿命分布为指数分布，且可靠度 $R$ 相同，故障率为 $\lambda$，则有式(2—13)：
$$R_S=e^{-\lambda t} \tag{2—13}$$
则系统可靠度如式(2—14)所示：
$$R_S=2R^2-R^3 \tag{2—14}$$

### 2.2.1.4 表决模型

当采用串联系统的设计不能满足设计指标要求时，可采用贮备系统的设计方式来提高可靠性水平。所谓贮备系统就是把几个单元（部件或元器件）当成一个单元来用，从这个角度来说，也就是备用或冗余问题。贮备系统可以分作工作贮备系统和非工作贮备系统两种情况。

组成系统的 $n$ 个单元中，不失效的单元个数不少于 $k$（$k$ 介于 1 和 $n$ 之间），系统就不会失效，这种系统叫作工作贮备系统，又称 $k/n$ 表决系统。

并联系统也属于工作贮备系统。当 $k=1$ 时，$1/n$ 表决系统就是并联系统。

工作贮备系统是一种特殊的并联系统，它是将 3 个以上的并联单元的输出进行比较，把一定数目以上的单元出现相同输出作为系统的输出，其可靠性框图如图 2—7 所示。

表决模型主要用于任务可靠性建模。

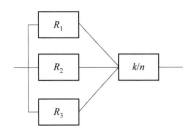

图 2-7 表决系统的可靠性框图

(1) 2/3 表决模型。

2/3 表决系统是一个 3 单元并联只需要 2 个单元正常工作的系统。该系统的可靠度计算式,可用布尔代数真值表法求得,如式(2-15)所示:

$$R_S = R_1R_2R_3 + F_1R_2R_3 + R_1F_2R_3 + R_1R_2F_3 \\ = R_1R_2R_3\left(1 + \frac{F_1}{R_1} + \frac{F_2}{R_2} + \frac{F_3}{R_3}\right) \quad (2-15)$$

式中:$F_i$ 为第 $i$ 个单元的故障率($i=1,2,3,\cdots,n$)。

(2) $(n-1)/n$ 表决模型。

$(n-1)/n$ 表决系统是 $n$ 个单元并联只允许一个单元失效的系统。当各单元可靠度相同时,其可靠度计算式如式(2-16)所示:

$$R_S = R^n + nR^{n-1}(1-R) = nR^{n-1} - (n-1)R^n \quad (2-16)$$

(3) $(n-r)/n$ 表决模型。

$(n-r)/n$ 表决系统是 $n$ 个单元并联只允许 $r$ 个单元失效的系统。当各单元可靠度相同时,其可靠度计算式可用二项展开式求得,如式(2-17)所示:

$$R_S = R^n + nR^{n-1}F + C_n^2 R^{n-2}F^2 + \cdots + C_n^r R^{n-r}F^r \quad (2-17)$$

由式(2-17)可以看出:

当 $r=1$ 时,如式(2-18)所示:

$$R_S = R^n + nR^{n-1}F = R^n + nR^{n-1}(1-R) \\ = nR^{n-1} - (n-1)R^n \quad (2-18)$$

其结果与 $(n-1)/n$ 表决模型相同。

当 $r=n-1$ 时,如式(2-19)所示:

$$R_S = R^n + nR^{n-1}F + \cdots + C_n^{n-1}RF^{n-1} \quad (2-19)$$

其结果与并联模型相同。

#### 2.2.1.5 非工作贮备系统模型(旁联模型)

组成系统的 $n$ 个单元中只有一个单元工作,当工作单元故障时通过故障监测装置及转换装置转接到另一个单元进行工作的系统叫作非工作贮备系统,也称旁联系统。其可靠性框图如图 2-8 所示。

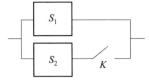

图 2-8 非工作贮备系统的可靠性框图

非工作贮备系统模型(旁联模型)主要用于任务可靠性建模。

图中 $K$ 代表故障检测器和转换开关。在非工作贮备系统中计算可靠性指标时,为了简化计算,一般假定故障检测器和转换开关是百分之百可靠。也就是说,不考虑 $K$ 的失效情况。非工作贮备系统又可分为冷贮备和热贮备两种情况。冷贮备的特点是当工作单元工作时,备用或待机单元完全不工作,一般认为备用单元在贮备期间故障率为零,贮备期长短对以后的使用寿命无影响。热贮备的特点是当工作单元工作时,备用或待机单元不是完全处于停滞状态(如电机已经启动但不承担负载,电子管灯丝已经预热但未加电压)。因此,备用单元在贮备期间也有可能失效。事实上不管是冷贮备还是热贮备,它们的备用单元在贮备期间的故障率都不等于零,只是冷贮备的故障率极低,人们一般可以认为它在贮备期间的故障率为零。而热贮备则不然,它在备用期间的故障率要比冷贮备高,因此,热贮备的备用单元故障率必须考虑。

(1)冷贮备系统模型。

①两个单元(一个单元备用)的系统。设每个单元服从指数分布,且可靠度相同,即 $R = e^{-\lambda t}$,如式(2—20)和式(2—21)所示:

$$R_S = e^{-\lambda t}(1+\lambda t) \tag{2—20}$$

$$\theta_S = \int_0^{-\infty} e^{-\lambda t}(1+\lambda t) \, \mathrm{d}t = 2/\lambda \tag{2—21}$$

②$n$ 个单元($n-1$ 个单元备用)的系统。如式(2—22)和式(2—23)所示:

$$R_S = e^{-\lambda t}\left[1+\lambda t+\frac{(\lambda t)^2}{2!}+\frac{(\lambda t)^3}{3!}+\cdots+\frac{(\lambda t)^{n-1}}{(n-1)!}\right] \tag{2—22}$$

$$\theta_S = n/\lambda \tag{2—23}$$

实际上,如果一个单元的平均寿命为 $\theta$,另一个单元的平均寿命也为 $\theta$,第一个单元失效前第二个单元不工作,而且假定备用单元不工作就不会失效,那么可以推断,有一个备用单元的非工作冷贮备系统的平均寿命必然等于 $2\times\theta$,即为 $2/\lambda$,$n$ 个单元的非工作冷贮备系统的平均寿命必然等于 $n/\lambda$。

③多个单元工作的系统。若一个系统需要 $L$ 个单元同时工作,而另外的 $n$ 个单元是备用的,且每个单元的可靠度为 $R_i = e^{-\lambda t}$,那么 $L$ 个单元的可靠度为 $R = e^{-L\lambda t}$。

假定所有单元都有相同的故障率,而且它们都在故障率为常数的这一阶段工作(即筛选后、耗损之前),所以未发生故障的单元的故障率总是一个常数,于是可以把这种情况考虑成故障率为 $L\lambda$ 的系统。因此有式(2—24)和式(2—25):

$$R_S = e^{-L\lambda t}\left[1+L\lambda t+\frac{(L\lambda t)^2}{2!}+\cdots+\frac{(L\lambda t)^n}{n!}\right] \tag{2—24}$$

$$\theta_S = \frac{n+1}{L\lambda} \tag{2—25}$$

④考虑检测器和开关可靠性的系统。故障检测器和开关也有错误动作或不动作和接触不良等问题,所以它们不可能百分之百可靠。如用 $R_a$ 表示它的可靠度,同时认为在系统设计中,检测器和开关只与备用单元有关而不影响工作单元的性能。这样,两个相同单元的非工作冷贮备系统的可靠度如式(2—26)所示:

$$R_S = e^{-\lambda t}(1+R_a\lambda t) \tag{2—26}$$

两个不同单元的非工作冷贮备系统的可靠度如式(2—27)所示:

$$R_S = e^{-\lambda_1 t} + R_a \frac{\lambda_1}{\lambda_2 - \lambda_1}(e^{-\lambda_2 t} - e^{-\lambda_1 t}) \quad (2-27)$$

平均寿命 $\theta_S$ 仍可用公式 $\theta_S = \int_0^\infty R(t)dt$ 求出。

(2)热贮备系统模型。

热贮备系统与冷贮备系统的不同之处在于热贮备系统中备用单元的故障率不能忽略。备用单元的故障率与工作单元的故障率是不同的,一般地说备用单元的故障率低于工作单元的故障率。

热贮备系统在工程实际中应用比较多。例如,飞机上的备用发动机,在飞机正常飞行时备用发动机是已经起动但处于空载。一旦工作发动机产生故障时,备用发动机马上可以投入工作而不需要经过起动阶段。这是飞机在空中飞行时的工作需要,必须采用热贮备而不能采用冷贮备。

热贮备系统的可靠度计算要比冷贮备系统更加复杂,在这里只讨论最简单的情况。

①两单元(一个单元备用)系统。由于考虑到备用单元在贮备期间也有故障的情况存在,假设:

$\lambda_1$ 为工作单元的故障率;

$\lambda_2$ 为备用单元的故障率;

$\lambda_3$ 为备用单元在贮备期间的故障率。

则有式(2—28):

$$R_S = e^{-\lambda_1 t} + \lambda_1 e^{-\lambda_2 t} \int_0^t e^{-\lambda_3 t} \cdot e^{-(\lambda_1 - \lambda_2)t} dt$$
$$= e^{-\lambda_1 t} + \frac{\lambda_1}{\lambda_1 + \lambda_3 - \lambda_2}[e^{-\lambda_2 t} - e^{-(\lambda_1 + \lambda_2)t}] \quad (2-28)$$

可得式(2—29):

$$\theta_S = \frac{1}{\lambda_1} + \frac{\lambda_1}{\lambda_2(\lambda_1 + \lambda_3)} \quad (2-29)$$

有两种特殊情况:

当 $\lambda_3 = 0$ 时,即为两单元冷贮备系统;

当 $\lambda_3 = \lambda_2$ 时,即为两单元并联系统。

②考虑检测器和开关可靠性的系统。设故障检测器和开关的可靠度为 $R_a$,则有式(2—30):

$$R_S = e^{-\lambda_1 t} + R_a \frac{\lambda_1}{\lambda_1 + \lambda_3 - \lambda_2}[e^{-\lambda_2 t} - e^{-(\lambda_1 + \lambda_3)t}] \quad (2-30)$$

可得式(2—31):

$$\theta_S = \frac{1}{\lambda_1} + R_a \frac{\lambda_1}{\lambda_2(\lambda_1 + \lambda_3)} \quad (2-31)$$

## 2.2.2 典型装备可靠性建模示例

在导弹、炮弹、火箭弹等弹箭中,保险机构是其关键件。根据有关国军标的规定,隔爆机构必须有两个以上的独立保险机构。现以双道保险机构为例,建立可靠性模型。

双道保险的隔爆机构在弹箭中比较多见,每一个保险机构都应是独立的,也就是说一个保险机构的失效与否不影响另一个保险机构的失效与否,其结构框图如图 2—9 所示。

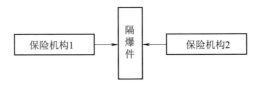

图 2—9  双保险的隔爆机构结构框图

建立双保险的隔爆机构可靠性框图,必须分两种情况来讨论:

第一种情况,从保证产品安全性方面考虑。保险机构 1 与保险机构 2,只要其中有一个不失效(起保险作用),则隔爆件就处于安全位置,隔爆机构能起隔爆作用。所以,双保险机构的逻辑关系是并联的,其安全可靠性框图如图 2—10 所示。

图 2—10  双保险机构的安全可靠性框图

此时的安全可靠性模型为:

$$R_{安全}=1-(1-R_1)(1-R_2)$$

第二种情况,从作用可靠性方面考虑。为了能达到作用可靠的目的,保险机构 1 和保险机构 2 必须都能可靠地解除保险,这样才能保证弹丸碰目标的可靠作用,否则弹箭将产生瞎火。从作用可靠性角度来考虑,双保险机构在解除保险时的逻辑关系为串联。其可靠性框图如图 2—11 所示。

图 2—11  双保险机构作用可靠性框图

此时的作用可靠性模型为:

$$R_{作用}=R_1R_2$$

由此可知,可靠性模型与产品的功能要求或任务要求有密切关系。同一个物理结构的产品,功能要求或任务要求不同,则可靠性模型也不同。

## 2.3  可靠性预计

一般系统的可靠度可以用大量的可靠性试验结果通过各种统计方法计算而得到,但在工程实际情况中,进行这样的试验是困难的,有时甚至是不可能的。例如,人造卫星、导弹等,虽然可以做环境试验和性能试验,但要做使用条件下的故障率试验,实际上是不可能的。因此,提出了系统的可靠性预计问题。

系统可靠性预计是为了估计产品在给定的工作条件下的可靠性而进行的工作。它根据系统、部件、元件的功能、工作环境及有关资料,推测该系统的可靠性。它是一个由局部到整体,由小到大,由下到上的过程,是一种综合的过程。

可靠性预计的目的在于发现系统薄弱环节,提出改进措施,进行方案比较,以选择最佳方案。具体目的有以下几方面:

(1)将预计结果与战术技术要求的可靠性指标相比较,看是否能够达到规定的要求。
(2)在方案阶段,通过对不同方案预计值的比较,选择优化方案。
(3)在设计的最初阶段,通过预计发现设计中的薄弱环节,以便采取改进措施。
(4)通过可靠性预计结果,为可靠性分配的合理性提供对照依据。
(5)为可靠性增长试验、验证试验及费用核算等方面提供数据。
(6)有助于可靠性指标与性能参数综合考虑。
(7)有助于零部件的正确选择。

### 2.3.1 可靠性预计的一般步骤

可靠性预计是按一定的工作程序进行的。对研制产品进行可靠性预计,一般按以下步骤进行:

(1)明确预计的对象。

明确将要预计的系统、分系统、零部组件等组成,是属于电子产品还是非电子产品,以便选择不同的预计方法。

(2)明确所预计的可靠性指标。

明确故障率、任务可靠度、MTBF 等可靠性参数与指标,以便选择不同的预计方法。

(3)确定所用的元件的失效率。

将元件分类进行分析,根据元器件、零件名称可以查询有关失效数据手册,从而得到基本失效率数据。然后再根据使用环境条件等计算出元器件、零件的失效率。

(4)计算分系统的故障率。

根据元器件、零件的失效率,计算出各分系统的故障率。

(5)计算系统的故障率。

利用系统的预计模型,计算出系统的故障率。

(6)预计系统的可靠度。

当系统的可靠度函数为指数分布时,可根据 $R(t)=e^{-\lambda t}$ 求出系统的可靠度。

最后给出预计结论。

### 2.3.2 可靠性预计常用的方法

可靠性预计方法很多,常用的方法如表 2-2 所示。不同产品、不同研制阶段应采用不同的可靠性预计方法。

表 2-2 常用的可靠性预计方法

| 方法名称 | 预计参数 | 应用条件 | 适用阶段 |
| --- | --- | --- | --- |
| 相似产品法 | MTBF、故障率、可靠度 | 具有相似产品的可靠性数据 | 论证、方案、初步(初样)设计 |

续表

| 方法名称 | 预计参数 | 应用条件 | 适用阶段 |
| --- | --- | --- | --- |
| 评分预计法 | MTBF、故障率 | 需要有经验的技术人员和专家参与可靠性设计工作 | 论证、方案、初步(初样)设计 |
| 元器件计数法 | 故障率、可靠度 | 适用于电子产品。元器件种类、数量、质量等级、工作环境已基本确定,能找到相关的数据 | 研发阶段的早期 |
| 应力分析法 | 故障率、可靠度 | 适用于电子产品。元器件的具体种类、数量、质量等级、工作环境等已确定,能找到相关的数据手册,可提供经验公式和数据 | 研发阶段的中后期 |

#### 2.3.2.1 相似产品法

相似产品法是利用成熟的相似设备(产品)所得到的经验数据来估计新设备的可靠性,成熟设备的可靠性数据来自现场使用评价和试验室的试验结果。这种方法在产品研制的任何阶段都适用,尤其是非电子产品,一般查不到故障数据,全靠自身数据的积累。成熟产品的详细故障数据记录越全,可比的基础越好,预计的准确度也越高,当然也取决于产品的相似程度。这是一种比较快速、粗略的预测方法,它的优点是一开始设计,就把提高系统可靠性的技术措施贯彻到工程设计中去,以免事后进行较多的更改设计。

(1)预计模型。

已知相似老产品的故障率 $\lambda_{i老}^*$ 或可靠度 $R_{i老}^*$,则新产品的故障率 $\lambda_{i新}^*$ 或可靠度 $R_{i新}^*$ 如式(2—32)和式(2—33)所示:

$$\lambda_{i新}^* = \lambda_{i老}^* \times K_i \tag{2—32}$$

$$R_{i新}^* = R_{i老}^* \times K_i \tag{2—33}$$

式中:$K_i$ 为相似系数。一般由工程经验丰富的专家判断或采用相似性评分法给出相似系数。

(2)预计步骤。

①相似性分析。相似性包括性能相似性、设计相似性、制造相似性、寿命剖面相似性。通过分析判断新老产品的相似程度,相似程度越高,预计结果越精确。相似程度较低时,不能采用此方法。

②请有经验的专家给出相似系数,或按相似性评分计算出相似系数。

③获取相似老产品的故障率或可靠度数据。

④按预计模型计算新产品的故障率或可靠度。

#### 2.3.2.2 评分预计法

评分预计法是在可靠性数据非常缺乏的情况下,依靠有经验的工程技术人员或专家按照影响可靠性的几种因素进行评分,按评分结果由已知的某单元故障率,根据评分系数算出未知单元的故障率。评分成员可以包括产品设计人员、生产人员、可靠性技术人员等。

(1)评分因素和原则。

常用的评分预计法考虑的因素一般有 4 种,即复杂度、技术成熟度、工作时间长度、环境严酷度。在工程实践中,可根据具体产品特点适当增加或减少因素。每种因素的分数为 1~10。

①复杂度——根据组成单元的零部件数量以及组装的难易程度评定。最复杂的单元评

10 分,最简单的单元评 1 分。

②技术成熟度——根据组成产品的单元技术成熟程度评定。最不成熟的单元评 10 分,最成熟的单元评 1 分。

③工作时间长度——根据组成产品的单元工作时间长短来评定。系统工作时,一直工作的单元评 10 分,工作时间最短的单元评 1 分。

④环境严酷度——根据组成产品的单元所处的环境来评定。工作过程中会经受恶劣和严酷的环境条件的单元评 10 分,环境条件最好的单元评 1 分。

(2) 预计模型。

已知某单元的故障率为 $\lambda^*$,则其他单元的故障率 $\lambda_i$ 如式(2—34)所示:

$$\lambda_i = \lambda^* \cdot C_i \tag{2—34}$$

式中:$C_i$——第 $i$ 个单元的评分系数。

(3) 预计步骤。

第一步:明确待预计产品的可靠性指标,如故障率;分析待预计产品的特点,确定评分因素。

第二步:请多位有经验的专家按评分原则为每个单元评分。

第三步:计算每个单元的评分数 $\omega_i$,将每个单元的评分数值相乘,如式(2—35)所示:

$$\omega_i = \prod_{j=1}^{4} r_{ij} \tag{2—35}$$

式中:$\omega_i$——第 $i$ 个单元的评分数;

$r_{ij}$——第 $i$ 个单元的第 $j$ 个因素的评分数($j=1$ 代表复杂度,$j=2$ 代表技术成熟度,$j=3$ 代表工作时间长度,$j=4$ 代表环境严酷度)。

第四步:计算每个单元的评分系数 $C_i$,用每个单元的评分数 $\omega_i$ 除以已知故障率的单元的评分数 $\omega^*$,如式(2—36)所示:

$$C_i = \frac{\omega_i}{\omega^*} \tag{2—36}$$

第五步:计算每个单元的故障率 $\lambda_i$,用每个单元的评分系数 $C_i$ 乘以已知单元的故障率 $\lambda^*$,如式(2—37)所示:

$$\lambda_i = \lambda^* \times C_i \tag{2—37}$$

第六步:计算系统的故障率 $\lambda_S$,将各单元的故障率相加,如式(2—38)所示:

$$\lambda_S = \sum_{i=1}^{n} \lambda_i \tag{2—38}$$

### 2.3.2.3 元器件计数法

随着科学技术的发展,在系统中电子元器件的应用更为广泛。由于电路部件的可靠性数据是不能用计算方法得出的,所以只能在实际的工作场合或在实验室中测出。而且大多数的零部件或元器件,都是假定失效的分布类型为指数分布,由于指数分布的失效率 $\lambda$ 是一个常数,因此,在作预测计算时就方便得多。目前国际上公认的是采用寿命试验的方法,求出各种元器件的失效率数据,编成手册,以供使用。对于进口电子元器件,则可采用美国 MIL-HDBK-217F《电子设备可靠性预计手册》进行预计;对于国产电子元器件,可采用《电子设备可靠性预计手册》(GJB/Z 299C—2006)进行预计。电子、电器设备的可靠性预计方法主要有元器件计数法和元器件应力分析法两种。在元器件计数法中,元器件的质量系数、通用失效率等都可从手册中查出。

元器件计数法适用于电子产品初步设计阶段的可靠性预计,此时元器件的种类和数量已大致确定,但具体的工作应力和环境等尚未完全明确(如果明确,可采用元器件应力分析法)。

(1)预计模型。如式(2—39)所示:

$$\lambda_s = \sum_{i=1}^{n} N_i \lambda_{Gi} \times \pi_{Q_i} \tag{2-39}$$

式中:$\lambda_s$——产品总故障率的预计值;

$\lambda_{Gi}$——第 $i$ 种元器件的通用故障率,查 GJB/Z 299C—2006;

$\pi_{Q_i}$——第 $i$ 种元器件的通用质量系数,查 GJB/Z 299C—2006;

$N_i$——第 $i$ 种元器件的数量;

$n$——产品所用元器件的种类数目。

(2)预计步骤。

第一步:确定产品所用元器件的种类、数量、质量等级、工作环境类别。

第二步:根据工作环境类别,查阅预计手册,得到元器件的通用故障率。

第三步:根据质量等级,查阅预计手册,得到元器件的质量系数。

第四步:按公式计算单元的总故障率,并填入相关表格中,表格样式如表2—3所示。

表2—3 元器件计数法预计表

单元名称:

| 编号 | 元器件类别 | 数量 $N$ | 质量等级 | 质量系数 $\pi_Q$ | $\lambda_G/(\times 10^{-6}/h)$ | $N\lambda_G\pi_Q/(\times 10^{-6}/h)$ |
|---|---|---|---|---|---|---|
|  |  |  |  |  |  |  |

#### 2.3.2.4 应力分析法

应力分析法用于电子产品详细设计阶段的故障率预计。在详细设计阶段,已有元器件清单及元器件的应力数据,此时用应力分析法对电子产品的可靠性进行预计。

(1)预计模型。

预计的计算过程较为烦琐,不同类别的元器件有不同的故障率计算模型,如普通二极管的工作故障率计算模型(GJB/Z 299C—2006)如式(2—40)所示:

$$\lambda_P = \lambda_b \pi_E \pi_Q \pi_r \pi_A \pi_{S2} \pi_C \tag{2-40}$$

式中:$\lambda_P$——元器件工作故障率($10^{-6}/h$);

$\lambda_b$——元器件基本故障率($10^{-6}/h$);

$\pi_E$——环境系数;

$\pi_Q$——质量系数;

$\pi_A$——应用系数;

$\pi_r$——额定电流系数;

$\pi_{S2}$——电压应力系数;

$\pi_C$——结构系数。

上述各 $\pi$ 系数是按照影响元器件可靠性的应用环境类别及其参数对基本故障率进行修正得到的,这些系数有的可查阅预计手册获得,有的应由设计师根据设计结果提供。

(2)预计步骤。

第一步:明确预计单元所用元器件的种类、数量、质量等级、环境类别、工作温度、降额等详细设计资料。

第二步:计算元器件的故障率。根据不同的元器件类型,查阅 GJB/Z 299C—2006 或 MIL-HDBK—217F,得到各类元器件的故障率,计算模型及各种修正系数,然后进行计算。

第三步:将同种类元器件的故障率相加。

第四步:将各种类元器件的故障率相加,从而得出单元的故障率。

对一个复杂系统进行可靠性预计的结果与系统实际的可靠性是否接近,涉及预计是否可信的问题。为了保证一定的预计精度需要注意以下几点:

(1)预计模型选取的正确性。

系统可靠性模型是进行预计的基础之一。如果可靠性模型不正确,预计结果就会失去其应有的价值。因此,必须清楚地了解系统的工作原理,明确系统"故障"的定义,依据具体设计方案作出合理的简化,建立正确的可靠性模型。

(2)数据选取的正确性。

元器件、零部件的失效率数据是系统可靠性预计的基础。一个比较复杂的系统,往往装有几万个元器件和零部件,如果元器件、零部件本身的失效率数据不准,那么系统可靠性的计算就有"失之毫厘,差之千里"之感。目前,对国产电子元器件,可查阅 GJB/Z 299C—2006;而对于机械零部件,则可参阅《非电子零部件可靠性数据》(NPRD-3)手册。

(3)非工作状态下的可靠性预计。

非工作状态含不工作状态与储存状态两种,在进行可靠性预计时一般我们可认为产品在这两种状态下的失效率相同。实践证明,长期不工作或储存的产品在性能上存在一定的退化。要保证系统可靠性预计的正确性,必须同时考虑产品的工作与非工作两种状态。

一般产品工作与非工作状态下的失效率并不存在确定的比例关系,这是因为两者的影响因素有着较大的差异。许多应用及设计变量都对工作失效率有较大的影响,但对非工作失效率却影响甚微。

对于非工作状态可靠性预计的数据可以从《非工作状态下电子设备可靠性预计手册》(GJB/Z 108A—2006)和《非工作状态下机械设备可靠性预计手册》中获得。

### 2.3.3 典型装备可靠性预计示例

某飞行器由 6 个分系统组成,要求故障率不大于 $900 \times 10^{-6}/h$。已知制导装置故障率 $\lambda^* = 284.5 \times 10^{-6}/h$,试预计系统及其他分系统的故障率。

解:由于飞行器属于复杂机电产品,只已知一个单元的故障率,所以采用评分预计法。

第一步:该飞行器比较复杂,服从指数分布,各分系统之间为串联关系,可以用评分法进行预计,评分因素如表 2—4 所示。

第二步:请有经验的 5 位专家按评分原则评分,计算平均值并取整。

第三步、第四步、第五步的计算结果如表 2—4 所示。

表 2-4 某飞行器可靠性预计过程

| 步骤 | | 第二步 | | | | 第三步 | 第四步 | 第五步 |
|---|---|---|---|---|---|---|---|---|
| 序号 | 分系统名称 | 复杂度 $r_{i1}$ | 技术成熟度 $r_{i2}$ | 工作时间长度 $r_{i3}$ | 环境严酷度 $r_{i4}$ | 分系统评分系数 $\omega_i$ | 分系统评分系数 $C_i$ | 各分系统故障率 $\lambda_i/(\times 10^{-6}/h)$ |
| 1 | 动力装置 | 5 | 6 | 5 | 5 | 750 | 0.3 | 85.4 |
| 2 | 装填物 | 7 | 6 | 10 | 2 | 840 | 0.336 | 95.6 |
| 3 | 制导装置 | 10 | 10 | 5 | 5 | 2500($\omega^*$) | 1 | 284.5 |
| 4 | 飞行控制装置 | 8 | 8 | 5 | 7 | 2240 | 0.896 | 254.9 |
| 5 | 机体 | 4 | 2 | 10 | 8 | 640 | 0.256 | 72.8 |
| 6 | 辅助动力装置 | 6 | 5 | 5 | 5 | 750 | 0.3 | 85.4 |

第六步:计算飞行器故障率 $\lambda_S = 878.6 \times 10^{-6}/h$。完成预计。

结论有以下几点:

(1)预计值满足要求。

(2)从专家评分结果可以看出,制导装置的复杂度和技术成熟度评分最高,故障率也最高,应作为重点控制,尽量简化设计、加强新技术验证等。

(3)飞行控制装置的复杂度、技术成熟度和环境严酷度也较高,也应重点采取措施。

## 2.4 可靠性分配

在武器装备的设计阶段,为了保证装备可靠性指标的实现,必须把系统的可靠性指标分配给各个分系统,然后再把各个分系统的可靠性指标分配给下一级的单元,也可以分配到零件级。这种把系统的可靠性指标按一定的原则合理地分配给分系统或零部件的方法称为可靠性分配。

可靠性分配的目的是将系统可靠性的定量要求分配到规定的产品层次。通过分配使整体和部分的可靠性定量要求协调一致。它是一个由整体到局部、由上到下的分解过程。通过分配把责任落实到相应层次产品的设计人员身上,并用这种定量分配的可靠性要求估计所需人力、时间和资源。

(1)可靠性分配的原则。

可靠性分配都是按一定的原则进行的,但实际上不论哪一种方法都不可能完全反映产品的实际情况。由于装备的特点不同,工程上的问题又各种各样,在做具体可靠性分配时,留有一定的可靠性指标余量作为机动使用。也可以按某一原则先计算出各级可靠性指标,然后再做一定程度的修正。在进行可靠性分配时可以考虑下列原则:

①对于改进潜力大的分系统或部件,可靠性指标可以分配得高一些。

②由于系统中关键件发生故障将会导致整个系统的功能受到严重影响,因此关键件的可靠性指标应分配得高一些。

③在恶劣环境条件下工作的分系统或部件,可靠性指标要分配得低一些。

④新研制的产品,采用新工艺、新材料的产品,可靠性指标应分配得低一些。
⑤易于维修的分系统或部件,可靠性指标可以分配得低一些。
⑥复杂的分系统或部件,可靠性指标可以分配得低一些。

(2)可靠性分配与预计的关系。

如果说可靠性预计是按元器件/零部件→分系统→系统自下而上进行的综合过程,那么可靠性分配则是按系统→分系统→元器件/零部件自上而下地落实可靠性指标的过程。可靠性预计与分配是相辅相成的,在分配过程中,若发现了薄弱环节,就要改进设计或调换元器件/零部件,这样一来又得重新预计,重新分配。所以,两者结合起来就形成了一个自下而上,又自上而下的反复过程,直到主观要求与客观现实达到统一为止。

### 2.4.1 可靠性分配的一般步骤

可靠性分配的一般程序包括:
第一步:明确所分配的产品可靠性参数和指标,如任务可靠度、故障率等。
第二步:选择可靠性分配方法。
第三步:进行可靠性分配,发现薄弱环节。
第四步:确定分配结果是否满足产品可靠性要求,如果满足要求,完成分配工作;否则,返回第三步。

### 2.4.2 可靠性分配常用的方法

可靠性分配的方法很多,但要做到根据实际情况且在当前技术水平允许的条件下,既快又好地分配可靠性指标不是一件容易的事情。一个产品的设计,往往采用了以前成功产品的零部件,如果这些零部件的可靠性数据已经收集得比较完整,可靠性分配就容易得多。

#### 2.4.2.1 比例组合法

如果一个新设计的系统与老系统非常相似,也就是组成系统的各分系统类型相同,对于这个新系统只是根据新情况提出新的可靠性要求。考虑到一般情况下设计都具有继承性,即根据新的设计要求在老系统的基础上进行改进。这样新老系统的基本组成部分非常相似,此时若有老系统的故障统计数据(如某个分系统的故障数占系统的故障数的比例),那么就可采用比例组合法,由老系统中各分系统的故障率,按新系统可靠性要求,给新系统的单元分配故障率。其分配模型如式(2—41)所示:

$$\lambda_{i新} = \lambda_{i老} \times \lambda_{s新} / \lambda_{s老} \tag{2—41}$$

式中:$\lambda_{i新}$——分配给第 $i$ 个新的分系统的故障率;
$\lambda_{s新}$——规定的新系统故障率;
$\lambda_{i老}$——老系统中第 $i$ 个分系统的故障率;
$\lambda_{s老}$——老系统的故障率。

如果我们有老系统中各分系统故障占系统故障数百分比 $K_i$ 的统计资料,而且新老系统又极相似,那么可以按式(2—42)进行分配:

$$\lambda_{i新} = \lambda_{s新} \times K_i \tag{2—42}$$

式中:$K_i$——第 $i$ 个分系统故障数占系统故障数的百分比。

这种做法的基本出发点是考虑到原有系统基本上反映了一定时间内产品能实现任务的可

靠性,如果在技术方面没有什么重大的突破,那么按照现实水平把新的可靠性指标按原有能力成比例地进行调整是完全合理的。

### 2.4.2.2 考虑系统各组成部分重要度和复杂度的分配法

一般情况下系统由各分系统串联组成,而分系统则由各机构以串联、并联等方式组成。一个分系统发生故障,系统就会发生故障,而分系统中某一冗余机构发生故障,系统不一定会发生故障。可见分系统或机构对系统的影响程度不一样,通常用重要度来表示,如式(2—43)所示:

$$\omega_{i(j)} = \frac{N_{i(j)}}{r_{i(j)}} \tag{2-43}$$

式中:$\omega_{i(j)}$——第 $i$ 个分系统(第 $j$ 个机构)的重要度;

$N_{i(j)}$——由于第 $i$ 个分系统(第 $j$ 个机构)的故障引起系统故障的次数;

$r_{i(j)}$——第 $i$ 个分系统(第 $j$ 个机构)的故障次数。

$0 \leqslant \omega_{i(j)} \leqslant 1$,其数值根据实际经验或统计数据来确定。

复杂度是表示分系统的基本构成的部件数占系统基本构成的部件总数的比例,如式(2—44)所示:

$$C_i = \frac{n_i}{N} \tag{2-44}$$

式中:$C_i$——第 $i$ 个分系统的复杂度;

$n_i$——第 $i$ 个分系统的基本构成部件数;

$N$——系统的基本构成部件总数;

$n$——分系统数。

在分系统中,$C_i$ 越大表示分系统越复杂。

综合考虑分系统重要度和复杂度时,系统可靠性的分配模型有两个:

(1)平均故障间隔时间的分配模型。如式(2—45)所示:

$$\theta_{i(j)} = \frac{N \omega_{i(j)} t_{i(j)}}{n_i (-\ln R_s)} \tag{2-45}$$

式中:$\theta_{i(j)}$——第 $i$ 个分系统(第 $j$ 个机构)的平均故障间隔时间;

$N$——系统的基本构成部件总数;

$\omega_{i(j)}$——第 $i$ 个分系统(第 $j$ 个机构)的重要度;

$t_{i(j)}$——第 $i$ 个分系统(第 $j$ 个机构)的工作时间;

$n_i$——第 $i$ 个分系统的基本构成部件数;

$R_s$——规定的系统可靠度指标。

(2)故障率分配模型。当关心的是系统或分系统或单元的故障率时,将上述 MTBF 分配式做一些改变,以故障率形式来表达系统可靠性的分配公式,如式(2—46)所示:

$$\lambda_i = \frac{n_i}{N} \times \frac{\lambda_s}{\omega_i} \tag{2-46}$$

由式(2—46)可以明显看出,分配给第 $i$ 个分系统的可靠性指标 $\lambda_i$(失效率),与该系统的重要度成反比,与它的复杂度成正比。

考虑分系统重要度和复杂度的分配方法(也称为 AGREE 法)不适用于元器件/零件级分

配,只适用于部件级分配。

### 2.4.2.3 评分分配法

评分分配法是在缺少可靠性数据的情况下,通过有经验的设计人员或专家对影响产品可靠性的重要因素进行打分,并对评分值进行综合计算,从而获得各单元之间的可靠性相对比值,根据相对比值给每个单元分配可靠性指标。应用这种方法时,时间一般应以产品工作时间为基准。各单元之间应为串联关系,若有冗余单元,先将其等效为串联模型。该方法适用于任何设计阶段。

评分分配法考虑的因素一般包括组成产品各单元的复杂度、技术成熟度、重要度、工作时间和环境严酷度等。在工程实际中可以根据产品的特点,增加或减少评分因素。每种因素的分值在1~10。常用的四种评分因素和原则如下:

(1)复杂度——根据组成分系统的零部件数量以及组装的难易程度来评分,最简单的评1分,最复杂的评10分。

(2)技术成熟度——根据分系统目前的技术水平和成熟程度来评分,水平最低的评10分,水平最高的评1分。

(3)环境严酷度——根据分系统所处的环境条件来评分,分系统经受极其恶劣而严酷的环境条件的评10分,环境条件最好的评1分。

(4)重要度——根据组成单元的重要程度评定。重要程度最低的单元评10分,最高的单元评1分。

这样,故障率的分配模型如式(2—47)所示:

$$\lambda_i = C_i \lambda_s \tag{2—47}$$

式中:$\lambda_i$——分配给第$i$个分系统的故障率;

$C_i$——第$i$个分系统的评分系数;

$\lambda_s$——规定的系统故障率指标。

$C_i$的计算如式(2—48)所示:

$$C_i = \frac{\omega_i}{\omega} \tag{2—48}$$

式中:$\omega_i$——第$i$个分系统的评分数;

$\omega$——系统的评分数。

$\omega_i$的计算如式(2—49)所示:

$$\omega_i = \sum_{i=1}^{4} r_{ij} \tag{2—49}$$

式中:$r_{ij}$——第$i$个分系统第$j$个因素的评分数。

$\omega$的计算如式(2—50)所示:

$$\omega = \sum_{i=1}^{n} \omega_i \tag{2—50}$$

### 2.4.2.4 最少工作量分配法

最少工作量分配法的基本思路:在提高整个系统的可靠度时,可靠度越低的分系统,其可靠度改善起来就越容易;而可靠度高的分系统,要进一步提高可靠度,可能困难就更大一些。最少工作量分配法可使在满足系统可靠性指标时,所花费的总工作量或费用减到最少。

当串联系统的可靠性指标大于系统可靠性预计值时,必须提高系统可靠度以满足所给的指标。但是,采取平均提高各分系统可靠度指标的办法,对每一个分系统都要做改善可靠性的工作,这是不现实也是不合理的。一般来说,改善低可靠度系统比较容易,因此人们把大于可靠度预计值的指标,分配给低可靠度的单元,使低可靠度的那些单元提高到某一可靠度水平。其具体做法是:首先根据各分系统可靠度预计值大小,由低到高依次进行排列并编号,即 $\hat{R}_1 \leqslant \hat{R}_2 \leqslant \hat{R}_3 \leqslant \cdots \leqslant \hat{R}_n$;然后将可靠度较低的系统都提高到 $R_0$,也就是使 $R_1,R_2,R_3,\cdots,R_k$ 都等于 $R_0$,而 $R_{k+1},\cdots,R_n$ 仍然不变,其中 $k=1,2,\cdots,n-1$。

系统可靠性预计值如式(2—51)所示:

$$\hat{R}_s = \hat{R}_1 \cdot \hat{R}_2 \cdots \hat{R}_n \tag{2-51}$$

当可靠度指标 $R_s > \hat{R}_s$ 时,令 $\hat{R}_1 = \hat{R}_2 = \cdots = \hat{R}_k = R_0$,则有式(2—52):

$$R_s = R_0^k \cdot \hat{R}_{k+1} \cdots \hat{R}_n = R_0^k \cdot \prod_{j=k+1}^{n} \hat{R}_j$$

$$R_0 = \left\{ \frac{R_s}{\prod_{j=k+1}^{n} \hat{R}_j} \right\}^{\frac{1}{k}} \tag{2-52}$$

此时各分系统的可靠度为 $R'_1 = R'_2 = \cdots = R'_k = R_0$,而大于 $R_0$ 的 $\hat{R}_{k+1}, \hat{R}_{k+2}, \cdots, \hat{R}_n$ 仍然不变。为了求得 $k$ 值,可根据式(2—52)依次计算:

$k=1$ 时,$R_0 = R'_1$;

$k=2$ 时,$R_0 = R'_1 = R'_2$;

…

$k=n-1$ 时,$R_0 = R'_1 = R'_2 = \cdots = R'_{n-1}$。

这种分配方法多用于串联系统,并联系统也可以用,但求 $k$ 值比较复杂。这种方法比平均提高分系统可靠度分配方法有了很大改进,但它是以低可靠度的分系统,具有较高改进潜力为基础的。如果情况不像我们预想的那样,比如有的分系统虽然可靠度较低,但在当前的技术水平条件下,要提高它的可靠度是很困难的,还不如提高其他可靠度较高的分系统要省力得多,这时在分配可靠度时,就要把这些特殊的分系统抽掉,把它们与高可靠度的分系统放在一起,然后再按上述方法提高那些可靠度相对来讲比较低的分系统,以满足系统的可靠性指标。有时也可根据改进可能性的大小把分系统(或元件)分成三类:第一类为可立即改进的单元;第二类为改进可能性比较小的单元;第三类为不改进的单元。可靠度的提高,主要由第一类的单元来实现。

#### 2.4.2.5 等分配法

当缺少确定的系统信息,而且是 $n$ 个分系统,又是串联使用时,对每个分系统均等分配可靠性似乎合理。这种方法可用于设计初期产品缺乏可靠性数据的情况。

等分配法是一种最简单的分配方法,它是将系统的各部分等同看待,而不考虑复杂程度、成本等方面的差异。设系统由 $n$ 个分系统串联组成,若给定系统的可靠度指标为 $R_s^*$,则按等分配法各分系统的可靠度指标如式(2—53)所示:

$$R_i = \sqrt[n]{R_s^*} \tag{2-53}$$

### 2.4.3 典型装备可靠性分配示例

某装备有一液压动力系统,其平均故障间隔时间 MTBF=3 900 h,即故障率 $\lambda_{s\text{老}}=256\times 10^{-6}/\text{h}$。现要设计一个可靠性更高、故障率更低的新的液压动力系统,其主要组成部分与老系统的基本一样,新系统的 MTBF=5 000 h,即 $\lambda_{s\text{新}}^{*}=200\times 10^{-6}/\text{h}$,试把指标分配给各单元。

解:数据如表 2-5 所示。

表 2-5 液压动力系统的可靠性分配过程

| 步骤 | | 第一步 | 第二步 | 第三步 |
|---|---|---|---|---|
| 序号 | 单元名称 | 老系统的故障率 $\lambda_{i\text{老}}/(\times 10^{-6}/\text{h})$ | 比例系数 $K_i$ | 新系统的故障率 $\lambda_{i\text{新}}^{*}/(\times 10^{-6}/\text{h})$ |
| 1 | 油箱 | 3 | 0.012 | 2.16 |
| 2 | 拉紧装置 | 1 | 0.004 | 0.72 |
| 3 | 油泵 | 75 | 0.293 | 52.74 |
| 4 | 电动机 | 46 | 0.180 | 32.40 |
| 5 | 止回阀 | 30 | 0.117 | 21.06 |
| 6 | 安全阀 | 26 | 0.102 | 18.36 |
| 7 | 油滤 | 8 | 0.031 | 5.58 |
| 8 | 启动器 | 67 | 0.262 | 47.16 |
| | 总计 | 256 | 1.00 | 180.18 |

第一步:液压动力系统属于复杂系统,假设服从指数分布,各单元之间为串联关系,能收集到老系统的故障率,可以采用比例组合法进行分配。留出 10% 的分配余量,即故障率按 $(200-20)\times 10^{-6}/\text{h}=180\times 10^{-6}/\text{h}$ 进行分配。

第二步:计算 $K_i$,以油箱为例。

$$K_1=\frac{3\times 10^{-6}}{256\times 10^{-6}}=0.012$$

第三步:计算新系统的故障率,以油箱为例。

$$\lambda_{1\text{新}}^{*}=\lambda_{s\text{新}}^{*}\times K_1=180\times 10^{-6}\times 0.012=2.16\times 10^{-6}/\text{h}$$

第四步:验算。

$$\sum_{i=1}^{8}\lambda_{i\text{新}}^{*}=180.18<\lambda_{s\text{新}}^{*}=200,\text{分配工作完成}。$$

结论:分配合理。其中油泵和启动器的故障率较高,属于薄弱环节,应重点加以控制。

## 2.5 故障模式、影响及危害性分析

### 2.5.1 基本概念

故障模式、影响及危害性分析(failure mode,effects and criticality analysis,FMECA)是

分析产品所有可能的故障模式及其可能产生的影响,并按照每个故障模式产生影响的一种程度及其发生概率予以分类的一种归纳分析方法。FMECA 由故障模式、影响分析(FMEA)和危害性分析(CA)两部分组成。FMECA 是产品可靠性分析的一个重要工作项目,也是开展维修性分析、安全性分析、测试性分析和保障性分析的基础。

FMECA 可以描述为一个系统化的活动,是对设计过程的完善化。FMECA 重点在于设计。适时性是成功实施 FMECA 的最重要因素之一,它是事发前的行为,而不是"后见之明"的行动。

FMECA 按使用阶段的不同,一般可分为设计 FMECA 和过程 FMECA。其中,设计 FMECA 又包括功能 FMECA、硬件 FMECA、软件 FMECA、损坏模式及影响分析(DMEA)。

FMECA 的主要目的是:

(1)发现和评价产品在设计、生产等阶段潜在的故障及其故障影响。
(2)找到能够避免或减少这些潜在故障发生的措施。
(3)将上述过程规范化、文件化,使其具有系统性和继承性。

FMECA 方法适用于产品全寿命周期。在产品寿命周期各阶段,采用 FMECA 的具体方法及目的略有不同,虽然各阶段 FMECA 的形式不同,但根本目的均是从不同角度发现产品的各种潜在故障与薄弱环节,并采取有效的改进和补偿措施以提高其可靠性水平。

下面介绍 FMECA 中的常用概念。

(1)故障。

对可修复的产品来说,产品不能执行规定功能的状态称为故障。对不可修复的产品来说,产品丧失完成规定功能的状态称为失效。

(2)故障模式。

故障模式是指产品故障的一种表现形式,一般是能被观察到的故障现象。例如,炮弹的瞎火、早炸,弹簧的折断,活动零件的运动受阻,线路的短路、断路,机械零件的腐蚀,火工品的受潮变质等。

(3)故障原因。

故障原因是指引起故障的设计、制造、使用和维修等有关因素。

(4)故障影响。

故障影响是指故障模式对产品的使用、功能或状态所导致的结果。故障影响通常分为局部影响、高一层次影响和最终影响三个等级。如分析飞机液压系统中的一个液压泵,它发生了轻微漏油的故障模式,对自身即对泵本身的影响可能是降低效率,对上级即对液压系统的影响可能是压力有所降低,最终影响是指对飞机可能短期内没有影响。

(5)严酷度。

严酷度是指产品每一个故障模式的最终影响的严重程度。

(6)危害度。

危害度是指对某种故障模式出现的频率及其所产生的后果的相应量度。

(7)故障检测方法。

故障检测方法是指在每个故障模式发生时的检测手段和方法。

(8)预防措施。

预防措施是指产品在设计、工艺、操作时应采取的纠正措施。

### 2.5.2 FMECA 的一般步骤

根据《故障模式、影响及危害性分析指南》(GJB/Z 1391—2006)的要求,对武器装备进行故障模式、影响及危害性分析,事前需要熟悉和掌握以下有关资料:

(1)产品结构和功能的有关资料。
(2)产品启动、运行、操作、维修资料。
(3)产品所处环境条件的资料。

这些资料在设计的最初阶段往往不能一下子全部掌握,开始时只能做某些假设,用来确定一些比较明显的故障模式,即使是初步的分析也能指出许多单点故障部位,且其中有些可通过结构的重新安排而消除。随着设计工作的进展,可利用的信息不断增多,FMECA 工作应重复进行,根据需要和可能应把分析扩展到更为具体的层次。

FMECA 一般按以下步骤进行:

#### 2.5.2.1 系统定义

分析对象定义是 FMECA 整个活动的前提,应尽可能对分析对象进行系统的、全面的和准确的定义。分析对象的定义可概括为任务功能分析和绘制框图(功能框图、任务可靠性框图)两个部分。

(1)任务功能分析。

在描述产品任务后,对产品在不同任务剖面下的主要功能、工作方式(如连续工作、间歇工作)和工作时间等进行分析,并充分考虑产品接口的分析。为了完成某一功能,系统中的每一零部件并不是每时每刻都在工作的,只有在需要时才执行功能。因此应拟定一个系统功能—时间要求的定量说明。例如,一枚通过电缆控制的水雷从潜水艇发射,其功能—时间要求如表 2-6 所示。

表 2-6 水雷从潜水艇发射的功能—时间要求

| 序号 | 功能 | 时间/min |
| --- | --- | --- |
| 1 | 艇门打开 | 1 |
| 2 | 完成发射 | 0.5 |
| 3 | 水雷启动 | 0.5 |
| 4 | 水雷前进<br>导线跟随水雷<br>控制系统工作 | 6 |

(2)绘制功能框图。

功能框图是描述系统各功能单元之间在工作过程中的相互关系,一般按上位功能和下位功能展开,上位功能是指在功能系统中起目的性作用的功能,下位功能是指在功能系统中起手段作用的功能。例如,水雷起爆装置的基本功能是引爆水雷,引爆水雷是目的,是上位功能,而使传爆序列起爆则是手段,是下位功能。其功能框图如图 2-12 所示。

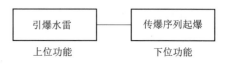

图 2-12 水雷起爆装置功能框图

(3) 绘制任务可靠性框图。

可靠性框图是描述产品整体可靠性与其组成部分的可靠性之间的关系。它不仅反映产品间的功能关系,而且表示故障影响的逻辑关系。如果产品存在多项任务或多个工作模式,则应分别建立相应的不同任务的可靠性框图。

#### 2.5.2.2 填写 FMECA 表

FMECA 表如表 2-7 所示。

表 2-7 FMECA 表

初始约定层次:　　　　任　　务:　　　　审核:　　　　第　页·共　页
约定层次:　　　　　　分析人员:　　　　批准:　　　　填表日期:

| 代码 | 产品或功能名称 | 功能 | 故障模式 | 故障原因 | 任务阶段与工作方式 | 故障影响 | | | 故障检测方法 | 预防措施 | 严酷度类别 | 概率等级 | 危害度 | 备注 |
|------|------|------|------|------|------|------|------|------|------|------|------|------|------|------|
| | | | | | | 局部 | 高一层次 | 最终 | | | | | | |
| | | | | | | | | | | | | | | |

(1) 约定层次与任务。

①初始约定层次:要进行 FMECA 总的、完整的产品所在的最高层次。

②约定层次:根据分析的需要,按产品的功能关系或组成特点所划分的产品功能层次或结构层次。一般是从复杂到简单依次进行划分。

③"任务"处填写"初始约定层次"产品所需完成的任务,若"初始约定层次"具有不同的任务,则应分开填写 FMECA 表。

(2) 代码。

对每一产品采用一种编码体系进行标志。

(3) 产品或功能名称。

填写分析对象的零部件名称或功能标志。

(4) 功能。

填写产品所具有的主要功能。

(5) 故障模式。

填写产品所有可能的故障模式。例如对弹药产品来说,常见的失效模式有折断、裂缝、变形、变质、尺寸超差、漏气、锈蚀、运动受阻、传火道堵塞、操作失误、瞎火、膛炸、炮口炸、卡膛、弹道炸等。

(6) 故障原因。

对于同一个故障模式可能由几个独立的原因造成,应把这些原因分别写出。例如常见的故障原因有磨损、疲劳、腐蚀、氧化、工艺不良、密封不良、温度过高、老化、振动、潮湿、压力过大、强度不够、装配不当、材料缺陷等。

(7) 任务阶段与工作方式。

根据任务剖面依次填写发生故障的任务阶段与该阶段内产品的工作方式。

(8)故障影响。

根据故障影响分析的结果,依次填写每一个故障模式的局部、高一层次和最终影响。例如某零件是系统、分系统、机构中的一个零件,那么该零件的故障模式对机构的影响为自身(局部)影响,对分系统的影响为对高一层次的影响,对系统的影响为最终影响。

(9)故障检测方法。

填写用以检测故障的方法,如目测、各种测量仪表、化验、化学分析、光学分析、射线分析、自动传感装置、报警装置等。

(10)预防措施。

针对各种故障模式及影响提出可能的预防措施,如防错装、漏装措施,监视装置,工艺改进措施,质量保证措施,优选元器件,增加冗余系统,改进使用环境等。

(11)严酷度分类。

严酷度是根据产品每一个故障模式的最终影响的严重程度进行确定的。例如,弹箭的膛炸和瞎火绝不是同一等级上的故障影响,严酷度一般分为四类。

① Ⅰ类(灾难的)。导致人员死亡、装备(如飞机、坦克、导弹及船舶等)毁坏,重大财产损失和重大环境损害。如火炮膛炸将引起炮手的死亡和火炮系统被炸毁。

② Ⅱ类(严重的或致命的)。导致人员严重伤害、产品严重损坏、任务失败、严重财产损失及严重环境损害。

③ Ⅲ类(中等的)。导致人员中等程度伤害、产品中等程度损坏、任务延误或降级、中等程度财产损坏及中等程度环境损害。

④ Ⅳ类(轻度的)。不足以导致人员伤害,但是导致产品轻度的损坏、轻度的财产损失及轻度环境损坏,因此会导致非计划性维护或修理,如轻微漏油、螺钉松动等。

(12)概率等级。

当得不到零部件结构失效率时,用故障模式出现的概率等级做定性分析,一般可分成五个等级。

① A级(经常发生):产品在工作期间发生故障的概率是很高的,即一种故障模式出现概率大于总故障概率的20%。

② B级(有时发生):产品在工作期间发生故障的概率为中等,即一种故障模式出现的概率为总故障概率的10%~20%。

③ C级(偶然发生):产品在工作期间发生故障是偶然的,即一种故障模式出现的概率为总故障概率的1%~10%。

④ D级(很少发生):产品在工作期间发生故障的概率是很小的,即一种故障模式发生故障的概率为总故障概率的0.1%~1%。

⑤ E级(极少发生):产品在工作期间发生故障的概率接近于零,即一种故障模式发生的概率小于总故障概率的0.1%。

(13)危害度。

根据严酷度类别和故障模式的概率等级综合考虑,危害度一般分为以下四级:

1级——ⅠA;

2级——ⅠB,ⅡA;

3级——ⅠC,ⅡB,ⅢA;

4级——ⅠD，ⅡC，ⅢB，ⅣA，ⅣB，ⅢC，ⅣC，ⅡD，ⅢD，ⅣD，ⅠE，ⅡE，ⅢE，ⅣE。

其中，ⅠA的含义是严酷度为Ⅰ类且概率等级为A级。其余以此类推。

#### 2.5.2.3 画危害性矩阵图

危害性矩阵是用来确定每一故障模式的危害程度并与其他故障模式比较，它表示各故障模式的危害性分布，并提供一个用以确定改正措施先后顺序的工具。

危害性矩阵图的构成方法是以故障模式严酷度等级作为横坐标，以故障模式的发生概率等级作为纵坐标，并将产品或故障模式标志编码填入矩阵相应的位置，并从该位置点到坐标原点连接直线，其他以此类推。从原点开始沿对角线越是往前记录（即离原点越远）的故障模式其危害性越严重，越急需先采取改正措施。危害性矩阵示意图如图2－13所示。

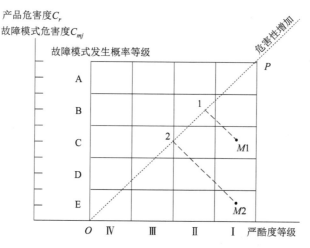

图2－13 危害性矩阵示意图

危害性矩阵图的应用：从图中所标记的故障模式分布点向对角线（图中虚线$OP$）作垂线，以该垂线与对角线的交点到原点的距离作为度量故障模式（或产品）危害性大小的度量，距离越长，其危害性越大。例如图2－13中，因$O1$距离比$O2$距离长，则故障模式$M1$比故障模式$M2$的危害性大。当采用定性分析时，大多数分布点是重叠在一起的，此时应按区域进行分析。

#### 2.5.2.4 提交FMECA报告

根据前面介绍的分析结果撰写分析报告。FMECA报告中主要包括系统定义、FMECA表、严酷度Ⅰ类和Ⅱ类单点故障模式清单、可靠性关键重要产品清单、危害性矩阵图、结论和建议。

### 2.5.3 典型装备FMECA示例

某型通信系统是飞机、船舶、军用车辆等采用的通信设备，下面以某型通信系统的通信接收机分系统为对象，开展FMECA。

（1）系统定义。

①功能分析。

某型通信系统的通信接收机分系统的功能是接收航空地面控制塔台发出的信号，并转换为驾驶员能听到的声音信号。任务是接收通信信号,其功能原理如图 2—14 所示。

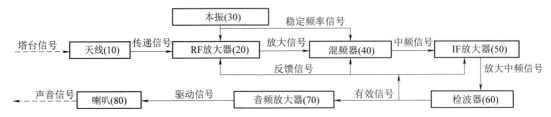

图 2—14　某型通信系统的通信接收机分系统的功能原理

②绘制功能框图。

某型通信系统的通信接收机分系统的功能层次与结构层次对应图如图 2—15 所示。

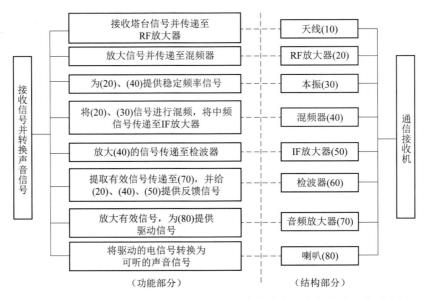

图 2—15　某型通信系统的通信接收机分系统的功能层次与结构层次对应图

③绘制任务可靠性框图。

某型通信系统的通信接收机分系统的任务可靠性框图如图 2—16 所示。

图 2—16　某型通信系统的通信接收机分系统的任务可靠性框图

(2) 约定层次。

初始约定层次为通信系统,中间约定层次为通信接收机分系统,最低约定层次为天线(10)、RF 放大器(20)、…、喇叭(80)等。

(3) 严酷度定义。

根据通信接收机分系统的每个功能故障模式对通信系统的最终影响程度,确定其严酷度。严酷度类别及其定义如表 2—8 所示。

表 2-8  某型通信系统严酷度类别及其定义

| 严酷度类别 | 严重程度定义 |
|---|---|
| Ⅰ | 引起通信系统与控制塔台的通信接收能力完全丧失(不能完成任务) |
| Ⅱ | 引起通信系统与控制塔台的通信接收能力下降(任务降级) |
| Ⅲ | 引起通信系统不能正确地向操作者报告接收机的工作状态 |
| Ⅳ | 对通信系统接收无影响,但会导致非计划维修 |

(4)填写 FMECA 表。

根据本示例的特点,将 FMEA 表、CA 表合并成"某型通信系统的通信接收机分系统功能 FMECA 表",其结果如表 2-9 所示。

(5)绘制危害性矩阵图。

根据表 2-9 的结果,绘制某型通信系统的通信接收机分系统的危害性矩阵图,如图 2-17 所示。

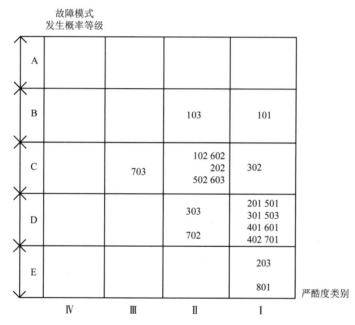

图 2-17  某型通信系统的通信接收机分系统的危害性矩阵图

(6)结论。

从表 2-9、图 2-17 得知,通信接收机分系统共 21 个故障模式,其中严酷度为Ⅰ类的有 12 个,Ⅱ类的有 8 个,但考虑故障模式发生概率的因素,危害性最大的是识别号为 101(天线不能接收信号)、302(本振错误输出)和 103(天线乱真接收),它们均可定为关键的故障模式。

(7)建议。

针对识别号为 101、103 的故障模式,增设一个接收天线作为冗余系统,以避免通信系统功能丧失;在本振设计中选用高质量的元器件,以消除或减少本振的参数漂移,提高其稳定性,这将对该接收机完成任务功能具有重要的作用。该接收机大都是严酷度为Ⅰ类、Ⅱ类的故障模式,除选用高质量元器件和严格对元器件实施质量管理外,可增设一套备份的无线电通信方式,作为设计补偿措施。

表2-9 某型通信系统的通信接收机分系统功能 FMECA 表

初始约定层次：某型通信系统  
约定层次：通信接收机分系统  
任务：接收通信信号  
分析人员：×××  
审核：×××  
批准：×××  
第 1 页 · 共 3 页  
填表日期：2005 年 9 月 21 日

| 代码 | 产品或功能名称 | 功能 | 故障模式 | 故障原因 | 任务阶段与工作方式 | 故障影响 局部 | 故障影响 高一层次 | 故障影响 最终 | 故障检测方法 | 设计改进措施 | 使用补偿措施 | 严酷度类别 | 概率等级 |
|---|---|---|---|---|---|---|---|---|---|---|---|---|---|
| 10 | 天线输出 | 接收控制塔台发射的信号,并传递至放大器 | 101 不能接收信号 | 接收频率不够,信号太弱 | 接收通信信号 | 天线不能接收信号 | 通信接收机丢失信号 | 通信丧失,与塔台失去联系 | BITE声音报警 | | 启动冗余 | I | B |
| | | | 102 信号泄露 | 波导泄露 | | 天线没有接收正确的信号 | 接收信号不正确或不完善 | 信号接收困难,通信接收机性能下降 | 监测仪检测 | 增加冗余 | 视情判断 | II | C |
| | | | 103 乱真接收 | 阻抗不匹配 | | 同频接收的信号 | 接收信号不完整 | 信号接收困难,通信接收机性能下降 | 听觉 | | | II | B |
| 20 | RF放大器输出 | 接收、放大进入的信号并传递至混频器 | 201 无输出 | 断路 | | 丢失天线来的信号 | 混频器无信号输入 | 通信丧失,与塔台失去联系 | BITE声音报警 | 选用高质量元器件,加强一次筛选 | | I | D |
| | | | 202 电压增益不够 | 放大器增益下降 | | 接收信号弱 | 给混频器的信号太弱 | 信号接收困难,通信接收机性能下降 | 听觉 | | 视情判断 | II | C |
| | | | 203 丧失RF调谐能力 | 调谐回路故障 | | 不能调谐天线来的信号 | 给混频器提供不正确的信号 | 通信丧失,与塔台失去联系 | 无 | | | I | E |
| 30 | 本振输出 | 为放大器和混频器提供稳定的频率信号 | 301 无输出 | 振荡器故障 | | 本振故障 | 混频器输出错误 | 通信丧失,与塔台失去联系 | BITE声音报警 | | | I | D |
| | | | 302 输出信号错误 | 振荡器参数超差 | | 本振输出频率错误 | 混频器输出错误 | 通信丧失,与塔台失去联系 | 无 | 加强二次筛选,提高本振稳定性 | 视情判断 | I | C |
| | | | 303 间歇输出 | 接触不良 | | 本振间歇输出信号 | 混频器间歇输出信号 | 信号接收困难,通信接收机性能下降 | 听觉 | | | II | D |

续表

初始约定层次：某型通信系统  任　务：接收通信信号  审核：×××  
约定层次：通信接收机分系统  分析人员：×××  批准：×××  
第 2 页·共 3 页  填表日期：2005 年 9 月 21 日

| 代码 | 产品或功能名称 | 功能 | 故障模式 | 故障原因 | 任务阶段与工作方式 | 故障影响 局部 | 故障影响 高一层次 | 故障影响 最终 | 故障检测方法 | 设计改进措施 | 使用补偿措施 | 严酷度类别 | 概率等级 |
|---|---|---|---|---|---|---|---|---|---|---|---|---|---|
| 40 | 混频器输出 | 将进入信号与本振信号进行混频，产生一个稳定的中频信号 | 401 无输出 | 断路 | 接收通信信号 | 丢失混频输出信号 | 丢失 IF 放大器的信号 | 通信丧失，与塔合失去联系 | BITE声音报警 | 选用高质量元器件，加强二次筛选 | 视情判断 | I | D |
|  |  |  | 402 输出错误 | 参数超差 |  | 混频器输出错误 | 给 IF 放大器的信号错误 | 信号接收困难，通信接收机性能下降 | BITE声音报警 | 选用高质量元器件，加强二次筛选 | 视情判断 | I | D |
| 50 | RF 放大器输出 | 放大由混频器产生的中频信号 | 501 无输出 | 断路 |  | 丢失中频信号 | 给检波器的信号丢失 | 通信丧失，与塔合失去联系 | BITE声音报警 | 选用高质量元器件，加强二次筛选 | 视情判断 | I | D |
|  |  |  | 502 电压增益不够 | 放大器增益下降 |  | 中频信号弱 | 给检波器的信号弱 | 信号接收困难，通信接收机性能下降 | 听觉 |  |  | II | C |
|  |  |  | 503 调谐能力丧失 | 调谐回路故障 |  | 不能调谐中频信号 | 给检波器的信号错误 | 通信丧失，与塔合失去联系 | BITE声音报警 |  |  | I | D |
| 60 | 检波器输出 | 从放大的中频信号中提取有效信号，并传递至音频放大器，同时提供反馈信号 | 601 无输出 | 对地短路 |  | 进入的信号丢失 | 给音频放大器的信号丢失 | 通信丧失，与塔合失去联系 | BITE声音报警 | 加强二次筛选，提高检波器可靠性 | 视情判断 | I | D |
|  |  |  | 602 间歇输出 | 检波参数超差 |  | 通信信号时续时断 | 音频放大器信号时续时断 | 信号接收困难，通信接收机性能下降 | 无 |  |  | II | C |
|  |  |  | 603 反馈信号丢失 | 输出断路 |  | 前面级无反馈信号 | 丧失反馈控制能力 | 信号接收困难，通信接收机性能下降 | 听觉 |  |  | II | C |

续表

初始约定层次：某型通信系统　　　　　任　务：接收通信信号　　　　　审核：×××　　　　　第 3 页·共 3 页
约定层次：通信接收机分系统　　　　　分析人员：×××　　　　　批准：×××　　　　　填表日期：2005 年 9 月 21 日

| 代码 | 产品或功能名称 | 功能 | 故障模式 | 故障原因 | 任务阶段与工作方式 | 故障影响 局部 | 故障影响 高一层次 | 故障影响 最终 | 故障检测方法 | 设计改进措施 | 使用补偿措施 | 严酷度类别 | 概率等级 |
|---|---|---|---|---|---|---|---|---|---|---|---|---|---|
| 70 | 音频放大器输出 | 放大有效信号，并为喇叭提供驱动信号 | 701 无输出 | 输出开路 | 接收通信信号 | 丢失通信信号 | 喇叭无输出 | 通信丧失，与塔台失去联系 | BITE 声音报警 | | | Ⅰ | D |
| | | | 702 间歇输出 | 参数不稳定 | | 通信信号不稳定 | 喇叭间歇输出 | 信号接收困难，通信接收机性能下降 | 听觉 | 选用高质量元器件，加强二次筛选 | 视情判断 | Ⅱ | D |
| | | | 703 电压增益不够 | 放大器增益下降 | | 通信信号放大不够 | 喇叭输出弱 | 通信接收机性能下降、低音信号接收困难 | 听觉 | | | Ⅲ | C |
| 80 | 喇叭输出 | 接收驱动信号，并将电信号转换为声音信号 | 801 无输出 | 输出断路 | | 喇叭输出信号丢失 | 信号接收失效 | 通信丧失，与塔台失去联系 | 声音报警 | 增加冗余 | 启动冗余措施 | Ⅰ | E |

## 2.6 可靠性设计

可靠性设计是为了在产品设计过程中查找故障隐患或薄弱环节,并采取预防和改进措施,有效地消除设计隐患或薄弱环节。定量计算和定性分析(例如 FMEA、FTA 等)主要是分析产品的现有可靠性情况或找出薄弱环节。只有通过各种具体的可靠性设计方法才能提高产品的固有可靠性。实践证明,贯彻可靠性设计准则可避免故障的发生,对产品固有可靠性的提高起很大的作用。目前,各型号、各产品在开展可靠性工作中大多制定了设计准则。如简化设计是指在达到产品性能要求的前提下,把产品尽可能地设计得简单,这样也可减少故障的发生。冗余设计是较早采用的一种可靠性设计方法,采用冗余设计可减少任务故障,提高任务可靠性。但采用冗余技术往往会使产品结构复杂化,这样就降低了基本可靠性,一般是在改进产品设计所花资源比冗余技术更多时,才采用冗余技术。

### 2.6.1 冗余设计

为提高系统功能而附加一个或一套以上的元件、部件和设备,达到即使其中之一发生失效但整个系统并不发生失效的结果。这种系统称为冗余系统,这种设计方法称为冗余设计。

冗余设计是系统或设备获得高可靠性、高安全性和高生存能力的设计方法之一。特别是当基础元器件或零部件质量与可靠性水平比较低,采用一般设计已无法满足设备的可靠性要求时,冗余设计就具有重要的应用价值。

冗余就是指系统或设备具有一套以上能完成给定功能的单元,只有当规定的几套单元都发生故障时系统或设备才会丧失功能,这就使系统或设备的任务可靠性提高。但是冗余设计使系统的复杂性、重量和体积增加,使系统的基本可靠性降低。一般工程经验认为只有在采用更好的元器件和采用简化设计、降额设计等都无法满足系统的可靠性要求时,或因改进元器件所需费用比系统或设备采用冗余技术费用更高时,冗余技术才成为可供采用的方法。但是,在决策是否采用冗余技术的基础元器件的速度赶不上系统的发展速度时,采用元器件或零部件的冗余设计构成高或超高的可靠性系统,使系统的故障率降低数个量级,也可以获得良好的使用效果。总之,系统是否采用冗余技术,需从可靠性或安全性指标要求的高低、基础元器件和系统的可靠性水平、非冗余方案的技术可行性、研制周期和费用、使用维护和保障条件、重量与体积和功耗的限制等方面进行权衡分析后确定。

为提高系统的可靠性而采用冗余技术时,需与其他传统工程设计相结合,因为不是各种冗余技术在各类系统上都可以实现,因此应根据需要与可能来确定,可以全面地采用,也可以局部地采用,不过一般在系统中的较低层次单元中采用冗余技术和针对系统中的可靠性关键环节采用冗余技术时,对减少系统的复杂性更有效。冗余技术通常分为两类:主动冗余(当结构中的元件、部件或设备发生失效时不需外部元件、部件和设备来完成检测、判断和转换功能)和备用冗余(需要外部元件、部件和设备进行检测,判断并转换到另一个元件、部件和设备上工作,以取代发生失效的元件、部件和设备)。

冗余设计示例:由于弹药系统的零部件尺寸小、重量轻、工作时间极短,工作过程中发生的故障是不能用人工排除和维修的,发射过程失效检测比较困难,一般用主动冗余设计技术来保障弹药系统的安全性和作用可靠性。

弹药系统中的敏感装置是弹药系统感受目标或环境条件变化并能输出所需信号的装置。它包括环境敏感和目标敏感装置,其输出信号使弹药系统发火机构启动时,若采用冗余设计,并联两套独立的敏感装置(或敏感器),则提高了弹药系统发火的可靠度,使弹药系统总的作用可靠度提高,这符合弹药系统的主要特点。冗余敏感装置提高了作用可靠度,但降低了抗干扰可靠度。对于目标敏感装置来说,弹道上的抗干扰可靠度与弹目交会时的作用可靠性,其可靠性框图是串联的,总的正常作用可靠度计算如式(2—54)所示:

$$R = R_k R_z \tag{2-54}$$

式中:$R$——敏感装置正常作用可靠度;

$R_k$——敏感装置弹道上抗干扰可靠度;

$R_z$——敏感装置弹目交会时作用可靠度。

由于冗余后只要有一个敏感装置因干扰而作用就可使弹药早炸,因此,冗余的敏感装置在弹道上抗干扰可靠性是串联,弹目交会时作用可靠性才是并联,其总的可靠性框图如图2—18所示。

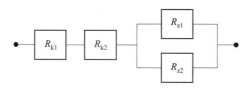

图2—18 冗余敏感装置正常作用可靠性框图

只有两个敏感装置的冗余系统,计算如式(2—55)所示:

$$R_{bz} = R_{k1} \cdot R_{k2} (R_{z1} + R_{z2} - R_{z1} \cdot R_{z2}) \tag{2-55}$$

式中:$R_{bz}$——冗余敏感装置正常作用可靠度;

$R_{ki}$——单个敏感装置弹道上抗干扰可靠度;

$R_{zi}$——单个敏感装置弹目交会时作用可靠度。

所以要求$R_{bz}$大得多时,采用冗余设计才有意义,否则增加了装置(敏感装置或敏感器),必然增加了成本,其效益并不大,设计时应综合考虑。对于环境敏感装置,其计算公式与目标敏感装置类似,既要考虑对指定环境的作用可靠度,也要考虑对非指定环境的不正常作用情况。

### 2.6.2 降额设计

降额设计就是使元器件或设备工作时承受的工作应力适当低于元器件或设备规定的额定值,从而达到降低基本故障率、提高产品可靠性的目的。

电子产品和机械产品都应做适当的降额设计,因电子产品的可靠性对其电应力和温度应力较敏感,降额设计技术对电子产品显得尤为重要,成为可靠性设计中必不可少的组成部分。

很多工程应用表明,降额后元器件失效率有明显的降低,可用一组数据来说明,元器件降额与不降额数据对比如表2—10所示。

表 2-10 元器件降额与不降额数据对比

| 元器件名称 | 额定下实际失效率/($\times 10^{-9}$) | 降额后实际失效率/($\times 10^{-9}$) |
|---|---|---|
| 电阻器 | 147 | 25.2 |
| 电容器 | 1 080 | 120 |
| 二极管 | 31 500 | 1 417 |
| 稳压二极管 | 2 250 | 375 |
| 三极管 | 1 687 | 202 |
| 电位器 | 9 000 | 4 300 |
| 变压器 | 2 400 | 120 |

从表 2-10 中可以看出,降额后实际失效率降低了 83%～95%(电位器除外)。

(1)降额等级的划分。

对于各类电子元器件,都有其最佳的降额范围,在此范围内工作应力的变化对其失效率有较明显的影响,在设计上也较容易实现,而且不会在设备体积、重量和成本方面付出过大的代价。但过度的降额并无益处,会使元器件的特性发生变化,或增加不必要的元器件数量,或无法找到适合的元器件,反而对设备的正常工作和可靠性不利。最佳降额范围一般分为三个等级:Ⅰ级降额、Ⅱ级降额和Ⅲ级降额。这三个降额等级的划分情况如表 2-11 所示。

表 2-11 三个降额等级的划分情况

| 降额等级<br>情况 | Ⅰ级 | Ⅱ级 | Ⅲ级 |
|---|---|---|---|
| 降额程度 | 最大 | 中等 | 最小 |
| 元器件使用 | 最大 | 适中 | 较小 |
| 适用情况 | 1. 单元故障导致人员伤亡或产品与保障设备的严重破坏<br>2. 对产品有高可靠性要求<br>3. 采用新技术、新工艺设计<br>4. 故障单元无法维修或不宜维修<br>5. 产品内部的结构紧凑,散热条件差 | 1. 单元故障引起产品与保障设备损坏<br>2. 对产品有较高可靠性要求<br>3. 采用某些专门设计<br>4. 故障单元的维修费用较高<br>— | 1. 单元故障不会造成人员伤亡或设备的破坏<br>2. 采用成熟的标准设计<br>3. 故障设备可迅速、经济地加以修复<br>—<br>— |
| 降额设计的实现 | 较难 | 一般 | 容易 |
| 降额增加费用 | 略高 | 中等 | 较低 |

(2) 典型元器件的降额方案选择。

电子元器件的功率、电压等电应力降额之后,其失效率的降低与应力之间有一定的关系,一般为曲线关系:应力—失效率曲线。曲线计算结果可作为降额方案的参考。

① 半导体器件的降额方案。

半导体器件的应力—失效率曲线方程如式(2—56)所示:

$$\lambda_e = \lambda_r + (\lambda_0 - \lambda_r)\exp\left[-B\left(\frac{1}{T_j} - \frac{1}{T_{jmax}}\right)\right] \quad (2-56)$$

式中:$\lambda_e$——半导体器件的失效率;

$\lambda_r$——与湿度和应力无关的随机失效率,可从现场试验中获得;

$\lambda_0$——在最大标称结温(单位 K)下寿命试验的可接受的最大失效率;

B——常数,许多半导体器件使用的 B 值为 11 770 K;

$T_j$——使用结温(K)。

$T_j$ 的计算如式(2—57)所示:

$$T_j = T_A(T_C) + S \cdot T_{jmax} \quad (2-57)$$

式中:$T_A(T_C)$——环境或外壳温度(K);

S——工作应力与额定应力的比值。

$\lambda_e$ 随着 S 的下降而下降,到一定值时就变化不大了。

S=使用功率/额定功率,即功率系数,当 S 降到 0.5,即使用功率为额定功率的一半时,对于 PNP 锗三极管和普通二极管,其使用失效率为额定功率的 1/5。但是,当使用功率降到额定功率的 1/3(即 S=0.33 左右)时,失效率的降低就不明显了,所以可作为降额方案选择的值。半导体器件的电压降额也有相似的情况,对于普通二极管,S 为 0.6 以下时,使用失效率降为额定条件下失效率的 70%。对于半导体三极管,S 为 0.4 时,使用失效率降到额定条件下失效率的 1/3。这些 S 值可作为降额方案的参考。

② 电阻器的降额方案。

各种类型的电阻,由于材料的不同,有不同的应力—失效率曲线。如碳膜电阻器的失效率服从式(2—58):

$$\lambda_R = (0.2 + 4.8S) \cdot 2^{\frac{(T-30)}{27.5}} \quad (2-58)$$

式中:$\lambda_R$——电阻器的失效率;

S——功率比;

T——环境温度(℃)。

计算结果表明:环境温度每升高 27.5 ℃,失效率就增加一倍。根据式(2—58)计算的曲线可作为选择降额方案的依据。

③ 电容器的降额方案。

电容器的可靠性是工作电压和温度的函数。典型的固体钽电容器的应力与失效率之间的关系如式(2—59)所示:

$$\lambda_C = 1.6 + (8.8S + 134.6S^8) \cdot 2^{\frac{(T-30)}{15}} \quad (2-59)$$

式中:$\lambda_C$——电容器的失效率;

S——电压比(工作电压与额定电压的比值);

$T$——环境温度(℃)。

根据式(2-59)作出的曲线可作为选择降额方案的依据。此公式还表明:环境温度每增加15 ℃,失效率增加一倍。

(3)降额示例。

每种元器件的降额参数、降额等级与降额因子不同,表2-12给出了模拟电路中放大器的降额参数和因子示例。

表 2-12 模拟电路中放大器的降额参数和因子示例

| 元器件种类 | 降额参数 | 降额等级 | | |
|---|---|---|---|---|
| | | Ⅰ | Ⅱ | Ⅲ |
| 放大器 | 电源电压 | 0.7 | 0.8 | 0.8 |
| | 输入电压 | 0.6 | 0.7 | 0.7 |
| | 输出电流 | 0.7 | 0.8 | 0.8 |
| | 功　率 | 0.7 | 0.75 | 0.8 |
| | 最高结温/℃ | 80 | 95 | 105 |

## 2.6.3 容差设计

装备系统中的元器件或零部件会由于温度、湿度、储存时间等因素的影响而发生性能变化,严重的会造成装备系统失效。每个元器件或零部件,都有其设计和生产的参数和尺寸的变化范围。如果这些参数和尺寸的变化在规定的范围内,装备能可靠使用;如果变化范围很小,装备的性能一般就比较稳定,失效的可能性最小;如果变化的范围大,装备性能不稳定,可能产生故障的概率较高。但若要严格控制元器件和零部件参数的变化范围,生产工艺要求就高,费用就要增加。因此,在设计过程中,应采用一些措施和方法控制元器件、零部件参数的变化,确定其容差范围,在保证其可靠性的同时,达到良好的经济性和生产工艺性。

参数漂移主要包括电路部分元器件的参数漂移、火工品参数漂移、弹性零部件(包括发条)参数漂移和塑料橡胶件参数漂移等。

参数漂移造成装备故障的特点是:性能一般不发生突变,往往是元器件、零部件参数的缓慢变化或微小的改变造成装备性能的变化,一般也不是所有的装备都发生故障而只是少数装备发生故障。

导致参数漂移的原因有温度、湿度变化,长时间的储存老化,制造工艺不良以及材料因素等。

多数装备要经受的储存环境温度为-55～+70 ℃,使用温度-45～+55 ℃,一般的电子器件在这一温度范围内参数有较大的变化。

装备要经受长时间的运输振动环境,振动加速度虽不大,但时间长,电子器件、火工品及弹性元件的参数均会受影响。

装备的储存时间一般要求在10～20年,在此期间电子器件会有一定的老化,塑料橡胶件会有一定的变质,从而影响装备性能。

装甲车辆、舰船、地雷、水雷及定时炸弹的工作期比较长,环境也比较恶劣,要考虑使用期参数漂移对系统性能的影响。

图 2-19 说明了单参数漂移对装备性能的影响。参数 $P$ 会出于某种原因偏离标称值,而在标称值附近形成某一分布,从而使性能出现服从某一分布的随机变化。实际上,更多见的是几个参数共同影响装备性能。图 2-20 是三参数影响装备性能的情况,在纵轴上形成三条分布曲线,综合这三条曲线可以得到一条综合曲线。

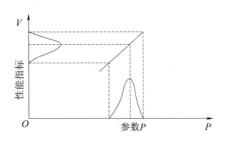 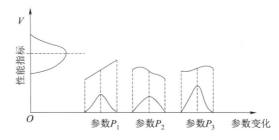

图 2-19  单参数漂移与装备性能的关系　　　图 2-20  三参数漂移对装备性能的影响

对于有些情况,可以用正交试验法中的趋势图来描述装备参数漂移对性能的影响。如某延期药管燃烧时随温度、压力、药量而变化,由于压力、药量和温度对延期时间的影响不是独立的,而且函数关系不明确,用图形不易表达它们之间的影响关系,可通过正交试验寻找最佳的参数,使参数漂移对延期时间的影响最小。

图纸和产品标准中标出的公差规定了产品的技术要求,其参数不得超出公差规定的范围。标准差是通过测量得到的实际均方差的估计值,标称值是参数均值的估计值,标准差和标称值反映了当前参数的变化情况。容差一般被认为是在完成功能的情况下参数允许的变化范围,参数漂移是标准差或标称值的变化。如要使装备或其部件可靠工作,参数漂移不应超出容差范围。在制定公差时应分析参数漂移的影响,使零部件的参数经过漂移后的值仍能保证性能要求;在选用元器件和材料时应充分考虑参数漂移的影响,使器件和材料的参数经过漂移后的值仍能保证性能要求。图 2-21 反映了公差、容差、标准差的标称值的关系。在生产过程中出现(c)、(d)、(e)三种情况,一般可通过检验剔除不合格品;在生产检验合格及靶场验收后,由于时间、环境等因素也会产生(c)、(d)、(e)三种情况,应在设计时注意这一问题。

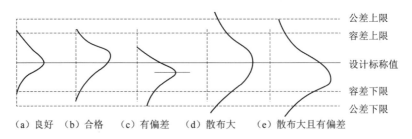

图 2-21  参数漂移和公差、容差的关系示意图

在质量控制良好的情况下,装备出厂时性能参数的平均值和标称值比较一致,标准差在规定的范围内。如在生产质量控制中出现参数偏差大于 6 倍均方差的产品,则认为生产出现了异常,应采取措施。

#### 2.6.3.1 容差设计的方法

(1)最坏值设计法。

最坏值设计法就是在各元器件参数的预想变化范围内,各个参数特征值都取边缘值来进行设计的一种方法。如果在这种最坏情况下求出的性能特征值超过了规定的范围,则认为可能发生漂移性失效,应重新设计(如提高器件的精度和采取其他补偿措施等),直至满足性能特征值要求为止。

(2)概率设计法。

概率设计法是根据零部件、元器件的参数变化的统计特征来估算性能参数的统计特征,按照性能要求控制参数的统计特征变化范围,从而进行参数设计的一种方法。这种方法适用于机械产品的容差设计。

(3)均方根偏差设计法。

均方根偏差设计法是在假设总随机变化量等于每个随机变化量的平方和的均方根值条件下得到的,每个参数的变化量分为三部分:一是由于制造引起的元器件参数的散布,这种散布是随机的,一般服从正态分布;二是由于温度、湿度、振动等环境引起的参数变化;三是由于储存和工作时间造成元器件的老化、寿命终结及随机变化。

(4)正交试验法。

正交试验法是一种通过合理的试验,来寻找元器件、零部件参数对装备部件的影响规律,设计出一组最佳的参数配合(包括参数的标称值和公差),从而保证装备部件可靠工作的方法。正交试验的特点是分布的均匀性和整齐可比性,一组正交试验可以同时看出几个因素分别对某一性能参数的影响,还能看出几个因素对性能的综合影响。

#### 2.6.3.2 防止参数漂移的措施

在工程实际中,可采取一些技术措施来控制武器装备参数的漂移,主要有:

(1)正确选择工作状态,使装备系统中某些元器件即使有漂移也不会使系统参数超出正常的工作区。

(2)进行温度补偿设计。

(3)进行密封设计,如使关键件、重要件与环境隔离,防止由于环境造成的参数漂移。

(4)进行裕度设计,如使装备系统中抗力零件有一定的安全裕度,抗力零件参数虽会有一定的漂移,其性能仍能满足要求。

(5)正确选用元器件、零部件,根据其参数漂移合理选用。

(6)进行元器件、零部件的老炼和筛选,消除器件和部件早期性能的不稳定因素。

#### 2.6.3.3 典型装备容差设计示例

常用的电路最坏情况分析应用示例:有一个简单的串联调谐电子电路设计方案,电路的组成部分包括一个 $50\times(1\pm 10\%)\mu H$ 的电感器和一个 $30\times(1\pm 5\%)pF$ 的电容器。试对该电路进行最坏情况分析和灵敏度分析。若最大允许频移为 $\pm 200\ kHz$,问该设计方案是否能满足要求?若不能满足,需采取什么措施?

解:

第一步,写出元件的名义值(标称值)及公差:

$$L_0 = 50\ \mu\text{H} \qquad \left|\frac{\Delta L}{L_0}\right| = 10\%$$
$$C_0 = 30\ \text{pF} \qquad \left|\frac{\Delta C}{C_0}\right| = 5\%$$

第二步,建立数学模型,即建立频率 $f$ 与电感 $L$ 电容 $C$ 之间的函数关系:

$$f = \frac{1}{2\pi\sqrt{LC}}$$

为了计算方便,可把上式转换成对数形式:

$$\ln f = -\ln 2\pi - \frac{1}{2}\ln L - \frac{1}{2}\ln C$$

第三步,计算灵敏度:

$$S_L = \left.\frac{\partial \ln f}{\partial \ln L}\right|_0 = -\frac{1}{2}$$

$$S_C = \left.\frac{\partial \ln f}{\partial \ln C}\right|_0 = -\frac{1}{2}$$

第四步,写出相应的偏差公式并计算:

$$\frac{\Delta f}{f_0} = -\frac{1}{2}\left(\frac{\Delta L}{L_0}\right) - \frac{1}{2}\left(\frac{\Delta C}{C_0}\right)$$

$$= -\frac{1}{2}\times 10\% - \frac{1}{2}\times 5\% = -7.5\%$$

第五步,计算频率的名义值:

$$f_0 = \frac{1}{2\pi\sqrt{50\times 10^{-6}\times 30\times 10^{-12}}} = 4.11\ \text{MHz}$$

第六步,写出允许频移值,并计算允许的相对频移值:

$$\Delta f_{\text{最大}} = 200\ \text{kHz}$$

$$\frac{\Delta f_{\text{最大}}}{f_0} = \frac{200\times 10^3}{4.11\times 10^6} = 4.9\%$$

第七步,将实际偏差与允许的频移值作比较(即把第四步与第六步计算结果比较)发现:

$$\left|\frac{\Delta f}{f_0}\right| = 7.5\% > \left|\frac{\Delta f_{\text{最大}}}{f_0}\right| = 4.9\%$$

分析结论:按最坏情况法分析后得出结论,原设计方案有漂移故障,不能满足规定的设计要求,需要改进原设计方案。

改进措施:根据分析结果,首先需要减小电感器的公差范围,因为仅电感器所产生的频移偏差分量就大于允许的频移偏差(4.9%)。但是减小电容的公差需要的费用可能少一些。合理的折中方案是把偏差的 2/3 分给电感器,1/3 分给电容器。计算出新的实际频移:

$$\left(\frac{\Delta L}{L_0}\right)_{\text{新}} = 4.9\% \times \frac{\frac{2}{3}}{\frac{1}{2}} = 6.5\%$$

$$\left(\frac{\Delta C}{C_0}\right)_{新} = 4.9\% \times \frac{\frac{1}{3}}{\frac{1}{2}} = 3.2\%$$

$$\left|\left(\frac{\Delta f}{f_0}\right)_{新}\right| = \left(\frac{1}{2} \times 6.5\%\right) + \left(\frac{1}{2} \times 3.2\%\right) = 4.9\%$$

所以新的设计方案中,电感器应为 $50 \times (1 \pm 6.5\%)\mu H$,电容器应为 $30 \times (1 \pm 3.2\%)pF$,这样就能满足设计规定的最大允许频移为 $\pm 200\ kHz$ 的要求。

示例点评:由这个例子可以看出,用最坏情况分析法一方面可以预测某系统的设计方案是否会产生漂移故障,另一方面也可以给改进设计提供方向。这是一种较为保守的方法,它适于可靠性要求比较高的系统。虽然这种最坏情况不一定发生,但是可以作为一种较保守而可靠的措施。

### 2.6.4 元器件、零部件的选择与控制

武器装备是由各种元器件和零部件组成的,它们的可靠性或故障概率直接影响或决定装备的可靠性。装备应用的原理和技术日益广泛和复杂,机、电、光、磁、声、化等及其各种复合作用的原理都有应用,同时承受的环境力及使用条件亦相当严酷。所以,电子元器件和零部件一般都要求体积小、重量轻、可靠性高、承受能力大,特别是对装备的安全性和作用可靠性起重要作用的关键件和重要件,上述要求更高更严。要满足对元器件、零部件及关键件、重要件的高可靠性要求并在整个寿命周期内能保持其一定的稳定性,就必须从开始设计时就要对它们进行正确选择、认定和设计,并在整个研制、生产过程中加以控制;否则,要达到并保持装备的可靠性指标要求是不可能的。

#### 2.6.4.1 制定元器件优选目录

元器件优选目录是设计选择、质量与可靠性管理、元器件采购的依据,由产品总体单位制定。元器件优选目录内容可参见表 2-13。元器件优选目录应根据产品研制和生产的不同阶段进行动态控制(补充或修改)。

表 2-13 元器件优选目录内容

| 序号 | 元器件名称 | 元器件型号 | 主要技术参数 | 技术标准 | 质量等级 | 封装外形 | 生产商或研制单位 | 备注 |
|---|---|---|---|---|---|---|---|---|
|  |  |  |  |  |  |  |  |  |

对于机械零部件来说,也要制定重要的机械零部件清单,主要包括确定零部件的质量特征、加工装配方法、采用标准件程度以及环境应力下的检验与筛选等。

#### 2.6.4.2 环境应力筛选

武器装备用的电子元器件,必须要进行环境应力筛选,一般可按《电子产品环境应力筛选方法》(GJB 1032A—2020)进行筛选。筛选的环境应力、筛选的程序和方法等应按上述标准的规定,根据具体使用环境条件和其他要求来选择,也可参考其他专业的筛选标准来确定。上述标准中没有规定的元器件,则应根据装备的具体要求,参考其他专业的筛选标准来确定。

装备中的机械零部件也有要筛选的,如抗力弹簧、某些解除保险机构等。如能复位的离心

保险机构在离心机上进行解除保险试验,不能解除的就被剔除了,这就是一种机械部件的环境应力筛选试验,施加的应力则根据具体产品的使用环境条件而定。

#### 2.6.4.3 可靠性关键件、重要件的确定与控制

可靠性关键件、重要件是指其失效会严重影响装备安全性和可靠性的零部件。由FMECA或故障树的定性、定量分析所得的危害度、重要度的大小确定。可靠性关键件、重要件是进行详细设计分析、可靠性研制试验、可靠性鉴定试验、可靠性分析计算等的主要对象,应对它们进行重点控制。参考《特性分类》(GJB 190—1986)的规定区分关键件与重要件,一般来说,严重影响装备安全性的为关键件,严重影响装备任务可靠性的为重要件。

(1)影响装备安全性的关键件的确定与控制。

确定影响装备安全性的关键件,一般应考虑以下两方面:

①从安全系统中起关键作用的零部件中选定。一般应将冗余保险中的保险件,特别是机械地锁定隔爆件的保险件确定为关键件,如后坐销、离心销、爬行销等;与保险件紧密相关的抗力件,如后坐销簧、离心销簧、爬行销簧等也应定为关键件;另外,对隔爆安全性起主要作用的隔爆件,通常也可定为关键件。

②根据 FMECA 和 FTA 分析结果确定。对安全系统进行 FMECA 分析后,从危害度大的零部件中选定;或者从安全系统的故障树分析中,根据底事件的重要度来确定。

可靠性关键件的数量一般不超过装备总零件数的 10%。

对影响装备安全性的关键件的控制,除了设计时应确保其性能要求,在生产中应加强质量控制和管理,设置加工、检测的重点质量控制点,明确关键尺寸、关键工序的控制要求等。还应根据关键件的特点确定是否进行环境应力筛选和可靠性研制试验。

(2)影响装备任务可靠性的重要件的确定与控制。

任务可靠性重要件主要从 FMECA 与 FTA 分析中得出的危害度、重要度和可靠性薄弱环节,以及零部件的功能要求、加工难易程度、储存性能好坏等方面进行综合考虑后确定。

对任务可靠性重要件的控制基本上与安全性关键件相同,不同之处是对火工元件要特别注意安全。可靠性重要件的数量一般不超过装备总零件数的 20%。

#### 2.6.4.4 外协件的可靠性控制

装备总体设计、研制与生产单位必须对外协件进行必要的可靠性控制,以确保外协件的可靠性。这里的外协件指购买的元器件和标准件以及协作加工的零部件。

装备总体单位(包括设计、研制单位)对外协件的承制方或供应方的可靠性工作执行情况应进行适当的监督与控制,其主要内容有以下几方面:

(1)检查是否达到分配给外协件的可靠性定量要求,如可靠度或故障概率的分配值。为此,应对其可靠性设计计算和可靠性分析、试验等进行必要的审查。

(2)对外协件的质量保证体系及可靠性工作进行必要的检查和评价。

(3)参加外协件的可靠性评审工作,包括可靠性设计评审和可靠性工作评审。

(4)对转承制方进行内容基本相同的可靠性监督与控制。

(5)必要时参加外协件的可靠性鉴定试验和可靠性验收试验,并对试验结果进行评审。

#### 2.6.4.5 装备中弹性元件的选择与控制示例

常用的弹性元件在装备中主要作为抗力件,也常是关键件或重要件,因此对它们的选择与

控制是很重要的。

(1)弹性元件的选择。

弹性元件范围很广,下面仅就抗力零件的弹簧,简述其选择的一般原则。

①圆柱螺旋压缩弹簧。

圆柱螺旋压缩弹簧主要用于支撑或驱动直线运动的零部件,如后坐销簧、离心销簧、保险筒(杆)簧等。弹簧钢丝直径大于 0.5 mm 时两端应磨平,以保持良好的支撑条件。由于装配要求或便于定位,弹簧要卡在所配零件相应圆窝中时,端部 1~2 圈的直径一般稍大一些。这些要求都是为了保持工作的可靠性。

②锥形簧或鼓形簧。

锥形簧或鼓形簧主要用于驻室长度较短而又要求较大的抗力,或要求有较大的起始推力,或支撑稳定性要求较高的场合。

③圆柱和圆锥的组合弹簧。

圆柱和圆锥的组合弹簧用于要求特殊力或驻室有难度的场合。

④片簧或扭簧。

驱动回转零件处应优先选用片簧或扭簧,如隔离用回转盘的扭簧等。当需要较大的回转角度时可用发条簧。

⑤拉簧。

拉簧用于驱动回转零件或其他需要拉力的地方。但只有当结构尺寸不允许使用片簧或扭簧时才用拉簧,这是因为拉簧拉动回转零件时力矩不稳定,工作条件不好,可靠性不高。

以上弹药用的弹簧钢丝,应选用特殊用途弹簧丝(YB647),在强度允许的条件下,可用碳素弹簧钢丝(YB248),在必要时可用重要用途弹簧钢丝 65Mn(YB560)、60Si2Mn(YB682)等。另外,保险带可用磷青铜 TUP(YB464),片簧可用铍青铜 QBe2(YB552)。

弹药用的弹簧钢丝直径公差应在表 2-14 所列范围之内。

表 2-14 弹簧钢丝的直径公差

单位:mm

| 钢丝直径 | 0.2~0.65 | 0.7~1.20 | 1.3~1.50 |
|---|---|---|---|
| 直径公差 | +0.02<br>0 | +0.02<br>-0.01 | +0.03<br>-0.01 |

(2)弹性元件的控制。

常用的弹簧要满足严格的抗力要求,因此必须进行严格的检验与控制,在生产中必须进行 100% 检验。对于压簧,检验时将弹簧压到检验高度 $h_j$,抗力必须在图纸规定的范围内。符合尺寸要求的弹簧不一定符合抗力要求。

圆柱螺旋压缩的检验高度 $h_j$ 原则上应取得稍大于工作时最大抗力对应的高度,检验抗力公差控制在 $(15\% \sim 50\%) R_j$ 内,如式(2-60)和式(2-61)所示:

$$\frac{R_{j2} - R_{j1}}{R_j} = 15\% \sim 50\% \tag{2-60}$$

$$R_j = \frac{1}{2}(R_{j1} + R_{j2}) \tag{2-61}$$

式中：$R_{j2}$——检验抗力上限；
$R_{j1}$——检验抗力下限。

符合大量生产要求的弹簧一般还应满足以下关系，如式（2—62）所示：

$$\frac{\Delta R}{R} \leqslant 35\%$$

$$1.2\Delta R_j \leqslant \Delta R \leqslant 3\Delta R_j \qquad (2-62)$$

式中：$\Delta R_j = \frac{1}{2}(R_{j2} - R_{j1})$。

为了稳定弹簧的尺寸和抗力，也为了暴露弹簧的隐患，对弹簧一般进行强压处理。经强压处理后的弹簧才能保证其工作的稳定性，从而提高它的可靠性。所以，这是弹药用弹簧进行可靠性控制的一种特殊方法。

强压处理就是将弹簧在压缩状态下保持 1~5 昼夜，或者连续几次将弹簧压到全压缩状态的一种处理方法。每压一次，自由高度就有所缩短，经过 3~10 次压缩之后，高度就不再缩短或缩短极小了。

### 2.6.4.6 装备中火工品的选择与控制示例

由于装备中的火工品涉及安全性，所以对火工品有特殊的控制要求。

（1）传爆序列必须满足的基本要求。

火工品的选择与控制以及传爆序列的合理设计，对弹药的安全性与作用可靠性均有直接影响。一般传爆序列都必须满足下列基本要求：

①适当的感度。

传爆序列的第一个火工元件一般是敏感元件，应与执行级输出的能量相匹配，以保证达到要求的发火可靠性。传爆序列中间的火工品各自应有适当的感度和输出并相互匹配，以保证爆轰（或燃烧）的正常传播。传爆序列中处于隔爆机构之外的与主装药相连接的火工元件（如导爆管、传爆管），所装炸药的感度应符合有关设计准则的要求。

②适当的作用时间。

瞬发装定要求传爆序列作用时间尽量短；对配有延期装置的，要求传爆序列有一定的作用时间和延时精度。

③足够的爆轰输出。

传爆序列的爆轰输出应与主装药的起爆感度相匹配，使主装药完全起爆。首先要正确地确定最后一个火工元件的装药和结构，同时各元件之间的爆轰传递和逐级放大要确实可靠。

④安全性。

为了保证弹药安全，要尽可能选用感度较低的钝感型火工元件。作为起爆元件的火帽或雷管，感度较高，应具有足够的安全性。

选择与控制火工元件时，应满足和达到以上传爆序列的四项基本要求。在合理选择元件的基础上，通过对整个传爆序列的合理且正确的设计，来实现上述基本要求；再通过隔爆机构等的合理设计，达到弹药安全性要求；通过发火机构等的正确设计，最终达到弹药作用可靠性要求。

(2)起爆元件的选择与控制。

①火帽的选用。

具有延期作用或多种装定的弹药,一般选用火帽作为传爆序列中的初始起爆元件。根据发火机构提供的能量来确定使用机械发火火帽还是电发火火帽。根据发火机构提供能量的大小兼顾安全性与作用可靠性的要求来确定火帽的感度。对不同用途或不同作用的火帽,选择的原则是不同的:膛内发火机构的火帽,可选用耐冲击力不高但针刺感度高的火帽;瞬发发火机构的针刺火帽,则要求耐冲击力较高但针刺感度低的火帽;瞬发装定要求猛度高的火帽,火焰能迅速传给雷管,以保证迅速可靠地作用;延期弹药用的火帽,则要求猛度小、火焰强度大和持续时间长,以保证可靠点火,又不致危及延期装置的正常作用;多装定装置用火帽,既要用来点燃延期药,又要用来点燃雷管,传火空间和距离一般较大,故要选用点火能力强、威力大、精度高、具有高传火速度的火帽。

②雷管的选用。

弹药系统中一般选用雷管作为传爆序列的起爆元件,某些短延期弹药也可选用雷管作为起爆元件。机械触发弹药用针刺雷管作为起爆元件,当作为第二、三级火工元件时,则要选用火焰雷管。

雷管尺寸和输出性能的选定应兼顾隔爆安全和可靠起爆下一级火工元件两方面的要求。雷管对下级火工品起爆的可靠性,当然与雷管本身的性能有关,但也与被起爆元件的结构形式、装药品种与密度,以及被起爆元件间的介质与距离有关。在保证足以起爆下一级火工元件的前提下,雷管直径与高度应尽量小,以免威力过大在自炸时炸破隔爆件,失去安全性。

对雷管与火帽的控制应严格,应在严格符合弹药要求的条件下进行试验和验收,必须符合有关标准的要求时才能使用。如感度上限(即100%发火的最小能量)和感度下限(100%不发火的最大能量)一定要控制在允许的规定范围内,火帽与雷管制造与验收应符合《火帽、雷管制造与验收技术条件》(GJB 167—1986)的要求。

(3)导爆管的选择与控制。

导爆药接受雷管的输出,将爆轰放大后传给传爆管。因此,为了可靠地被雷管起爆,要求爆轰感度高,机械感度低;为了能可靠地起爆传爆管,要求其起爆能力大并有足够的机械强度。

弹药用导爆药和传爆药的感度应按《传爆药安全性试验方法》(GJB 2178—1994)试验合格,且经国家主管部门批准后才能应用导爆药和传爆药,才允许在弹药处于保险状态时,导爆药和传爆药位于能起爆主装药的位置而不须隔爆。由于主装药之前还没有设置过隔爆件,所以选用的导爆药一定要满足上述安全性试验标准要求。目前我国已符合此标准要求的传爆药有 R—791、CH—6、PBXN—5、JO—941、A—5 等炸药。

(4)传爆管的选择与控制。

传爆管是传爆序列中的最后一个元件,是被雷管或导爆药柱引爆的,其作用是扩大爆轰而使主装药起爆。所以,选择爆速高的炸药作为传爆药柱,才能使主装药起爆时能迅速达到稳定爆轰。

### 2.6.5 潜在通路分析

潜在通路分析是在假定所有元件、器件均正常工作的情况下,分析确认能引起非期望的功能或抑制所期望的功能的潜在状态。这些潜在通路不是由于零部件的故障、参数的漂移、外界环境干扰等引起的,而是由于各组件的设计人员缺乏对总体的全面了解,对所有部件之间的接口没有正确地设计。特别是在修改设计时,若不经过充分的推敲和严格的试验,则可能给装备带来这种潜在的影响。根据分析对象,潜在分析可分为针对电路的潜在电路分析(SCA)针对软件的潜在分析,以及针对液、气管路的潜在通路分析等。

在《装备可靠性工作通用要求》中,要求对电子产品进行潜在电路分析,并原则性地指出潜在电路分析只能考虑用于对完成任务和安全是关键性的组件和电路,并且应根据需要和可能性在条件成熟的情况下进行。

在确定潜在通路状态时,必须使用实际的生产图和装配图。因为要分析的是一个实际制造好的装备中各个连接点(面)及零部件之间的关联问题,而一般的系统图、功能图及原理图都不能准确地表示出所制造的硬件结构,所以,潜在通路分析必须在详细设计时完成,在图纸文件完全确定之后进行。此外,为了节约制成样品后又要进行修改所需的费用,尽可能在正式装配试验前进行。因而,一般应在工程研制阶段、设计定型之前进行潜在通路分析。

#### 2.6.5.1 潜在通路的类型

潜在通路是设计者无意地设计进系统的,属于非失效相关的设计问题。潜在通路包括四种表现形式:潜在路径、潜在时序、潜在指示、潜在标志。

(1)潜在路径:电流沿非预期的路径流动。

(2)潜在时序:数据或逻辑信号以非期望或矛盾的时间顺序、在非期望的时刻、延续一个非期望的时间段发生,从而使系统出现的异常状态。

(3)潜在指示:系统运行状况的模糊或错误的指示。潜在指示可能误导系统或操作人员作出非期望的反应。

(4)潜在标志:系统功能(如控制、显示)的错误或不确切的标志。潜在标志可能会误导操作人员。

#### 2.6.5.2 拓扑图形的确认

潜在电路分析要先构造网络树,然后确认在每棵树中出现的基本拓扑图形。经验证明:无论实际电路如何复杂,最后都可以简化为如图 2—22 所示的五种基本图形的组合。根据网络树中开关 S 的位置的组合及其他标记,就可以判断出存在的潜在电路。

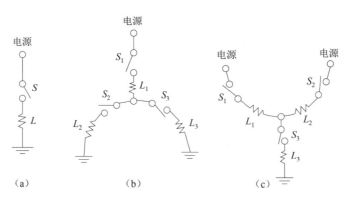

图 2—22 网络树基本拓扑图形
(a)直线形;(b)接地拱形;(c)电源拱形

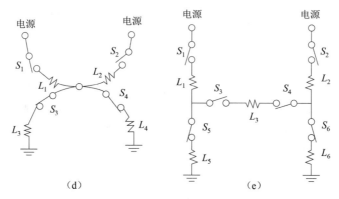

图 2—22 网络树基本拓扑图形(续)
(d)组合拱形；(e)H 形

#### 2.6.5.3 分析方法

常用的方法是基于网络树生成和拓扑图形识别的分析方法：首先对系统进行适当的划分以及结构上的简化，生成网络树；然后识别网络树中的拓扑图形；最后，结合线索表对网络树进行分析，识别出系统中存在的潜在状态。

#### 2.6.5.4 典型装备潜在电路分析示例

对于弹药来说，引信对完成任务和安全是关键性的组件，而且新型引信大量采用先进技术，电路越来越复杂，因此需要进行潜在电路分析。同时各类引信的传爆(火)序列中还可能存在潜在传火通道，时间引信有可能存在潜在定时或潜在标志(时间刻度标志)，压电引信有可能存在压电晶体的潜在静电放电。因此，找出这些潜在通路及发生的条件，将会提高弹药的安全性和作用可靠性。

(1)电路简化及网络树的构造。

根据具体的引信电路图，把电路分成小块，每块的顶端为电源线，下端为地线，这样每块便形成一个比较简单的网络树。

在简化过程中，把每一个接线点或引线点称为节点，由许多节点及其连线构成一个节点集，因而一个电路可以转变成由一组相互连接的节点所构成的节点集。每个节点又有"特殊"及"非特殊"两类，特殊节点包含有源器件、开关、负载、继电器、晶体管等元件，非特殊节点只是一些起连接作用的接插件、接线板等。在简化电路时，应删去那些非特殊节点，但不能对电路功能产生影响。最后形成的网络树必须满足下列要求：

①简化后在电路功能上不能有影响。

②网络树的表现形式应按其拓扑图形式来排列，并且顶端为电源总线，末端为地线。因此，整个电路图形成了在电源线和地线之间一棵棵网络树并列的图形。

(2)拓扑图形的确认。

网络树构成之后，下一步就是确认在每棵树中出现的基本拓扑图形。如图 2—22 所示，这些图形之一或这些图形的组合，可以描绘出任一给定的网络树所示电路的特性。在分析过程中，可以把网络树中每一节点按上述基本图形进行仔细的比较、识别，最后确定节点的图形或图形的组合。

(3) 利用提示清单寻找潜在电路。

对应每一种基本图形都有一份分析提示清单,这是根据过去发生潜在电路的经验积累起来的,并根据新技术的发展不断完善。这份清单实际是一连串的问题,要求分析人员逐一回答清楚,以确保其不存在潜在电路。

实际上,单线图形的电路是不会发生潜在电路的。在其他图形中,提示清单最长和最复杂的是 H 形。由于它比较复杂,发生潜在电路的可能性比其他图形要多得多。至今所发现的潜在电路中,几乎有一半出现在 H 形图中。因此,在设计中应尽量避免采用这种形式。在 H 形图中最常用的提问是:电流是否有可能反向流过 H 形的横杆?如果回答是肯定的,那么设计人员应改变原来的设计。

例:某航空炸弹电容触发引信的潜在电路分析。该引信的电路原理如图 2-23 所示。

当需要引信瞬时,$M$ 拧紧,$N$ 松开,$C_3$ 通过 $K_3$ 向 $LD_3$ 放电。当需要引信短延期时,$M$ 松开,$N$ 拧紧,$C_3$ 通过 $K_2$ 向 $LD_2$ 放电。当需要引信长延期时(保证在低空投弹时载机的安全),$M$、$N$ 都松开,$C_2$ 通过 $K_1$ 向 $LD_1$ 放电。

由于 $C_1$ 为充电电容,可视为电源,所以除了 $C_1$,可对含有电阻、电容、开关和电发火管等的特殊节点进行网络树的构造:电源($C_1$)→$K_D$→$R_1$→各分支及元器件→地线。通过与网络树基本拓扑图形比较发现,其拓扑图形是接地拱形,如图 2-24 所示。

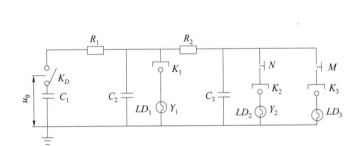

图 2-23 某电容器触发引信的电路原理

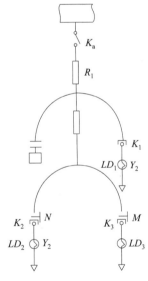

图 2-24 形成的拓扑图

拓扑图形确定之后,就可利用提示清单寻找潜在电路,如:

① 当需要短延期($LD_2$)作用时,$N$ 会松开吗?

② $M$、$N$ 的标志能反映其装定的功能吗?

对于①,正常情况下应将 $N$ 拧紧,但由于操作人员的差错,可能将 $M$ 拧紧,这时就会产生不希望的功能:瞬发作用。

对于②,如果 $M$、$N$ 的装定标志只是"瞬""短延"及旋转箭头,而对"拧紧"或"松开"却不明显标出,那么就可能使操作人员出现差错,这种没有完全反映某种装定要求的标志,称为潜在标志。

如果有可能产生上面分析的结果,则必须改变 $M$、$N$ 的原设计,换为容易装定、标志清晰的装定开关。如将 $M$、$N$ 两个装定螺钉设计为一个装定转换开关,那么人为误差将大大减少。

### 2.6.5.5 典型弹箭潜在传火通道分析示例

在弹箭各零部件正常工作的情况下,火工品发火后沿额外的通道传火,这是一个额外通道而不是火工品正常传火的通道,称为潜在传火通道。

在弹箭的传火通道中,如果第一级火工品与雷管之间的传火通道不直接相通,而是相互隔离,则当第一级火工品意外发火,经传递后的能量使处于隔爆位置的雷管作用时,说明有潜在的传火通道;如果雷管未引起下一级火工品作用,则必然造成瞎火;如果雷管引爆了下一级火工品,则可能使弹箭发生过早炸或早炸,这说明又有一个潜在的传火通道。在时间药盘燃烧时发生窜火,就说明有潜在的传火通道,其结果一般是使弹箭发生早炸。

潜在传火通道分析可用列表法。首先应对引信的结构、作用和原理进行全面了解,然后找出火工品之间的潜在通道,分析产生的原因、起作用的条件、引起的后果、应采取的措施等。

例:苏联 Б−37 机械引信的潜在传火通道分析。

该引信触发的正常传火通道是当雷管座转正后,火帽的火焰引爆雷管,再向下引爆导爆药。设计这种隔离雷管型结构的目的就是不希望在发射前、膛内和安全距离内,当火帽意外发火时引爆处于隔爆位置的雷管,更不能使雷管继续引爆导爆药而使弹箭过早炸;同样不希望火帽在膛内引爆导爆药,使引信过早炸;也不希望在弹道飞行中引爆转正的雷管,使引信早炸。然而,正常发火引燃自炸药盘后,自炸药盘发生不同程度的窜火,有可能在膛内或安全距离内引爆导爆药。在实际中,通过解剖或试验发现确实存在着潜在的传火通道,分析结果如表 2−15 所示。

表 2−15 潜在传火通道分析结果

| 通道 | 原因 | 起作用的条件 | 后果 | 措施 |
| --- | --- | --- | --- | --- |
| U 形座外圆与引信体内腔之间的缝隙 | U 形座直径过小或引信体内腔直径过大 | 发射前火帽意外发火引燃自炸药盘/保险黑药,自炸药造盘或黑药窜火 | 火帽发火、雷管炸且至少使引信瞎火 | 严格控制 U 形座直径和引信体内腔直径的尺寸 |
| | | 发射后火帽正常发火,引燃的自炸药盘或黑药在膛内、安全距离内窜火 | | |
| 雷管下端部与导爆管上端部 | 雷管下端部与导爆管上端距离小,隔爆件较薄或强度较弱 | 发射前、膛内、安全距离内火帽引爆雷管或雷管自炸 | 引信过早炸 | 适当增大雷管下端与导爆管上端的距离,增加隔爆件的厚度或强度 |
| 药盘窜火通道 | 药盘座与纸垫之间的缝隙较大或不均匀 | 火帽发火 | 燃烧过快在弹道上使引信早炸,发射前、膛内安全距离内有可能使引信瞎火或过早炸 | 使药盘座与纸垫之间的间距小而且均匀 |

在进行潜在传火通道分析时应注意以下几点：

(1)在大多数隔火型引信中，一般在火帽(或第一级火工品)至雷管之间可能存在潜在传火通道，如果存在是很危险的，其后果将使弹箭过早炸或早炸。

(2)在隔爆型引信中，有的在第一级火工品与雷管之间和雷管与导爆药(传爆药)之间都有可能存在潜在传火通道，有的只在雷管与导爆药(传爆药)之间存在潜在传火通道。

(3)在有延期药、保险药、自炸药等引信中，可能有潜在传火通道，但这种通道不一定是不良状态。如发射后自炸药盘燃烧的后期窜火，有可能使交会期火帽或雷管瞎火(使引信不能在预定期作用)的引信正常作用。

#### 2.6.6 可靠性设计准则

可靠性设计准则是将已有的、相似产品的工程经验总结起来，使其条理化、系统化、科学化，成为产品设计人员能遵循的可靠性设计原则和应满足的要求。

实践证明，制定并贯彻实施可靠性设计准则是提高产品固有可靠性，进而提高产品设计质量最有效的方法之一。制定并实施可靠性设计准则是新产品开发中保证可靠性的重要工作，也是产品设计师与可靠性工程师紧密配合、共同开展的一项具体工作。

可靠性设计准则是工程设计人员进行产品设计的重要依据，也是产品设计开发评审时的重要依据，凡是不符合可靠性设计准则要求的都必须加以说明。如日本的大企业将可靠性设计准则作为提高产品可靠性的三大法宝之一。

可靠性设计准则应依据产品类型、重要程度、可靠性要求、使用需求和相似产品可靠性设计经验以及有关标准、规范来制定。一般可依据：

(1)本单位的相似产品在开发、生产和使用中，与故障作斗争的成功经验和失败教训的总结和升华。

(2)国内外相关专业和产品的标准规范和手册中提出的可靠性设计准则。

(3)使用方或用户方的可靠性要求。

可靠性设计准则一般是针对产品特点制定专用的准则，但也可以将多数产品共有的部分作为通用的可靠性设计准则，下面进行简要介绍。

##### 2.6.6.1 通用的可靠性设计准则

(1)优先选用经过充分验证、技术比较成熟的设计方案，提高产品设计的继承性。严格控制新技术采用比例，新技术系数一般情况下不应高于30%。

(2)应在满足规定功能要求的条件下，简化产品设计，尽可能减少产品层次和组成单元的数量。

(3)应优先选用标准化程度高的零部件、紧固件、连接件、管线等。

(4)应尽量采用通用的零部件、元器件、接口、连接方式。

(5)必须使故障率高、易损坏、关键的单元具有良好的互换性和通用性。

(6)当简化设计、降额设计及选用高可靠性的零部件、元器件仍然不能满足任务可靠性要求时，则应采用冗余设计。

(7)对影响系统可靠性、安全性的关键单元如果具有单点故障模式，则应考虑采用冗余设计。

(8)硬件的冗余设计一般在较低产品层次(零部件、元器件)中采用，功能冗余设计一般在较高产品层次(分系统、系统)中采用。

(9)应进行防差错设计,采用不同的安全保护装置、报警装置、防误操作装置等,并有醒目的防差错或危险标志。

(10)应考虑外界环境对产品可靠性的影响,进行环境防护设计,尤其是防盐雾、防潮湿、防霉菌设计等。

(11)提高产品设计余量,使产品在预期的极限环境中可靠地工作。

(12)应考虑生产工艺对产品可靠性的影响。零部件应有合理的设计基准,并尽量与工艺基准一致。

(13)对于必须采用的新技术、新工艺,应对其可靠性进行充分论证,并进行可靠性研制试验,尽量留出较高的设计余量。

(14)设计中应考虑功能测试、包装、储存、装卸、运输、维修等对可靠性的影响。

(15)应对性能、可靠性、经济性等指标进行综合权衡分析。

### 2.6.6.2 机械产品可靠性设计准则示例

(1)机械结构可靠性设计准则。

①尽量采用简单机械结构,部组件之间的装配关系和传力路线应尽可能简化。

②构件设计时尽量减少应力集中,减少或避免附加弯矩和扭矩,控制应力水平。

③应进行结构裕度设计,可通过提高平均强度、降低平均应力、减小应力应变变化和减小强度变化来实现。

④机械结构应进行应力—强度优化设计,找出应力与强度的最佳匹配。

⑤承受动载的重要结构,应进行动力响应分析、模态分析、动强度校核及可靠性分析。

⑥大型复杂结构设计时,应进行结构刚度及可靠性分析,提高抗弯和抗扭刚度,使结构必须能够承受限制的峰值载荷而不产生有害变形。

⑦为防止某个构件失效引起的连锁失效,应采用止裂措施设计、多路传力设计、多重元件设计等。

⑧相邻结构若有较大温差,应注意热变形引起过应力而发生松脱、胀裂等故障。

⑨为提高抗振动、抗冲击能力,应尽量使机械结构小型化,使产品结构紧凑和惯性力小。

⑩机械防松结构可广泛采用防松性能好的紧固件,如错齿垫圈、尼龙圈螺母、钢丝螺套等。紧固件建议采用系留式结构。

(2)机构动作可靠性设计准则。

①进行动作可靠性分析,机构组成力求简单,减少不必要的机构环节。

②机构设计要防运动启动或终止时产生过大冲击,避免机构变形或损坏,可配置一定的缓冲装置。

③为避免机构运动时被卡住或动作滞慢、不到位等故障,机构设计要有适宜的防卡滞措施。

④连接解锁机构的高强度钢连接件的工艺选择须防止脆性断裂。

⑤在高低温交变情况下,运动副间隙及材料间膨胀系数应匹配,延脆性转变温度应尽可能低。

(3)耐磨损设计准则

①润滑设计。在两个相对运动件的表面之间建立润滑介质膜、表面吸附膜或表面反应膜

等,减轻或防止磨损。

②表面强化。常用的方法有机械加工与热处理、扩散处理和表面涂覆。如零件的接触面采用耐磨镀层、弹性干膜或喷丸强化。

③材料的选择和匹配。对不同类型的磨损,要综合考虑材料的硬度、韧性、互溶性、耐热性、耐腐性等。

④采用过滤装置。对进入摩擦面之间的润滑液或冷却液进行过滤,以清除尺寸大于润滑膜厚度的颗粒,防止摩擦副过早磨损。

⑤采用密封装置。防止外界环境中的颗粒进入摩擦副并避免润滑剂泄漏,从而减轻或防止磨损。

### 2.6.6.3 电子产品可靠性设计准则示例

(1)对于武器装备,应选用军用等级并符合相应国军标要求的元器件。如半导体集成电路应符合《半导体集成电路通用规范》(GJB 597B—2013)的要求。

(2)应根据型号元器件优选目录的要求进行元器件选择和控制。

(3)应对电子或电气设备进行电/热应力分析,并进行降额设计。电子元器件应按照《元器件降额准则》(GJB/Z 35—1993)的要求进行降额设计。

(4)尽量减少元器件规格品种,增加元器件的复用率,使元器件品种规格与数目比例减少到最低限度。

(5)应尽量采用数字电路取代线性电路,因为数字电路具有标准化程度高、稳定性好、漂移小、通用性强及接口参数易匹配等优点。

(6)为了降低对电源的要求和内部温升,应尽量降低电压和电流。这样可把功率损失降到最低限度,避免高功耗电路,但不应牺牲可靠性或技术性能。

(7)对稳定性要求高的电子部件、电路板,必须通过容差分析方法进行参数漂移设计,减少电路在要求的容差范围内失效。

(8)对关键电路应进行潜在电路分析,找出潜在通路及其线索清单,避免出现意外的功能或正常功能受到抑制。

(9)主要的信号线、电缆要选用高可靠连接。必要时对继电器、开关、接插件等可采用冗余技术,如采取并联方式或将多余接点全部利用等。

(10)电子设备、电路必须进行电磁兼容性设计,解决本设备与外界环境的兼容,减少来自外界的电磁干扰或其他电气设备的干扰,也解决产品内部各级电路间的电磁兼容。

(11)在电路设计中应尽量选用无源器件,将有源器件减少到最低限度。

(12)选择接触良好的继电器和开关,要考虑截断峰值电流、通过最小电流以及最大可接受的接触阻抗。

(13)假如可变电阻器有一端未与线路相接,应将滑臂接上,以防止开路。应确保调至最小电阻时,电阻器和额定功率仍然适用。

(14)使用具有适当额定电流的单个连接插头,避免将电流分布到较低额定电流的插头上。

(15)调整电子管灯丝电流以降低初始浪涌,减小故障率。

(16)注意分析电路在暂态过程中引起的瞬时过载,加强暂态保护电路设计,防止元器件瞬时过载造成的失效。

(17)在设计时应选用其主要故障模式对电路输出具有最小影响的电路板及元器件。

(18) 尽量实施集成化设计。在设计中尽量采用固体组件,使分立元器件减少到最低限度。其优选序列为:大规模集成电路→中规模集成电路→小规模集成电路→分立元器件。

(19) 对设备中失效率较高及重要的组件、电路及元器件要采取特别降额措施。

(20) 为了保证设备的稳定性,电路设计时要有一定的功率裕量,通常应有 20%～30% 的裕量,重要部位可用 50%～100% 的裕量,要求稳定性、可靠性越高的地方,裕量越大。

#### 2.6.6.4 热设计准则示例

(1) 应最大限度地利用传导、辐射、对流等基本冷却方式,避免外加冷却设施。

(2) 冷却方法优选顺序为:自然冷却→强制风冷→液体冷却→蒸发冷却。

(3) 尽量保持热环境近似恒定,以减轻因热循环与热冲撞而引起的热应力集中对设备的影响。

(4) 应使传热通路尽可能短,散热横截面尽可能大。

(5) 尽可能利用金属机箱或底盘散热。

(6) 对热敏感的部件、元器件应远离热源或将其隔离。

(7) 在设计电路时,应对那些随温度变化其参数也随之变化的元器件进行温度补偿,以使电路稳定。

(8) 要尽量选用有足够温度要求和温度系数小的电容器。

(9) 加大热传导面积和传导零件之间的接触面积。在两种不同温度的物体相互接触时,接触热阻是至关重要的,为此,必须提高接触表面的加工精度,加大接触压力或垫进软的可展性导热材料。

(10) 力求使所有的接头都能传热,并且紧密地安装在一起以保证最大的金属接触面。必要时,建议加一层导热硅胶,以提高产品的传热性能。

(11) 选用导热系数大的材料制造热传导零件,例如银、紫铜、氧化铍陶瓷及铝等。

(12) 用以冷却内部部件的空气须经过滤,否则大量污物将堆积在敏感的线路上,引起功能下降或腐蚀(在湿润环境中会加速),污物还能阻碍空气流通和起隔热作用,使部件得不到冷却。

(13) 设计时注意使强制通风和自然通风的方向一致。

(14) 设计强制风冷系统应保证在机箱内产生足够的正压强。

(15) 设计冷却系统时,必须考虑到维修。要从整个系统的角度出发来选择热交换器、冷却剂以及管道。冷却剂必须对交换器和管道没有腐蚀作用。

# 习　题

1. 根据《可靠性维修性保障性术语》,可靠性的定义是什么?定义中理解可靠性的核心是什么?

2. 从设计的角度出发,可靠性分为哪两种?分别有什么含义?

3. 武器装备常用的可靠性参数有哪些?

4. 什么是可靠性合同参数?对应的可靠性合同指标是什么?分别有什么含义?

5. 什么是可靠性模型?常用的可靠性模型包括哪几种?

6. 某产品由部件 $R_1$ 和 $R_2$ 组成,部件 $R_1$ 的可靠度为 0.95,部件 $R_2$ 的可靠度为 0.94。

(1)当两个部件为可靠性串联时,计算产品的可靠度;
(2)当两个部件为可靠性并联时,计算产品的可靠度。

7. 什么是可靠性预计?常用的可靠性预计方法包括哪几种?
8. 什么是可靠性分配?常用的可靠性分配方法包括哪几种?
9. 简述可靠性分配与可靠性预计的关系。
10. 什么是 FMECA 和 FMEA?两者有什么关系?
11. 什么是故障(失效)、故障模式、故障原因、故障影响?
12. 什么是 FMECA 中的严酷度?一般分为哪几类?
13. 什么是 FMECA 中的危害度?在危害性矩阵图中需要重点关注的有哪些?
14. 冗余设计的优点和缺点是什么?在哪种情况下可以采用冗余设计?
15. 降额设计的优点和缺点是什么?某放大器的降额参数、降额等级与降额因子如表 2—16 所示,根据表中的数据,简述降额程度排序和可靠性改善排序和费用增加排序。

表 2—16  某放大器的降额参数、降额等级与降额因子

| 元器件种类 | 降额参数 | 降额等级 | | |
|---|---|---|---|---|
| | | Ⅰ | Ⅱ | Ⅲ |
| 放大器 | 电源电压 | 0.7 | 0.8 | 0.8 |
| | 输入电压 | 0.6 | 0.7 | 0.7 |
| | 输出电流 | 0.7 | 0.8 | 0.8 |
| | 功　率 | 0.7 | 0.75 | 0.8 |
| | 最高结温/℃ | 80 | 95 | 105 |

16. 参数漂移造成装备故障的特点是什么?容差设计的方法有哪几种?
17. 制定元器件优选目录的作用是什么?元器件优选目录的主要内容有哪些?
18. 什么是可靠性关键件、重要件?通常如何确定可靠性关键件、重要件?
19. 潜在通路是由零部件故障引起的吗?根据分析对象,潜在分析可分为哪几种?
20. 可靠性设计准则的主要作用是什么?制定可靠性设计准则的依据是什么?

习题答案

# 第 3 章
# 武器装备维修性设计与分析

维修性的概念起源于20世纪50年代的美国。随着军用电子设备复杂性的提高,武器装备的维修工作量大、维修费用很高,美国罗姆航空发展中心及航空医学研究所等部门开展了维修性设计研究。1966年,美国国防部先后颁发了《系统与设备维修性大纲》(MIL—STD—470)、《维修性验证、演示和评估》(MIL—STD—471)和《维修性预计》(MIL—HDBK—472)等维修性标准规范,标志着维修性已成为一门独立的学科。20世纪70年代末,维修性工程理论引入我国,经过40多年的探索和研究,我国在基础理论、工程方法、应用技术多个层面进行创新性研究,取得了多项具有开拓意义的重大科研成果,促进了我军装备维修性工程的发展和应用。1986年成立了全国军事技术装备可靠性标准化技术委员会,制定了维修性工程的系列军用标准,如《装备维修性工作通用要求》。1993年原国防科工委发布了《武器装备可靠性维修性管理规定》,随后关于航空、舰船和陆军装备的相应规定也陆续颁发,这标志着我国军事技术领域的维修性工作进入了一个全面发展的新阶段。自20世纪90年代以来,武器装备的大型化、复杂化、智能化已成为趋势,为进一步提高维修保障水平,维修性的地位得到了空前的加强。同时随着计算机技术的发展、信息时代的到来,维修性学科也进入了前所未有的蓬勃发展时期,在这一阶段,由于维修性定量化分析的要求及相关技术的发展,维修性学科的发展重点集中在维修性设计分析技术等基础研究上。

## 3.1 维修性的概念

### 3.1.1 维修性的定义

维修性是装备的一种通用质量特性,即由产品设计赋予的使其维修简便、迅速和经济的固有特性。例如,对于导弹系统,如果要维修简便、迅速,就必须拆装容易,不需要专用工具,换件迅速。而要做到这些,就需要合理地设计零部件的外形、尺寸及其配置与连接,满足互换性要求等。可见,维修性是一种由设计决定的通用质量特性。

(1)维修性。

维修性是指产品在规定的条件下和规定的时间内,按规定的程序和方法进行维修时,保持或恢复其规定状态的能力。保持或恢复其规定状态,是产品的维修目的。

①规定的条件。维修时所具备的条件会影响维修工作的质量、完成维修工作所需的时间及维修费用。这里的"条件",主要是指由进行维修时不同的处所(即维修级别)、不同能力的维修人员和不同水平的维修设施与设备等所构成的实施维修的条件,也涉及与之相关联的环境

条件(例如战时或平时)。

②规定的时间。这是指对直接完成维修工作需用时间所规定的限度,是衡量产品维修性好坏的主要度量尺度。

③规定的程序和方法。针对同一故障,以不同的程序和方法进行维修时,完成维修工作所需的时间会有所不同。按规定的程序和方法进行维修,反映了一种力图使维修时间尽可能缩短的要求,即要采用经过优化的(或合理化的)维修操作过程。同时也只有基于同一操作过程进行维修,才能对产品不同设计方案的维修性优劣作权衡比较。

④规定的状态。该项内容明确了产品通过维修所应保持的(未出现故障的)或应恢复到的(出现故障后的)功能状态。状态可以是完好如新的全功能状态;根据不同的使用条件,所规定的状态也可能是某种降低了要求的部分功能状态。

在这些约束条件下完成维修即保持或恢复产品至规定状态的能力(或可能性)就是维修性。维修性同可靠性一样都是产品的固有属性,它是设计奠定的,生产和管理保证的。而维修性主要表示维修的难易程度,但它不仅取决于产品本身,而且取决于与维修有关的其他因素,例如,维修人员的素质、维修的设施、维修方式和方法以及综合管理水平等。这些因素不是产品本身的问题,却是维修性设计中必须考虑的一些因素。产品在规定约束条件下能否完成维修,取决于产品的设计和制造,比如部位是否容易达到、零部件能否互换、检测是否容易等。所以维修性是产品的质量特性。这种质量特性可以用一些定性的特征来描述,也可以用一些定量的参数来表达,如平均修复性维修时间、平均预防性维修时间、平均维修时间、维修工时率等。为了使装备具有良好的维修性,需要从论证阶段开始,就进行产品的维修性分析、维修性评价等有关工程活动。

(2)维修。

维修是为了使装备保持、恢复或改善到规定的状态所进行的全部工程活动,贯穿于装备服役的全过程,包括使用与储存过程。维修通常分为修复性维修、预防性维修、战场抢修/应急性维修和专门批准的改进性维修。在日常的使用中,修复性维修和预防性维修是主要的维修任务。

①修复性维修。对已经发生故障的产品进行修理,使其恢复到规定的使用状态。一般包括准备、故障定位与隔离、分解、更换、再装、调校等活动。

②预防性维修。为了预防产品故障或故障的严重后果,使其保持在规定状态所进行的预先维修活动。典型的预防性维修工作有润滑保养、操作人员监控、定期检查、定期拆修、定期更换及定期报废等。

(3)维修级别。

维修级别是按装备维修时所处的场所而划分的等级。我军装备一般采用三级维修,即基层级、中继级、基地级,或采用两级维修,即部队级、基地级。

(4)可更换单元。

可更换单元指可在规定的维修级别上整体拆卸和更换的单元。它可以是设备、组件、部件或零件等。按照更换的场所,可分为现场可更换单元(LRU)和车间可更换单元(SRU)。

①现场可更换单元,又叫外场可更换单元,指在外场或战斗环境中可更换的产品及其组成部分。

②车间可更换单元,指在基地级维修时可更换的产品及其组成部分。

(5) 可达性。

可达性指产品维修或使用时,接近各个部位的相对难易程度的度量。

(6) 互换性。

互换性指在功能和物理特性上相同的产品在使用或维修过程中能够彼此互相替换的能力。

### 3.1.2 武器装备常用的维修性参数

维修性参数是描述维修性的特征量,或者说是对维修性的一种度量,度量值就是维修性指标。维修性的定量要求是通过选择适当的维修性参数并确定其指标而提出的。

#### 3.1.2.1 维修性函数

维修性主要反映在维修时间上,而完成每次维修的时间 $T$ 是一个随机变量,通常用维修性函数来研究维修时间的各种统计量。维修性函数有:

(1) 维修度 $M(t)$。

维修性用概率来表示,就是维修度 $M(t)$,即产品在规定的条件下和规定的时间内,按照规定的程序和方法进行维修时,保持或恢复其规定状态的概率,可表示为:

$$M(t) = P\{T \leqslant t\} \tag{3-1}$$

式(3-1)表示维修度是在一定条件下,完成维修的时间 $T$ 小于或等于规定维修时间 $t$ 的概率。

$M(t)$ 也可表示为式(3-2):

$$M(t) = \lim_{N \to \infty} \frac{n(t)}{N} \tag{3-2}$$

式中:$N$——维修的产品总(次)数;

$n(t)$——$t$ 时间内完成维修的产品(次)数。

在工程实践中,试验或统计现场数据 $N$ 为有限值,用估计量 $\hat{M}(t)$ 来近似表示 $M(t)$,如式(3-3)所示:

$$\hat{M}(t) = \frac{n(t)}{N} \tag{3-3}$$

(2) 维修时间密度函数 $m(t)$。

维修度 $M(t)$ 是时间 $t$ 内完成维修的概率,那么它的概率密度函数即维修时间密度函数可表达为式(3-4):

$$m(t) = \frac{\mathrm{d}M(t)}{\mathrm{d}t} = \lim_{\Delta t \to 0} \frac{M(t+\Delta t) - M(t)}{\Delta t} \tag{3-4}$$

维修时间概率密度函数的估计量 $\hat{m}(t)$ 可表示为式(3-5):

$$\hat{m}(t) = \frac{n(t+\Delta t) - n(t)}{N \cdot \Delta t} = \frac{\Delta n(t)}{N \cdot \Delta t} \tag{3-5}$$

式中:$\Delta n(t)$——从 $t$ 到 $t+\Delta t$ 时间内完成维修的产品(次)数。

维修时间密度函数的工程意义是单位时间内产品预期完成维修的概率,即单位时间内修复数与送修总数之比。

(3) 修复率 $\mu(t)$。

修复率 $\mu(t)$ 是在 $t$ 时刻未能修复的产品,在 $t$ 时刻后单位时间内修复的概率,可表示为式(3-6):

$$\mu(t) = \lim_{\substack{\Delta t \to 0 \\ N \to \infty}} \frac{n(t+\Delta t) - n(t)}{[N - n(t)]\Delta t} = \lim_{\substack{\Delta t \to 0 \\ N \to \infty}} \frac{\Delta n(t)}{N_s \Delta t} \tag{3-6}$$

其估计量如式(3-7)所示:

$$\hat{\mu}(t) = \frac{\Delta n(t)}{N_s \Delta t} \tag{3-7}$$

式中:$N_s$——到 $t$ 时刻尚未修复数(正在维修数)。

在工程实践中常用平均修复率或取常数修复率 $\mu$,即单位时间内完成维修的次数,可用规定条件下和规定时间内,完成维修的总次数与维修总时间之比。

修复率 $\mu(t)$ 与维修度 $M(t)$ 的关系如式(3-8)和式(3-9)所示:

$$\mu(t) = \frac{m(t)}{1-M(t)} = \frac{dM(t)}{dt} \cdot \frac{1}{1-M(t)} \tag{3-8}$$

$$M(t) = 1 - \exp\left[-\int_0^t \mu(t)dt\right] \tag{3-9}$$

#### 3.1.2.2 维修时间参数

维修时间参数是最重要的维修性参数,是维修迅速性的表征。根据产品功能和使用条件的不同,可以选用不同的维修时间参数。

(1) 平均修复时间(MTTR 或 $\overline{M}_{ct}$)。

MTTR 是产品维修性的一种基本参数。其度量方法为:在规定的条件下和规定的时间内,产品在任一规定的维修级别上,修复性维修总时间与在该级别上被修复产品的故障总数之比。

简单地说,就是排除故障所需实际时间的平均值,即产品修复一次平均需要的时间。由于修复时间是随机变量,$\overline{M}_{ct}$ 是修复时间的均值或数学期望,如式(3-10)所示:

$$\overline{M}_{ct} = \int_0^\infty tm(t)dt \tag{3-10}$$

式中:$m(t)$——维修时间密度函数。

实际工作中使用其观测值,即修复时间 $t$ 的总和与修复次数 $n$ 之比,如式(3-11)所示:

$$\overline{M}_{ct} = \sum_{i=1}^n t_i / n \tag{3-11}$$

(2) 恢复功能的任务时间(MTTRF 或 $M_{mct}$)。

MTTRF 是与任务有关的一种维修性参数。其度量方法为:在规定的任务剖面中,产品致命性故障的总维修时间与致命性故障总数之比。简单地说,就是排除致命性故障所需实际时间的平均值。对它的统计计算方法,式(3-10)和式(3-11)都是适用的。

(3) 最大修复时间($M_{maxct}$)。

确切地说,应当是给定百分位或维修度的最大修复时间,通常给定维修度 $M(t)=p$ 是 95% 或 90%。最大修复时间通常是平均修复时间的 2~3 倍,具体比值取决于维修时间的分布和方差及规定百分位。

(4)修复时间中值($\tilde{M}_{ct}$)。

$\tilde{M}_{ct}$ 是指维修度 $M(t)=50\%$ 时的修复时间,又称为中位修复时间。不同分布下,中值与均值的关系不同,即 $\tilde{M}_{ct}$ 与 $\overline{M}_{ct}$ 不一定相等。

在使用以上修复时间参数时应注意:修复时间是排除故障的实际时间,不计行政及保障供应的延误时间;不同的维修级别,修复时间不同,因此在给定指标时,应说明维修级别。

(5)预防性维修时间($M_{pt}$)。

预防性维修时间同样有均值($\overline{M}_{pt}$)、中值($\tilde{M}_{pt}$)和最大值($M_{maxpt}$)。其含义和计算方法与修复时间相似。但应该用预防性维修频率代替故障率,用预防性维修时间代替修复性维修时间。

(6)平均维修时间($\overline{M}$)。

这是将修复性维修和预防性维修合起来考虑的一种与维修方针有关的维修性参数。其度量方法为:在规定的条件下和规定的期间内产品预防性维修和修复性维修总时间与该产品计划维修和非计划维修事件总数之比,如式(3—12)所示:

$$\overline{M} = \frac{\lambda \overline{M}_{ct} + f_p \overline{M}_{pt}}{\lambda + f_p} \tag{3—12}$$

式中:$\lambda$——产品的故障率;

$f_p$——产品的预防性维修频率。

#### 3.1.2.3 维修工时参数

最常用的维修工时参数是产品每个工作小时的平均维修工时,又称维修性指数或维修工时率 $M_I$,是与维修人力有关的一种维修性参数。其度量方法为:在规定的条件下和规定的时间内,产品直接维修工时总数与该产品寿命单位总数之比。

#### 3.1.2.4 维修费用参数

常用年平均维修费用或每个工作小时的平均维修费用或备件费用作为维修费用参数。

## 3.2 维修性分配

维修性分配是系统进行维修性设计时要做的一项重要工作,根据提出的产品维修性指标,按需要把它分配到各层次产品及其各功能部分,作为它们各自的维修性指标,使设计人员在设计时明确必须满足的维修性要求。

### 3.2.1 维修性分配的目的、条件与原则

(1)维修性分配的目的。

将产品的维修性指标分配到产品的规定层次,根本目的在于明确各层次产品的维修性目标或指标,为产品研制总体单位对分包单位和外协供应产品提出维修性要求并进行管理提供依据,便于产品设计实现这些指标,保证产品最终符合规定的维修性要求。

(2)维修性分配的条件。

维修性分配只有具备了以下几个条件才能进行:

①首先要有明确的定量维修性要求(指标)。
②要对产品进行功能分析,确定系统功能结构层次划分和维修方案。
③产品要完成可靠性分配或预计。

(3)维修性分配的原则。

进行维修性分配时,应遵循以下原则:

①维修级别。维修性指标是按哪一个维修级别规定的,就应按该级别的条件及完成的维修工作分配指标。

②维修类别。指标要区分清楚是修复性维修还是预防性维修,或者两者的组合,相应的时间或工时与维修频率不得混淆。

③产品功能层次。维修性分配要将指标自上而下一直分配到需要进行更换或修理的低层次产品,直至各个不再分解的可更换单元为止。

④维修活动。每次维修都要按合理顺序完成一项或多项维修活动。而一次维修的时间则由相应的若干时间元素组成。对维修活动的了解,可为合理地分配和分析提供依据。

### 3.2.2 维修性分配的一般步骤

(1)系统维修职能分析。

系统维修职能分析是根据产品的维修方案规定维修级别的划分,确定各级别的维修职能及在各级别上维修的工作流程,可以用框图的形式描述这种工作流程。

(2)系统功能层次分析。

在维修性分配前,要在系统功能分析和维修职能分析的基础上,对系统各功能层次各组成部分,逐个确定其维修措施和要素,并用一个包含维修的系统功能层次图来表示。

(3)确定各层次各部分的维修频率。

给各产品分配维修性指标,要以其维修频率为基础,故应确定各层次各产品的维修频率,包括修复性维修和预防性维修的频率。为便于维修性分配,可将维修频率标注在功能层次框图各部分方框或圆圈旁边。

(4)分配维修性指标。

将给定的系统维修性指标自高向低逐层分配到各单元。

(5)研究分配方案的可行性,进行综合权衡。

分析各层次产品实现分配指标的可行性,要综合考虑技术费用、保障资源等因素,以确定分配方案是否合理可行。

### 3.2.3 维修性分配方法

维修性分配以维修性模型为基础,无论采用什么样的分配方法,其分配结果都必须满足系统(上层次产品)与其组成部分(下层次产品,以下简称"单元")维修性参数的计算模型。

满足平均修复时间公式的解集$\{M_{cti}\}$是多值的,需要根据维修性分配的条件和原则来确定所需的解。这样就有不同的分配方法,以下是几种常见的分配方法:

(1)等值分配法。

这是一种最简单的分配方法,其适用条件是组成上层次产品的各单元的复杂程度、故障率及预想的维修难易程度大致相同。它可用在缺少可靠性、维修性信息时作初步的分配。

分配的准则是使各单元的指标相等，以平均修复时间为例(以下同)，如式(3—13)所示：

$$\overline{M}_{ct1}=\overline{M}_{ct2}=\cdots=\overline{M}_{ctn}=\overline{M}_{ct} \quad (3-13)$$

(2) 按可用度分配法。

确保产品的可用性或战备完好性是产品维修性设计的主要目标之一。因此，按照规定的可用度要求来确定和分配维修性指标，是广泛适用的一种方法。

例如，在产品寿命服从指数分布时，平均修复时间 $\overline{M}_{ct}$ 和固有可用度 $A_i$ 的关系如式(3—14)所示：

$$\overline{M}_{ct}=\frac{1-A_i}{\lambda A_i} \quad (3-14)$$

式中：$\lambda$——产品的故障率。

按可用度分配法又可分为等可用度分配法和非等可用度分配法，其中考虑各单元复杂性差异的加权分配法，即按单元越复杂其可用度越低的原则进行分配。

(3) 相似产品分配法。

相似产品分配法适用于产品的改进、改型中的分配。这种方法借用已有的相似产品的维修性状况提供的信息作为维修性分配的依据。

已知相似产品维修性数据，则新(改进)产品的维修性指标可用式(3—15)计算：

$$\overline{M}_{cti}=\frac{\overline{M}'_{cti}}{\overline{M}'_{ct}}\overline{M}_{ct} \quad (3-15)$$

式中：$\overline{M}'_{ct}$——相似产品(系统)的平均修复时间；

$\overline{M}'_{cti}$——相似产品(系统)第 $i$ 个单元的平均修复时间。

(4) 按故障率和设计特性加权因子分配法。

该方法将分配时考虑的因素(复杂性、可测试性、可达性、可更换性、可调整性、维修环境等)转化为加权因子，按照故障率与设计特性加权因子分配，是一种简便、实用的分配方法，其一般表达式如式(3—16)所示：

$$\overline{M}_{cti}=\frac{k_i\sum_{i=1}^{n}\lambda_i}{\sum_{i=1}^{n}k_i\lambda_i}\overline{M}_{ct} \quad (3-16)$$

式中：$k_i$——第 $i$ 个单元的维修性加权因子。

$k_i$ 根据所考虑的因素而定，维修性越差，$k_i$ 越大。加权因子需根据结构类型统计分析得出。

### 3.2.4 典型装备维修性分配示例

某定时系统串联组成及各单元数据如表3—1所示。要求对其进行改进，使其平均修复时间控制在 40 min 以内，试分配各单元指标。

表3—1 某定时系统串联组成及各单元数据

| 单元 $i$ | 单元故障率 $\lambda_i$ | 单元 $\overline{M}_{cti}$/min | $\lambda_i\overline{M}_{cti}$ |
|---|---|---|---|
| 1 | 0.002 | 70 | 0.140 |

续表

| 单元 $i$ | 单元故障率 $\lambda_i$ | 单元 $\overline{M}_{cti}$/min | $\lambda_i \overline{M}_{cti}$ |
|---|---|---|---|
| 2 | 0.004 | 65 | 0.260 |
| 3 | 0.005 | 68 | 0.340 |
| 合计 | 0.011 | — | 0.740 |

解:经分析可以采用相似产品分配法。

第一步,计算原产品的平均修复时间 $\overline{M}'_{ct}$:

$$\overline{M}'_{ct} = \frac{\sum_{i=1}^{n} \lambda_i \overline{M}'_{cti}}{\sum_{i=1}^{n} \lambda_i} = \frac{0.74}{0.011} = 67.3 (\min)$$

第二步,计算改进后各单元的平均修复时间 $\overline{M}_{cti}$:

$$\overline{M}_{ct1} = \frac{\overline{M}'_{ct1}}{\overline{M}'_{ct}} \overline{M}_{ct} = \frac{70}{67.3} \times 40 = 41.6 (\min)$$

用同样方法计算出第 2 单元平均修复时间为 38.6 min,第 3 单元平均修复时间为 40.4 min。

第三步,验算分配的单元指标是否符合系统的指标要求:

$$\overline{M}_{ct} = \frac{\sum_{i=1}^{n} \lambda_i \overline{M}_{cti}}{\sum_{i=1}^{n} \lambda_i} = \frac{0.4398}{0.011} = 39.98 (\min)$$

结论:分配结果符合系统平均修复时间控制在 40 min 以内的要求。

## 3.3 维修性预计

### 3.3.1 维修性预计的目的、条件与原则

(1)维修性预计的目的。

在装备研制和改进过程中,进行了维修性设计,但能否达到规定的要求,是否要进行进一步的改进,就需要开展维修性预计。维修性预计是研制过程中主要的维修性活动之一,即根据历史经验和类似产品的数据等估计、测算新产品在给定工作条件下的维修性参数,以便了解设计满足维修性要求的指标。

维修性预计的目的是评价产品是否能够达到要求的维修性指标。在方案论证阶段,通过维修性预计,比较不同方案的维修性水平,为最优方案的选择及方案优化提供依据。在设计中,通过维修性预计,发现影响产品维修性的主要因素,找出薄弱环节,采取设计措施,提高维修性。

(2)维修性预计的条件。

不同时机、不同维修性预计方法需要的条件不尽相同,但一般应满足以下条件:

①具有相似的产品数据,包含产品的结构和维修性参数值。
②维修方案、维修资源(包括人员、物质资源)等约束条件。
③系统各产品的故障率数据,可以是预计值或实际值。
④维修工作的流程、时间元素及顺序。

(3)维修性预计的原则。

进行维修性预计时,应遵循以下的原则:

①维修性预计应重点考虑在基层级维修的产品层次,对于在中继级或基地级进行维修的产品,可适当减少在维修性预计工作方面的投入,但应充分考虑战场抢修可能要求部分中继级或基地级维修工作在战场完成。

②维修性预计应妥善处理工作分解结构中不同产品间的接口关系,既要避免重复预计,又要避免遗漏。

③维修性参数指标要区分是修复性维修还是预防性维修,或者两者的组合,相应的时间或工时与维修频率不得混淆。

④维修性预计一般按照产品结构层次划分逐层展开,维修性预计的层次通常应与维修性分配的层次保持一致。

⑤充分重视并参考相似产品的维修性数据。

⑥维修性预计过程中,应充分重视工程经验的利用,以降低预计的误差。

### 3.3.2 维修性预计的一般步骤

(1)收集资料。

维修性预计是以产品设计或设计方案为依据的,首先要收集并熟悉所预计产品的设计或设计方案的资料;其次维修性预计又是以维修方案和保障方案为基础的,因此还应收集有关维修与保障方案的相关资料;再次应收集所预计产品的可靠性数据,如可靠性预计值或试验值;此外,还应收集类似产品的维修性数据。

(2)维修职能与功能分析。

与维修性分配相似,维修性预计也应进行系统维修职能与功能层次分析,建立框图模型。

(3)确定产品设计特征与维修性参数值的关系。

维修性预计要由产品设计或设计方案估计其维修性参数。这需要了解维修性参数值与设计特征的关系,这种关系可以用图表、公式、计算机软件数据库等形式表示。《维修性分配与预计手册》(GJB/Z 57—1994)中提供了一些图表和公式,可供参考。当数据不足时,需要从现有类似产品中找出设计特征与维修性参数值的关系,为预计做好准备,亦即建立有关的回归模型。

### 3.3.3 维修性预计的方法

维修性预计的方法有多种,这里介绍的是使用范围较广的一些方法。

(1)推断法。

推断法是根据新产品的设计特点、相似产品的设计特点与维修性参数值,预计新产品的维修性参数值。这种预计方法的基础是掌握某种类型产品的结构特点与维修性参数的关系,且能用近似公式、图表等表达出来。

最常用的推断法是回归预测,通过回归分析建立模型进行预测。在现有类似产品不同结构上进行充分的试验,找出结构类型或结构参量与维修性参数的关系,用回归分析建立模型作为推断产品维修性参数的依据。以平均修复时间为例,如式(3—17)所示:

$$\overline{M}_{ct} = \varphi(u_1, u_2, \cdots, u_i, \cdots, u_n) \quad (3-17)$$

式中:$u_i$——各种结构(类型)参量。

推断法是一种粗略的早期预计技术,但因为不需要多少具体的产品信息,所以在研制早期(例如战术技术指标论证或方案设计中)仍有一定的应用价值。

(2)单元对比法。

单元对比法是针对装备研制过程中具有一定的继承性,总可以从其组成部分中找到一个可知其维修时间的单元作基准,通过与基准单元作对比,估计各单元的维修时间,进而确定系统或设备的维修时间而提出的。单元预计法适用于各类产品方案阶段的早期预计,预计的基本参数是平均修复时间、平均预防性维修时间和平均维修时间。

平均修复时间 $\overline{M}_{ct}$ 预计模型如式(3—18)所示:

$$\overline{M}_{ct} = M_{ct0} \sum_{i=1}^{n} h_{ci} k_i / \sum_{i=1}^{n} k_i \quad (3-18)$$

式中:$M_{ct0}$——基准可更换单元的平均修复时间;

$h_{ci}$——第 $i$ 个可更换单元相对修复时间系数,即第 $i$ 个可更换单元平均修复时间与基准可更换单元平均修复时间之比;

$k_i$——第 $i$ 个可更换单元相对故障率系数。

$k_i$ 可用式(3—19)计算:

$$k_i = \lambda_i / \lambda_0 \quad (3-19)$$

式中:$\lambda_i$——第 $i$ 个单元的故障率。

$\lambda_0$——基准单元的故障率。

平均预防性维修时间 $\overline{M}_{pt}$ 预计模型如式(3—20)所示:

$$\overline{M}_{pt} = M_{pt0} \sum_{i=1}^{n} l_i h_{pi} / \sum_{i=1}^{n} l_i \quad (3-20)$$

式中:$M_{pt0}$——基准单元的预防性维修时间;

$h_{pi}$——第 $i$ 个预防性维修单元的相对维修时间系数;

$l_i$——第 $i$ 个预防性维修单元的相对预防性维修频率系数。

$l_i$ 是第 $i$ 个可更换单元的预防性维修频率 $f_i$ 与基准单元预防性维修频率 $f_0$ 的比值,如式(3—21)所示:

$$l_i = f_i / f_0 \quad (3-21)$$

(3)时间累计法。

时间累计法是一种比较细致的预计方法。它根据历史经验或现成的数据、图表,对照装备的设计或设计方案和维修保障条件,逐个确定每个维修项目,每项维修工作、维修活动乃至每项基本维修作业所需的时间或工时,然后综合累加或求平均值,最后预计出装备的维修性参量。

时间累计法主要用于工程研制阶段。其中的早期时间预计方法用于初步设计中,能够利用估算的设计数据进行预计;精确时间预计法用于详细设计中,它使用详细设计数据来预计维修性参数。

(4)专家预计法。

采用专家预计法进行维修性预计,即邀请若干专家各自对产品及其各部分的维修性参数分别进行估计,然后进行数据处理,求得所需的维修性参数预计值。专家预计法是一种经济而简便的常用方法,特别是在新产品的样品还未研制出来而进行试验评定之前更为适用。为减少预计的主观性影响,应根据实际情况对不同产品、不同时机具体研究实施方法。

### 3.3.4 典型装备维修性预计示例

某控制盒由 3 个单元组成,平均修复时间要求的目标值为 30 min。已知单元 1 的平均修复时间 $\overline{M}_{ct1}$ 为 10 min,故障率为 0.005/h,试预计控制盒的平均修复时间 $\overline{M}_{ct}$。

解:经分析可以采用单元对比法预计。

第一步,收集各单元的相关数据,并与单元 1 对比,得到各项系数 $k_i$、$h_{ci}$,如表 3-2 所示。

表 3-2 控制盒各单元的相对系数

| 单元 $i$ | 相对故障率系数 $k_i$ | 相对修复时间系数 $h_{ci}$ | $k_i h_{ci}$ |
| --- | --- | --- | --- |
| 1 | 1 | 1 | 1 |
| 2 | 2.5 | 3.1 | 7.75 |
| 3 | 0.7 | 3.3 | 2.31 |
| 合计 | 4.2 |  | 11.06 |

第二步,计算控制盒的平均修复时间:

$$\overline{M}_{ct} = M_{ct0} \sum_{i=1}^{n} h_{ci} k_i / \sum_{i=1}^{n} k_i = \frac{10 \times 11.06}{4.2} = 26.33 (\text{min})$$

结论:预计值 26.33 min 小于要求值 30 min,故满足要求。

预计中发现单元 2 对修复时间影响较大,可作为设计改进的重点。

## 3.4 维修性设计

维修性是装备本身的一种质量特性,是由装备设计所赋予的使其维修简便、迅速和经济的固有特性。解决维修性的根本出路在于设计,维修性设计主要包括简化设计,可达性和可操作性设计,模块化、标准化和互换性设计,防差错和标志设计、维修安全性设计,维修性人机工程设计和测试诊断设计等内容。

### 3.4.1 简化设计

简化设计主要包含功能结构简化和维修程序简化两层含义。功能结构简化是指在满足功能和使用要求下,尽可能采用最简单的组成、结构或外形。维修程序简化是指简化使用和维修人员的工作步骤、环节,如维修程序简单明确、资源要求少等。

简化设计主要涉及的内容包括:

(1)减少零件、部件的品种和数量。

(2)简化产品功能。
(3)产品功能合并。
(4)产品设计与操作设计的协调。
(5)改进可达性。
(6)方便的维修方法,包括构造易于装配(定位销)、简便的诊断技术等。

### 3.4.2 可达性和可操作性设计

可达性是指维修产品时,接近维修部位的难易程度。可达性的好坏,直接影响产品的可视、可接触检查,工具和测试设备使用以及产品修理或更换。产品的可达性一般包括三个层次,即视觉可达、实体可达和适合的操作空间。一般来说,合理的结构设计是提高产品可达性的途径(如维修口盖、维修通道等)。

对维修性的基本要求,就是维修时间尽可能短,可达性设计是从维修空间和布局着眼来提高维修性的措施,而可操作性设计则是从具体操作(拆卸、组装、调整)入手,使维修更方便、快捷。

#### 3.4.2.1 可达性设计

可达性设计中涉及多方面因素,主要因素包括使用地点、安装与环境特性,维修作业的性质、时间、工具、工作空间、通道深度、潜在危险等。

在可达性设计中,应注意以下的基本设计准则:

(1)统筹安排、合理布局。故障率高、维修空间需求大的部件尽量安排在系统的外部或容易接近的部位。

(2)产品各部分(特别是易损件和常用件)的拆装要简便,拆装零部件进出的路线最好是直线或平缓的曲线;不要使拆下的产品拐着弯或颠倒后再移出。

(3)为避免各部分维修时交叉作业与干扰(特别是机械、电气、液压系统中的相互交叉),可用专舱、专柜或其他适宜的形式布局。

(4)产品的检查点、测试点、检查窗、润滑点、添加口,以及燃油、液压、气动等系统的维修点,都应布局在便于接近的位置上。

(5)尽量做到检查或维修任一部分时,不拆卸、不移动,或少拆卸、少移动其他部分。

(6)需要维修和拆装的机件,周围要有足够的空间,以便进行测试或拆装。

(7)维修通道口的设计应使维修操作尽可能简单、方便。

(8)维修时,一般应能看见内部的操作,其通道除了能容纳维修人员的手和臂,还应留有适当的间隙以供观察。

(9)在不降低产品性能的条件下,可采用无遮盖的观察孔。

#### 3.4.2.2 可操作性设计

可操作性的基本设计准则包括:

(1)维修作业中所需操作力(包括拆卸、搬运等)应在人的体力限度内,并不易引起疲劳,还应考虑到作业效率的需要(费力的作业动作慢)。

(2)应考虑维修作业时人的体位和姿势,不良的体位和姿势将严重影响维修效率。

(3)零部件的结构应便于人手的抓握,以便拆卸、组装。

(4)维修作业如能在人的舒适操作区内进行,则效率最高。为此,常将待维修部位设计成可移出式或拆卸下来维修。

(5)操纵器的运动方向应符合人的习惯,即符合有关标准的规定,违反这一规定,在操作中极易出错误。

(6)操纵器的运动应与被控对象(或显示器)的运动具有相应性。

(7)操纵器的操纵阻力应适度。

(8)操纵器的布局应符合操作程序逻辑,并有足够的操作空间。

(9)对众多的操纵器应进行编码,以便区别其不同的功能,防止操作失误。

(10)简化设计,尽量简化机械结构。

(11)组装式结构,而不是整体式结构:整机分解为分层次的模块,便于拆下来检修,维修作业以不同层次的模块为单元展开,简化维修操作和诊断测试作业。

(12)散件集装化:把各种分散的零件、元器件,以适当的原则进行集中安装,形成模块,模块可单独制造、测试调整,直接参与整机组装,使模块成为维修的基本单元。

(13)尽可能采用标准件、通用件,选用通用的仪器设备、零部件和工具,并尽量减少其品种,使易损件具有良好的互换性和必要的通用性。提高标准化程度不仅可提高维修效率,并可减少对维修人员的技术水平要求,减少培训。

(14)快卸、快锁式结构:简化拆卸,组装操作,提高工作效率。

(15)移出式结构:不是将部件拆下来,而是将部件从整机移出来,方便维修操作。

### 3.4.3 标准化、互换性和模块化设计

标准化是在满足要求的条件下,限制产品可行的变化到最小范围的设计特性。标准化包括元器件和零部件、工具的种类、型号和式样,以及术语、软件、材料工艺等,标准化有利于生产、供应和维修。开展标准化工作,应从以往型号的经验与教训入手,针对一些数目较多的紧固件、连接件、扣盖、快卸锁扣等给出标准化要求。

互换性是指产品之间在实体上(几何形状、尺寸)、功能上能够相互替换的设计特性。在维修性设计时考虑互换性,有利于简化维修作业和节约备品费用,提高维修性水平。

模块化是指产品设计为可单独分离的、具有相对独立功能的结构体,便于供应、安装、使用、维护等。模块化设计是实现部件互换通用,快速更换修理的有效途径。

在维修性设计中,互换性是目的,模块化是基础,标准化是保证。模块化是通过有效的功能模块化设计,进而实现实体模块化,为部件互换和标准化提供基础。

标准化、互换性和模块化设计原则的采用,有利于产品的设计和生产,特别是在特殊场合的紧急抢修中,对于拆拼修理更具有重要意义。

标准化、互换性和模块化的基本设计准则包括:优先选用标准件、提高互换性和通用程度、尽量使用模块化设计等。

#### 3.4.3.1 优先选用标准件

(1)最大限度地采用通用零部件。

(2)尽量减少需要的零部件品种。

(3)与现有应用兼容。

(4)通过简化设计尽量减少供应、储存及存期问题。

(5)采用统一的方法,简化零件的编码和编号。
(6)尽最大可能使用货架(off-the-shelf)部件、工具、测试设备。

### 3.4.3.2 提高互换性和通用程度

(1)在不同产品中最大限度地采用通用零部件,并尽量减少品种。
(2)设计产品时,必须使故障率高、容易损坏、关键性的零部件具有良好的互换性和必要的通用性。
(3)为避免危险状况,实体互换场合应具有功能互换;反之,功能不能互换的场合不应进行实体互换。
(4)功能互换的产品应避免实体上不同。
(5)完全互换不可行时,应功能互换,并提供适配器以便实体互换。
(6)安装孔和支架应能适应不同工厂生产的相同型号的成品件、附件,即全面互换。
(7)产品上功能相同且对称安装的部、组、零件,应尽量设计成可以通用的。
(8)为避免潜在错误理解,应提供非文件说明和标示牌,以便维修人员正确决定产品的实际互换能力。
(9)修改零部件设计时,不要任意更改安装的结构要素,以免破坏互换性而造成整个产品或系统不能配套。
(10)产品需作某些更改或改进时,要尽量做到新老产品之间能互换使用。
(11)在系统中,零件、紧固件和连接件、管线和电缆等应实行标准化。

### 3.4.3.3 尽量使用模块化设计

(1)产品应按照功能设计成若干个能够完全互换的模件(或模块),其数量应根据实际需要而定。
(2)模件从产品上卸下来以后,应便于单独进行测试。
(3)成本低的器件可制成弃件式的模件并加标志。
(4)模件的大小与质量一般应便于拆装、携带或搬运。

## 3.4.4 防差错和标志设计

许多使用或维修操作的差错都源于设计上的考虑不周。防差错设计就是从设计上入手,采取适当措施避免或防止维修作业发生差错。识别标志是一种经常采用的防差错的有效辅助技术手段。防差错的基本思路是:

(1)错不了。设计上采取措施保证不可能执行错误操作,即"要么是一装就对,要么是不能装"。
(2)不会错。设计符合人的习惯和公认惯例,按习惯去操作不会出错;提供合适的提示、警示,以便维修人员严格按规章操作。
(3)不怕错。设计时采取容错技术使某些差错不至于造成严重后果。

防差错设计的基本设计原则包括:

(1)设计产品时,外形相近而功能不同的零件、重要连接部件和安装时容易发生差错的零部件,应从结构上加以区别或有明显的识别标志。
(2)产品上应有必要的防差错、提高维修效率的标志,如危险任务的标志放置、提示性信息表达等。

(3)装置两端的部件采用不同方向的螺纹设计,避免部件装反的防差错设计。

### 3.4.5 维修安全性设计

维修安全性是指避免维修人员伤亡或产品损坏的一种设计特性。维修安全性基本的设计准则包括:
(1)防机械损伤。
(2)防电击。
(3)防高温。
(4)防火、防爆、防化学毒害、防侵蚀等。

### 3.4.6 维修性人机工程设计

维修中的人机工程是指在维修作业过程中,从人的生理、心理因素的限制来考虑产品应如何开展设计,使得维修工作能够在人的正常生理心理约束下完成。主要包括以下三类因素:
(1)人体测量:如身高、体重等,这类因素与可达性、维修安全性相关联。
(2)生理要求:如力量、视力等,这类因素与可达性、维修安全性、防差错等相关联。
(3)心理要求:如错误、感知力等,这类因素与维修安全性、防差错等相关联。
在制定设计准则时,要注意避免重复。
维修性人机工程基本的设计准则包括:
(1)设计产品时应考虑使用和维修时人员所处的位置与使用状态,并根据人体的度量,提供适当的操作空间,使维修人员有比较合理的状态。
(2)噪声不允许超过规定标准。
(3)对维修部位应提供适度的自然或人工的照明条件。
(4)应采取积极措施,减少振动,避免维修人员在超过标准规定的振动条件下工作。
(5)设计时应考虑维修操作中举起、推拉、提起及转动时人的体力限度。
(6)设计时应考虑使维修人员的工作负荷和难度适当。
(7)设计应满足人的特性与能力:
①设计应保证90%的使用者可以操作和维修。
②极限尺度应设计为保证5%和95%百分位的人群水准。

### 3.4.7 测试诊断设计

一个产品或系统不可能总是在正常状态工作,使用者和维修者要掌握其"健康"状况、有无故障或何处发生了故障。为此,需对其进行监控、检查和测试。性能测试和故障诊断的难易程度,直接影响产品的修复时间,产品越复杂,这种影响就越明显。

测试是指为确定产品或系统的性能、特性、适用性或能否有效正常地工作,以及查找故障原因及部位所采用的措施及操作过程或活动。

故障检测:发现故障存在的过程。

故障定位:一般可分为粗定位和精定位两类。前者是确定故障的大致部位和性质的过程;后者则是把故障部分确定到需进行修理范围的过程。故障隔离一般是特指后者。

故障诊断:使用硬件、软件和(或)有关文件规定的方法,确定系统或设备故障,查明其原因的技术和进行的操作。故障诊断也可认为是故障检测和故障定位(包括故障隔离)活动的总称。

测试诊断的基本设计准则包括：

(1)合理划分功能单元：应根据结构划分物理和电气的功能单元。因为实际维修单元是结构分解所得的模块。

(2)应为诊断对象配备内部和外部测试装置，并应确保内部测试装置(BITE)性能的修复和校准。

(3)测试过程(程序)和外部激励源：对部件本身及有关设备或整个系统不产生有害效果，尤其需注意检查是否构成影响安全的潜在通路。

(4)所有的总线系统对各种测量应都是可访问的。

(5)对于通用功能，应设计和编写诊断应用软件，以便维修人员可以迅速进行检测。

(6)应考虑维修中所需使用的外部设备及其测量过程，应考虑与外部设备的兼容性和配备必要的测试点。

(7)诊断系统应能通过相应的测量，对产品的使用功能、设计单元的状态和输出特性作出评价。

(8)测试方式的转换：每个诊断系统都不可能是完美无缺的，有时对被测件(UUT)的测试不准；此时可用常规的、功能定位的测试方法，在可替换模块级确定故障位置，这些维修接口(测试点)也可用来检测模块的运行数据。

### 3.4.8 维修性通用设计准则示例

(1)对系统维修性指标进行合理分配，并提出分系统(分机)的维修性保证措施。

(2)对系统维修性指标进行预计，并对维修性方案进行论证，以确定系统(整机)维修性指标和以维修性为准则的最佳构成方案。

(3)尽量使设备结构简单便于维修，以便降低维修技术要求，减少工作量。

(4)根据产品复杂程度和使用地点拟定维修等级，以便确定所需配备的维修设备、仪表和备件。

(5)要保证即使在维修职员缺乏经验、人手短缺或在艰难的恶劣环境条件下也能进行维修。

(6)做到不需要复杂的有关设备就可以在紧急的情况下进行关键性调整和维修。

(7)只要有可能，应使一切维修工作都能方便而且迅速地由一个人完成。

(8)尽可能设计不需要或很少需要预防性维修的设备，使用不需要或很少需要预防性维修的部件。

(9)确定需通过预防维修与监视或检查的参数与条件。

(10)只要有可能，尽量使用固定零件与电路设计，避免维修调整。

(11)只要在设备使用寿命期内零件的部分功能不需要改变，就不要使用可调整零件。

(12)尽量减少冗长而复杂的维修手册和规程。

(13)尽量采用小型化设计，以减少包装与运输费用，并便于搬动与维修。

(14)设计时要权衡模块更换、原件修复与弃件三者之间的利弊。

(15)应降低寿命周期的维修程度，尽可能采取便宜的元器件、原材料和容易的维修工艺。

(16)减少储存中的维修，保证有最长的储存寿命。

(17)需要维修的零件、部件、整机应尽量采用快速解脱装置,便于分解和结合。

(18)应尽量减少维修频数,采用成熟的设计和经过考验的零件、部件、整机。

(19)只使用最少种类和数目的紧固件,分解结合时最好不用工具或尽量不用专用工具。

(20)保证装备能满足维修者对它的各方面的要求,符合人机工程学的特点,满足维修操纵性、人力限度、身体各部分的适合性等要求。

(21)除弃件式零部件与模件外,均应视为可以修复的单元。

(22)应提供磨损后的调整设施,便于维修调整。

(23)选用各种轴承与密封装置时,应保证在维修期内,只需最少量的维修与保养,并可用调整来消除磨损的影响。

(24)要精简维修工具、工具箱与备件的品种和数目。

(25)假如维修规程必须按特定步骤进行,就将设备设计成只能按这种步骤进行维修活动。

## 3.5 基于 FMECA 的维修性分析

FMECA 方法不仅可用于可靠性分析,还可用于维修性分析。这种方法主要是从人—机交互的角度考虑产品具备好修、易修的特性。FMECA 给出的故障信息正是维修性及维修工作所要解决的问题。FMECA 与维修性分析工作有以下关系:

(1)利用 FMECA 结果,进一步针对故障的基本维修措施,确定维修性的设计与分析要求。

(2)利用 FMECA 技术,研究维修中由于人—机交互而引发的"新"故障模式,并进行相应的故障影响与危害性分析,从而为维修性设计分析中的维修安全、防差错措施、维修中人机工程要求等方面提供信息。

### 3.5.1 FMECA 在维修性分析中的步骤

将 FMECA 应用于维修性分析的主要步骤包括:

(1)确定分析对象。一般是指可更换单元,如 LRU 和 SRU 等。

(2)从"功能或硬件 FMECA 表"(见可靠性分析中的 FMECA)的输出中提取该对象的信息,进而提取出对维修有影响的信息。

(3)对分析中出现的重要情况,考虑在维修规程中有针对性地对此类会影响人身安全的问题进行处理,或制定必要的防护措施,或修改产品设计,以便改变产品的维修特性。

一般是基于工程经验的方法,填写"FMECA 维修性信息分析表",如表 3-3 所示。

表 3-3 FMECA 维修性信息分析表

| 初始约定层次: | | 任 务: | | 审 核: | | | 第 页·共 页 | | | | |
|---|---|---|---|---|---|---|---|---|---|---|---|
| 约定层次: | | 分析人员: | | 批准: | | | 填表日期: | | | | |
| 代码 | 产品或功能名称 | 功能 | 故障模式 | 故障原因 | 故障影响 | | | 严酷度类别 | 故障检测方法 | 基本维修措施 | 是否属于最少设备清单 | 备注 |
| | | | | | 局部 | 高一层次 | 最终 | | | | | |
| (1) | (2) | (3) | (4) | (5) | (6) | (7) | (8) | (9) | (10) | (11) | (12) | (13) |

填表说明：

①表头、第(1)栏、第(3)～(10)栏的内容与产品与"功能或硬件 FMECA 表"中对应栏的内容相同。

②第(2)栏在维修性分析应用中，分析的对象应定位于 LRU 或 SRU。

③第(11)栏，填写排除此故障模式所需的"基本维修措施"或维修工作内容。

④第(12)栏，填写分析对象"是否属于最少设备清单"。它可视为一种衡量产品重要程度的手段。利用此信息，可用于维修性设计方案（如设备的结构、安装要求）的权衡分析。

### 3.5.2 FMECA 在维修性分析中的应用示例

以某型导弹地面测试设备维修性分析为例，具体应用内容如表 3-4 所示。该表只列举了某导弹测试设备 FMECA 维修性信息分析的部分内容，有关系统定义、功能说明、可靠性框图等内容略。

根据表 3-4 的分析结果，可得出如下结论：

(1)可根据测试设备的研制情况，改进电缆接插方式。

(2)改进电源控制柜面板上控制开关的布置。

(3)在"基本维修措施"上采取重新插拔电缆等操作。

由此例说明，在维修性设计分析中应用 FMECA 技术，可进一步发现产品设计中存在的维修性薄弱环节，以便提出更明确、针对性更强的维修性设计要求，从而有助于改进产品维修性水平。

表 3-4 某导弹测试设备 FMECA 维修性信息分析表（部分）

初始约定层次：某型导弹　　任务：在地面检测导弹　　审核：×××　　第1页·共1页
约定层次：地面测试设备　　分析人员：×××　　批准：×××　　填表日期：×年×月×日

| 代码 | 产品或功能名称 | 功能 | 故障模式 | 故障原因 | 故障影响 | | | 严酷度类别 | 故障检测方法 | 基本维修措施 | 是否属于最少设备清单 |
|---|---|---|---|---|---|---|---|---|---|---|---|
| | | | | | 局部 | 高一层次 | 最终 | | | | |
| × | 电源控制柜 | 提供测控机箱及相关设备的用电 | 供电模块输出不正常 | 电缆接插不正常，使电源线路发生短路或开路 | 测试设备工作不正常 | 无法进行导弹测试 | 延误导弹的正常使用 | Ⅲ | 自检 | 视情重新插拔电缆或更换电缆 | 是 |
| | | | 面板误操作 | 电源控制柜在仪表柜的最下方，操作者的脚容易碰到 | 测试设备工作不正常 | 影响导弹测试 | 延误导弹的正常使用 | Ⅲ | 操作人员检查监控 | 中断测试设备工作，重新启动系统 | 是 |

# 习 题

1. 根据《可靠性维修性保障性术语》,维修性的定义是什么？定义中"四个规定"是什么？
2. 什么是可更换单元？主要有哪两种？
3. 武器装备常用的维修时间参数有哪些？MTTR 是产品维修性的一种基本参数吗？MTTR 的度量方法是什么？
4. 维修性设计主要包括哪些方面？
5. 什么是维修中的可达性？产品的可达性包括哪几个层次？
6. 什么是模块化、标准化和互换性设计？
7. 防差错设计的基本思路有哪些？
8. 什么是维修安全性设计？维修安全性基本的设计准则有哪些？
9. 维修性人机工程的基本的设计准则包括哪些？

习题答案

# 第 4 章
# 武器装备测试性设计与分析

## 4.1 测试性的概念

### 4.1.1 测试性的定义

按照《装备测试性工作通用要求》(GJB 2547A—2012)的定义,测试性是指装备能及时并准确地确定其状态(可工作、不可工作或性能下降),并隔离其内部故障的能力。测试性是在测试时间内,保障设备、人力、器材及其他资源的限制下进行有效的、可信赖的功能测试、故障检测并隔离的固有能力。测试性要求装备自身状态具有一定的"透明性"。该定义强调了测试性是一种设计特性,它既包括了对主装备(任务系统)自身的要求,又包括对测试设备的性能要求。

测试就是指在真实或模拟的条件下,为确定装备性能、特性、适用性或能否有效可靠地工作,以及查找故障原因和部位所采取的措施、操作过程或活动。从测试的这个定义可以看出,测试包含两方面的内涵:首先,测试是在设备使用过程中,为确定装备的性能、可靠性等各种技术状态而进行的活动,或者说是为获取表征装备各种状态的信息而进行的活动;其次,测试是针对有故障的装备进行检测,以便查找故障的原因和部位,实施相应的修理手段。测试可进一步分为自动测试和手工测试,外部测试和机内测试。

测试在装备维修中具有非常重要的地位和作用。首先,测试是维修保障中信息获取的首要方法。从信息的角度上讲,测试是获取关于装备各种状态信息的主要方法,在装备信息化建设中的地位十分重要。它是装备的全系统全寿命管理能否成功实施的技术基础之一。其次,测试是维修过程的首要技术环节。装备维修的一般技术过程包括测试—诊断—修理三个阶段。也就是说,在装备维修中,通常是首先对装备进行测试,获取表征装备健康与故障状态的信息,然后利用所获取的信息对装备中可能存在的故障进行诊断,最后依据诊断的结果实施相应的修理手段。显然,在这个过程中,测试是首要的技术阶段,是诊断与修理的前提。在工程实践中,测试和诊断往往是密不可分的。

测试性最早是维修性的一个组成部分,也是产品一组固有特性中的一种特性。产品的技术状态是否满足规定的要求必须经过测试,产品发生故障与否也必须经过测试,产品的故障定位同样也必须通过测试,测试快慢和测试的准确性直接影响产品的维修效率,这便是测试性最早作为维修性的组成部分的理由。

测试性作为装备的一种设计特性,具有与可靠性、维修性、保障性同等重要的位置,是构成武器装备质量特性的重要组成部分。随着科学技术的发展,产品的功能越来越多样化,其复杂程度日益增加,掌握其技术状态、检测和隔离故障越来越困难。许多重要系统和设备一旦发生故障,在维修中用于故障检测与隔离的时间往往占其排除故障总时间的35%~60%。如果用于故障的检测与隔离时间长,那么维修时间就长,产品的可用性就低。

测试性设计的目的是提高装备的状态监测与故障诊断能力,进而提高装备的战备完好性、任务成功性和安全性,减少维修人力及其他保障资源,降低寿命周期费用。测试性设计主要包括性能监测、故障检测、故障隔离、虚警抑制、故障预测。

(1) 性能监测:在不中断产品工作的情况下,对选定性能参数进行连续或周期性的观测,以便确定产品是否在规定的极限范围内工作的过程。

(2) 故障检测:发现故障存在的过程。通过故障检测,可以确定产品是否存在故障。

(3) 故障隔离:把故障定位到实施修理所要更换的产品单元的过程。

(4) 虚警抑制:对故障检测和故障隔离中的虚假指示进行抑制和消除的过程。

(5) 故障预测:收集分析产品的运行状态数据并预测故障何时发生的过程。

与测试性相关的概念如下:

(1) 固有测试性:仅取决于系统或设备的设计,不受测试激励数据和响应数据影响的测试特性。

(2) 机内测试(BIT):系统或设备内部提供的检测和隔离故障的自动测试能力。BIT是改善系统或设备测试性的重要技术,用于周期地或连续地监控系统的运行状态,并用于维修前的观察或诊断。

(3) 机内测试设备(BITE):完成机内测试功能的装置。

(4) 自动测试设备(ATE):自动进行功能/参数测试,评价性能下降程度或隔离故障的测试设备。ATE属于外部测试设备。

(5) 被测试单元(UUT):被测试的任何系统、分系统、设备、组件和部件等的统称。

(6) 可更换单元(RU):可在规定的维修级别上整体拆卸和更换的单元。

(7) 现场可更换单元:在工作现场可从系统或设备上拆卸并更换的单元。同义词为外场可更换单元。

(8) 现场可更换模块(LRM):在工作现场可从系统或设备上拆卸并更换的单元模块。

(9) 车间可更换单元:在维修车间可从LRU上拆卸并更换的单元。同义词为车间可更换组件或内场可更换单元。

(10) 测试程序集(TPS):用ATE对UUT进行测试所需的测试程序、接口装置和测试程序集文件。

(11) 诊断:检测和隔离故障的过程。通过诊断活动对系统或设备施加物理或电气激励以产生可测量的响应,进而确定系统是否发生故障并查明故障的原因。

(12) 虚警:BIT或其他监测电路指示有故障而实际上不存在故障的现象。

(13) 诊断能力:与检测、隔离和报告故障有关的所有能力,包括机内测试、自动测试、人工测试、维修辅助手段、技术资料及人员和培训等。系统的诊断能力涉及任务可靠性、人力、技术水平、维修方案、部署和保障工作等因素。

(14) 综合诊断:通过分析和综合各种诊断相关要素(如测试性、自动及人工测试、培训、维修辅助手段和技术资料等)获得最大的诊断有效性的一种结构化的设计和管理过程。

### 4.1.2 武器装备常用的测试性参数

(1)故障检测率(FDR)。

用规定的方法正确检测到的故障数与发生故障总数之比,用百分数表示,如式(4-1)所示:

$$\mathrm{FDR} = \frac{N_\mathrm{D}}{N_\mathrm{T}} \times 100\% \qquad (4-1)$$

式中:$N_T$——故障总数或在工作时间 $T$ 内发生的实际故障数;
$N_D$——用规定的方法正确检测到的故障数。

(2)故障隔离率(FIR)。

用规定的方法将检测到的故障正确隔离到不大于规定模糊度的故障数与检测到的故障数之比,用百分数表示,如式(4-2)所示:

$$\mathrm{FIR}_L = \frac{N_{\mathrm{IL}}}{N_\mathrm{D}} \times 100\% \qquad (4-2)$$

式中:$N_{IL}$——用规定方法正确隔离到小于等于模糊度 $L$(隔离组内的可更换单元数)的故障数;
$N_D$——用规定的方法正确检测到的故障数。

(3)虚警率(FAR)。

在规定的工作时间,发生的虚警数与同一期间内故障指示总数之比,用百分数表示,如式(4-3)所示:

$$\mathrm{FAR} = \frac{N_{\mathrm{FA}}}{N} = \frac{N_{\mathrm{FA}}}{N_\mathrm{F} + N_{\mathrm{FA}}} \times 100\% \qquad (4-3)$$

式中:$N_{FA}$——虚警次数;
$N_F$——真实故障指示次数;
$N$——故障指示(报警)总次数。

(4)故障检测时间。

故障检测时间是指从开始故障检测到给出故障指示所经历的时间。

(5)故障隔离时间。

故障隔离时间定义为从检测出故障到完成故障隔离所经历的时间。

## 4.2 测试性设计分析的内容

### 4.2.1 确定测试性要求和测试方案

测试性要求就是为了满足战备完好性和任务成功性而对产品提出的测试性定性和定量的要求。系统测试方案是指适应维修方案的需要,在各级维修中所用的测试方法、测试设备和有关手册等配置的建议。

### 4.2.2 测试特性分析与设计

测试特性分析与设计主要是测试性初步分析与设计,是指为把测试性要求与系统或设备

的早期设计相结合,应从方案论证与确认阶段就开始进行必要的测试性分析与设计工作。主要有:

(1)权衡分析:包括自动测试与人工测试比较,BIT 与 AET 比较,每个单元的 BIT 能力的初步考虑,初步选择系统测试方案。

(2)固有测试性分析与设计:包括制定和贯彻测试性设计准则,拟定固有测试性检查表和度量方法。

(3)测试性分配:将系统测试性指标分配给子系统和 LRU 等。

(4)测试性预计:为估计产品在给定工作条件下的测试性水平而进行的工作。

(5)进行 BIT 的初步分析与设计。主要工作如下:

①机内测试配置:配置到系统级、LRU 级、SRU 级和产品其他组成部件,是集中式或分布式的 BIT。

②故障检测方法:利用硬件余度、连续监控、周期性测试、启动式测试激励信号、BIT 软件等。

③BIT 工作模式:有关任务前、任务期间和任务后 BIT 的有关规定和要求。

④故障指示、报警以及检测数据存储记录和存取方式的考虑。

### 4.2.3 BIT 设计分析

BIT 主要是测试性详细分析与设计,即对初步设计中采用的分析技术和结果的进一步贯彻和改进,进行 BIT 软件、硬件设计和故障模拟等,预计测试有效性。如不满足测试性规定要求应改进设计,直到在费用最少的条件下满足要求,具体工作如下:

(1)选择测试参数及测试点,确定容差和故障判据。

(2)BIT 硬件、软件设计,故障指示、告警装置设计。

(3)分析导致虚警的原因,采取相应措施。

(4)进行故障检测率、隔离率、虚警率以及检测和隔离时间的预计。

(5)故障模拟以便检查评估机内测试的有效性。

(6)估计有关测试性设计的成本。

### 4.2.4 测试兼容性设计

兼容性指在功能、电气和机械上与测试设备接口配合的一种设计特性。兼容性设计是指尽可能利用现有的自动检测、外部检测设备,合理选择与确定被测装置测试点数量与位置,既能满足故障检测隔离的要求,又能迅速连接外部测试设备,使被测装备与测试设备兼容。

此外,测试性设计还包括在生产和使用中收集与分析有关测试性数据,需要时采取改进措施等工作。

## 4.3 测试性分配

### 4.3.1 测试性分配的目的

测试性分配的目的是明确各层次产品的测试性设计指标,并将分配的指标纳入相应的产品设计要求或设计规范,作为测试性设计和验收的依据。测试性分配主要在方案论证和初步(初样)设计阶段进行,但需要不断地修正和迭代。

### 4.3.2 测试性分配的一般步骤

开展测试性分配工作需要建立测试性模型。测试性模型包括物理模型和数学模型。物理模型可以是简单的工程流程图、多信号流程图、原理图、功能层次图等。数学模型是描述产品参数和产品特性关系的数学关系式。测试性分配流程如图4—1所示。

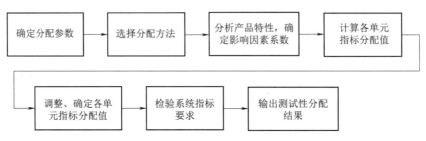

图4—1 测试性分配流程

进行指标分配时需要建立系统的功能层次图和分配用的数学模型。

### 4.3.3 测试性分配的方法

常用的测试性分配方法包括等值分配法、按故障率分配法、综合加权分配法、有部分老产品时分配法等。各种测试性分配方法的对比如表4—1所示。

表4—1 各种测试性分配方法的对比

| 序号 | 分配方法 | 适用条件 | 特点 |
| --- | --- | --- | --- |
| 1 | 等值分配法 | 仅适用于各组成单元特点基本相同的情况 | 系统指标与其各组成单元指标相等,无须做具体分配工作 |
| 2 | 按故障率分配法 | 适用于已知各组成单元的故障率数值且不相等的情况 | 故障率高的组成单元分配较高的指标,有利于用较少的资源达到系统指标要求,分配工作较简单 |
| 3 | 综合加权分配法 | 适用于各组成单元的有关数据齐全的情况 | 考虑到故障率、故障影响、MTTR和费用等多个影响因素及其权值,分配工作较烦琐 |
| 4 | 有部分老产品时分配法 | 仅适用于有部分老产品数据时的情况 | 考虑到系统中有部分老产品数据的具体情况 |

#### 4.3.3.1 按故障率分配法

按故障率分配法只考虑故障率$\lambda$的影响,简单实用。具体分配步骤如下:
(1)明确系统功能构成层次图,说明系统指标分配的产品层次。
(2)分析各层次产品的组成单元特性,获取故障率数据和系统要求指标。
(3)给故障检测率FDR和故障隔离率FIR分配数学模型,如式(4—4)和式(4—5)所示:

$$\text{FDR}_i = 1 - \lambda_S(1 - \text{FDR}_S)/n\lambda_i \tag{4-4}$$

式中：$\text{FDR}_i$——第 $i$ 个组成单元的 FDR 分配值；

$\text{FDR}_S$——系统 FDR 要求值；

$\lambda_S$——系统故障率，单位为次/时(1/h)；

$\lambda_i$——第 $i$ 个组成单元的故障率，单位为次/时(1/h)；

$n$——系统组成单元个数。

$$\text{FIR}_i = 1 - \lambda_{DS}(1 - \text{FIR}_S)/n\lambda_{Di} \tag{4-5}$$

式中：$\text{FIR}_i$——第 $i$ 个组成单元的 FIR 分配值；

$\text{FIR}_S$——系统 FIR 要求值；

$\lambda_{DS}$——系统可检测故障率，单位为次/时(1/h)；

$\lambda_{Di}$——第 $i$ 个组成单元可检测的故障率，单位为次/时(1/h)；

$n$——系统组成单元个数。

如果出现某个组成单元故障率比其他单元故障率小很多，导致此分配方法不适用时，可以忽略此单元。

(4)确定组成各单元的分配值。

计算的分配值为多位小数时，采用第三位进位的方法取两位小数即可。

(5)若要调整分配值，则应保证依据各分配值综合后得到的系统参数值($\text{FDR}_S$、$\text{FIR}_S$)大于原要求值，用式(4—6)和式(4—7)计算 $\text{FDR}_S$、$\text{FIR}_S$ 的量值：

$$\text{FDR}_S = \sum_{i=1}^{n} \lambda_i \text{FDR}_i / \sum_{i=1}^{n} \lambda_i \tag{4-6}$$

$$\text{FIR}_S = \sum_{i=1}^{n} \lambda_{Di} \text{FIR}_i / \sum_{i=1}^{n} \lambda_{Di} \tag{4-7}$$

在产品各组成单元差别不大、没有故障率数据的情况下，可直接令系统各组成单元的指标等于系统要求指标，即所谓等值分配法。若要考虑多种影响因素时可应用综合加权分配法。

### 4.3.3.2 综合加权分配法

综合加权分配法是一种考虑多种影响因素的测试性分配方法，它要求分析多种影响分配的系统各组成单元的特性，根据有关工程分析数据或专家评分，确定各个影响因素对各组成单元的影响系数和加权系数，然后按照有关数学模型计算出各组成单元的分配值。

综合加权分配法的步骤：

(1)把系统划分为定义清楚的子系统、设备、LRU 和 SRU，画出系统功能层次图。

(2)获得有关测试性分配需要考虑的各影响因素的数据，如故障率、故障影响、平均故障修复时间和费用数据等。

(3)按照系统的构成情况和诊断方案要求等，通过工程专家知识和以前类似的经验，确定各组成单元的影响系数，如故障率影响系数、故障影响系数、费用影响系数等。

(4)确定第 $i$ 个组成单元的综合影响系数，如式(4—8)所示：

$$K_i = \alpha_\lambda k_{\lambda i} + \alpha_F k_{Fi} + \alpha_M k_{Mi} + \alpha_C k_{Ci} \tag{4-8}$$

式中：$k_{\lambda i}$——第 $i$ 个组成单元的故障率影响系数；

$k_{Fi}$——第 $i$ 个组成单元的故障影响系数；

$k_{Mi}$——第 $i$ 个组成单元的 MTTR 影响系数；

$k_{Ci}$——第 $i$ 个组成单元的费用影响系数；

$\alpha$——第 $i$ 个组成单元各影响系数相应的权值。

各影响系数的加权值,由测试性分配者根据各影响因素的重要性确定,各影响因素权值之和等于1。

(5)计算第 $i$ 个组成单元的分配值,如式(4—9)和式(4—10)所示：

$$\mathrm{FDR}_i = 1 - \frac{\lambda_S(1-\mathrm{FDR}_S)}{K_i \sum_{i=1}^{n} \frac{\lambda_i}{K_i}} \qquad (4-9)$$

$$\mathrm{FIR}_i = 1 - \frac{\lambda_{DS}(1-\mathrm{FIR}_S)}{K_i \sum_{i=1}^{n} \frac{\lambda_{Di}}{K_i}} \qquad (4-10)$$

确定各影响系数的方法主要有两种：

一是确定各影响系数的定量方法。

(1)故障率影响系数 $k_\lambda$。用各组成单元的故障率 $\lambda_i$ 来表示,故障率影响系数 $k_\lambda$ 用式(4—11)确定：

$$k_\lambda = \lambda_i / \sum \lambda_i \qquad (4-11)$$

(2)故障影响系数 $k_F$。考虑故障影响的方法之一是用影响安全和任务的故障模式多少 $F_i$ 来表示,按故障模式影响及危害度分析结果来计算各组成单元Ⅰ类和Ⅱ类故障数占系统故障模式总数的比例大小,按此比例确定 $k_F$ 值,如式(4—12)所示：

$$k_F = F_i / \sum F_i \qquad (4-12)$$

(3)MTTR影响系数 $k_M$。用平均故障修复时间 $M_i$ 来表示,它与分配值成反比,如式(4—13)和式(4—14)所示：

$$k_M = a_i / \sum a_i \qquad (4-13)$$

$$a_i = 1/M_i \qquad (4-14)$$

(4)费用影响系数 $k_C$。用设计实现自动测试的费用 $C_i$ 表示,与分配值成反比,如式(4—15)和式(4—16)所示：

$$k_C = b_i / \sum b_i \qquad (4-15)$$

$$b_i = 1/C_i \qquad (4-16)$$

二是确定各影响系数的评分方法。

当没有各影响因素的具体数据时,可以采用评分方法确定各影响因素的系数。

(1)确定故障率影响系数 $k_\lambda$：故障率较高的组成单元应取较大的 $k_\lambda$ 值,将分配给较高的自动测试指标。

(2)确定故障影响系数 $k_F$：故障影响较大的组成单元应取较大的 $k_F$ 值,将分配给较高的自动测试指标。

(3)确定MTTR影响系数 $k_M$：要求的MTTR值小的单元,其 $k_M$ 应取较大的值,分配较高的自动测试指标才有可能达到维修性要求。

(4)确定费用影响系数 $k_C$：实现故障检测与隔离费用较低的单元,$k_C$ 取较大的值,将分配给较高的指标,以便用较低的费用达到规定的要求。

依据系统特性分析结果,各组成单元特性之间相互比较,参考表4-2对各影响因素进行评分。

表4-2 确定各影响系数的评分方法

| 影响评分 | 9~10 | 7~8 | 5~6 | 3~4 | 1~2 |
|---|---|---|---|---|---|
| 故障率 | 最高 | 较高 | 中等 | 较低 | 最低 |
| 故障影响 | 影响安全 | 可能影响安全 | 影响任务 | 可能影响任务 | 影响维修 |
| MTTR | 最短 | 较短 | 中等 | 较长 | 最长 |
| 费用 | 最少 | 较少 | 中等 | 较多 | 最多 |

#### 4.3.3.3 有部分老产品时分配法

当系统组成单元中有部分老的产品(货架产品,其测试性指标已确定)时,要首先求出新品部分的总指标$FDR_N$,然后再选用按故障率分配法或综合加权分配法,将$FDR_N$分配给各新的组成单元。

假设系统由$n$个单元组成,其中有$r$个是新品,则老品数量为$n-r$个。新品部分总指标$FDR_N$用式(4-17)求出:

$$FDR_N = (FDR_S \sum_{i=1}^{n} \lambda_i - \sum_{j=1}^{n-r} \lambda_j FDR_j) / \sum_{i=1}^{r} \lambda_i \qquad (4-17)$$

式中:$FDR_S$——系统要求指标;
$\quad n$——系统组成单元数;
$\quad FDR_N$——新品部分总的要求指标;
$\quad \lambda_i$——第$i$个新产品的故障率,单位为次/时(1/h);
$\quad FDR_j$——第$j$个老产品的测试性指标;
$\quad \lambda_j$——第$j$个老产品的故障率,单位为次/时(1/h)。

求出$FDR_N$值后,再选用按故障率分配法或综合加权分配法求得新品各单元分配值,可保证满足整个系统(包括老产品)的指标要求。

### 4.3.4 典型装备测试性分配示例

某系统由5个LRU组成,其功能层次如图4-2所示,图中括号内数据是故障率$\lambda(\times 10^{-6}/h)$。该系统要求的故障检测率$FDR_S = 0.95$。

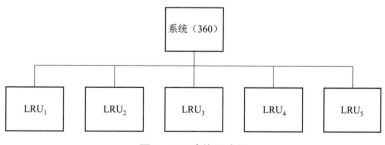

图4-2 功能层次图

解：分配任务是将系统故障检测率要求值 $FDR_S=0.95$，分配给系统的 5 个 LRU，选用按故障率分配方法，$n=5$，$\lambda_S=360\times10^{-6}$/h，分配结果如表 4-3 所示。

表 4-3 按故障率分配结果

| 组成单元 | 数量 | $\lambda_i/(\times10^{-6}$/h$)$ | $FDR_i$ 计算值 | $FDR_i$ 调整值 |
|---|---|---|---|---|
| LRU1 | 1 | 30 | 0.88 | 0.88 |
| LRU2 | 1 | 30 | 0.88 | 0.88 |
| LRU3 | 1 | 100 | 0.964 | 0.97 |
| LRU4 | 1 | 150 | 0.976 | 0.98 |
| LRU5 | 1 | 50 | 0.928 | 0.93 |
| 合计 | 5 | $\lambda_S=360$ | $FDR_S=0.9500$ | $FDR_S=0.9536$ |

由计算出的 $FDR_i$ 值综合后得出系统的 $FDR_S=0.9500$，调整后的 $FDR_S=0.9536$，大于要求值，分配结果符合分配要求。

## 4.4 测试性预计

为确定产品的测试性水平，需要在产品进行试验验证之前，根据设计方案或详细设计资料预测其是否达到规定的指标要求。预计的测试性参数主要有 FDR、FIR、FAR 和故障检测隔离时间等。

测试性预计是按产品层次由下而上进行的，即从各个可更换单元的分析估计开始，最后估计出系统或设备的测试性参数。测试性预计要注意：

(1) 规定进行测试性预计的最低产品层次。
(2) 最终的测试性预计应以产品的实际可靠性预计数据为基础。
(3) 根据产品的机内测试设计以及外部测试设计确定产品的测试描述。
(4) 元器件的故障模式和故障率数据应根据可靠性预计报告和 FMEA 报告确定。
(5) 测试性预计的结果应不低于设计要求值。
(6) 测试性预计应随着技术状态的变化迭代进行。
(7) 对预计中发现的问题，应分析原因，并提出有效的改进措施。

### 4.4.1 BIT 测试性预计方法

BIT 预计工作应在机内测试分析和设计基础上进行，预计 BIT 故障检测率和隔离率量值。BIT 测试性预计主要步骤如下：

(1) 被测对象层次结构与组成分析。根据系统的功能划分和固有测试性设计结果绘制某一简单被测对象框图，必要时为每个功能方框给出描述和说明，并标注 BITE 和测试点，以及相关设计资料。图 4-3 为某一简单被测对象功能框图。图 4-4 为测试性框图，其中，方框代表各个功能单元，圆圈代表测试点，箭头表明了功能信息传递的方向。

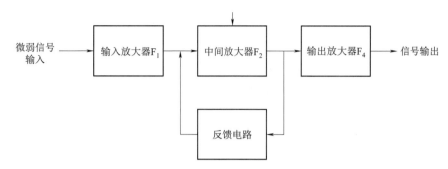

图 4-3 某一简单被测对象功能框图

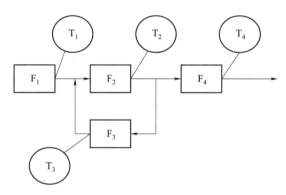

图 4-4 测试性框图

(2)机内测试分析和建立机内测试描述表。分析系统运行前机内测试、运行中机内测试和运行后维修机内测试的工作原理和它们所测试的范围、启动和结束条件等,并根据对各种诊断方案和方法的分析,建立机内测试描述表(如表 4-4 所示),用于在测试性预计时确定故障模式能够被哪些测试发现和隔离。

表 4-4 机内测试描述表

| 序号 | 机内测试编号 | 测试项目名称 | 测试内容和方法说明 | 减少虚警法 | 适用类别 | | | 备注 |
|---|---|---|---|---|---|---|---|---|
| | | | | | PUBIT | PBIT | MBIT | |
| | | | | | | | | |

在表中,PUBIT 为加电机内测试,表示在系统通电后立即开始工作,通常只运行一次;PBIT 为周期机内测试,表示在系统运行的整个过程中都在不间断地工作;MBIT 为维修机内测试,表示在系统完成任务后进行维修、检查和校验时工作。

(3)获得 FMECA 资料和可靠性预计数据,以便列出所有的故障模式,掌握故障影响情况、功能单元或部件的故障率,以及故障模式发生频数比。

(4)故障检测分析。根据前面分析的结果,识别每个故障模式(或功能单元/部件)机内测试能否检测,哪一种机内测试模式可以检测,并把其故障率 $\lambda_{Di}$ 数据填入机内测试预计工作单中。

(5)故障隔离分析。分析机内测试检测出的故障模式(功能单元/部件)能否用机内测试隔离,可隔离到几个可更换单元(LRU 或 SRU)上,并把其故障率 $\lambda_{Li}$ 数据填入机内测试预计工作单中。

(6) 填写 SRU 的机内测试预计工作单。把以上分析结果,即可检测的故障率、可隔离的故障率,以及会导致虚警的事件的频率等数据填入 BIT 预计工作单中。

(7) 计算 SRU 的预计结果。分别计算工作单上各栏的故障率的总和。用式(4—18)和式(4—19)计算 SRU 的故障检测率、故障隔离率。

$$\mathrm{FDR} = \frac{\lambda_D}{\lambda} = \frac{\sum \lambda_{Di}}{\sum \lambda_i} \times 100\% \quad (4-18)$$

$$\mathrm{FIR}_L = \frac{\lambda_{IL}}{\lambda_D} = \frac{\sum \lambda_{Li}}{\lambda_D} \times 100\% \quad (4-19)$$

式中:$\lambda$、$\lambda_D$、$\lambda_{IL}$——SRU 的故障率、检测的故障率、隔离的故障率;

$\lambda_i$、$\lambda_{Di}$、$\lambda_{Li}$——第 $i$ 个故障模式的故障率、检测的故障率、隔离的故障率。

(8) 计算 LRU、系统的机内测试预计结果。

已知 SRU 的机内测试预计值时,可用式(4—20)和式(4—21)求得 LRU(或系统)机内测试预计值。

$$\mathrm{FDR}_S = \sum_{i=1}^{n} \lambda_i \mathrm{FDR}_i / \sum_{i=1}^{n} \lambda_i \quad (4-20)$$

$$\mathrm{FIR}_S = \sum_{i=1}^{n} \lambda_{Di} \mathrm{FIR}_i / \sum_{i=1}^{n} \lambda_{Di} \quad (4-21)$$

式中:$\mathrm{FDR}_s$、$\mathrm{FIR}_s$——LRU(或系统)的故障检测率和故障隔离率;

$\mathrm{FDR}_i$、$\mathrm{FIR}_i$——各 SRU(或 LRU)的故障检测率和故障隔离率;

$n$——LRU(或系统)的组成单元数。

(9) 结果分析。

① 把机内测试预计值与要求值比较,看是否满足要求。

② 列出 BIT 不能检测或不能隔离的故障模式和功能,并分析它们对安全、使用的影响。

③ 必要时提出改进 BIT 的建议。

### 4.4.2　LRU 测试性预计方法

对于系统中每个 LRU 应该进行测试性分析和预计,即通过机内测试、外部测试设备和观察/测试点(TP)等方法检测故障和隔离故障到 LRU 的能力,用以评定 LRU 的设计是否符合测试性要求。

#### 4.4.2.1　分析预计需要输入的主要资料

(1) LRU 的测试性框图。

(2) LRU 的接线图、流程图和机械布局图等。

(3) 可靠性预计和 FMFA 结果。

(4) 内部、外部观察,测试点位置。

(5) 工作连接器和检测连接器(插座)输入/输出信号。

(6) LRU 的 BIT 设计资料。

(7) 有关 LRU 维修方案、测试设备规划的资料。

#### 4.4.2.2 根据以上资料进行分析

(1) BIT 分析。分析 LRU 的 BIT 软件和硬件可检测和隔离哪些功能故障模式,它们的故障率是多少。这是 BIT 检测和隔离故障的能力分析。

(2) 输入/输出信号分析。分析工作连接器和检测连接器的输入/输出信号可检测和隔离哪些功能故障模式及其故障率数据。所有的输入/输出信号中,如果 BIT 已用的(BIT 分析中已考虑了),这里不再分析。这是 ATE(自动或半自动的)的检测和隔离能力分析。

(3) TP 分析。分析 LRU 上的观察点或指示器,分析内部测试点(可在打开 LRU 面板不拔出 SRU 板的情况下,即可用来检测和隔离故障)。这是分析人工检测和隔离的能力。

(4) 把以上分析所得数据填入 LRU 测试性分析预计工作单中,并计算故障检测率和隔离率的量值。

计算故障检测率 $FDR_L = \lambda_D / \lambda_T$;

计算故障隔离率 $FIR_L = \lambda_{IL} / \lambda_D$。

(5) 把预计结果与要求值比较,必要时提出改进 LRU 测试性设计建议。

LRU 测试性预计工作单样式如表 4-5 所示。

表中"$\lambda_P$"栏填写各单元的故障率。

表中"(检测到的)$\lambda_D$"栏填写可检测的故障模式的故障率:

① "BIT"填写单元(LRU/SRU)BIT 可检测的故障模式的故障率;

② "ATE"填写利用 ATE 可检测的故障模式的故障率;

③ "人工"填写通过人工测试观察点、指示器和内部测试点可检测的故障模式的故障率;

④ "UD"填写以上三种方式都检测不到的故障模式的故障率。

表中"$\lambda_{IL}$(隔离到 $L$ 个 LRU)"栏填写可隔离到 1、2、3 个 LRU 的故障模式的故障率。

**表 4-5 LRU 测试性预计工作单样式**

LRU 名称:　　　所属系统:　　　分析者:　　　日期:

| 组成单元 | | | 故障率 | | | (检测到的)$\lambda_D$ | | | | $\lambda_{IL}$(隔离到 $L$ 个 LRU) | | | LRU 测试编号 |
| --- | --- | --- | --- | --- | --- | --- | --- | --- | --- | --- | --- | --- | --- |
| 序号 | 名称代号 | $\lambda_P$ | 故障模式 FM | $\alpha$ | $\lambda_{FM}$ | BIT | ATE | 人工 | UD | 1个 | 2个 | 3个 | |
| | | | | | | | | | | | | | |

### 4.4.3 系统测试性预计方法

系统测试性预计是根据系统设计的可测试特性,来估计用多种测试方法可达到的故障检测能力和故障隔离能力。所用检测方法包括 BIT、操作者观测和维修人员的计划维修等。系统测试性预计步骤如下:

(1) 明确测试性框图。

以系统功能框图为基础,根据设计的可测试特性,把 BITE、TP 及其引出方法标注在框图上。框图的每个功能可附有必要的说明,要表示各功能块(LRU 或 SRU)的输入/输出通路和它们之间的相互关系。

(2)故障模式和故障率数据分析。

各 LRU 功能故障模式和故障率数据是测试性分析预计的基础,可从 FMECA 和可靠性预计资料中得到这些数据。

(3)获取 BIT 分析预计的结果。

根据 BIT 预计结果,得到各 LRU 的 BIT 可以检测和隔离有关故障模式的故障率数据。如未进行单独 BIT 预计工作,应进行必要的分析和预计,以便取得必要数据。

(4)操作者可观测故障分析。

根据测试特性设计(如故障告警、指示灯、功能单元状态指示器等),分析判断可观测或感觉到的故障模式及其故障率,或者从 FMEA 表格中得到有关数据。

(5)维修故障检测分析。

分析系统维修方案、计划维修活动安排、外部测试设备规划、测试点的设置等,识别通过维护人员现场维修活动可以检测的故障模式及其故障率,或者从维修分析资料和 FMEA 表格中得到这些数据。

(6)填写系统测试性预计工作单。

把以上分析的结果,即用各种方法可检测和隔离的故障模式的故障率填入系统测试性预计工作单中。

(7)计算系统的故障检测率和隔离率。

分别计算系统总的故障率($\lambda_T$)、可检测的故障率($\lambda_D$)和可隔离的故障率($\lambda_I$)。

计算故障检测率:$FDR = \lambda_D / \lambda_T$;

计算故障隔离率:$FIR = \lambda_{IL} / \lambda_D$。

### 4.4.4 典型装备测试性预计示例

以某通信系统 LRU 为例介绍几个表格内容的填写方法,该系统 BIT 描述表示例如表 4-6 所示,外部测试描述表示例如表 4-7 所示。

**表 4-6 通信系统 LRU 的 BIT 描述表示例**

LRU 名称:微波通信组件　　LRU 编号:01-02

| 序号 | BIT 编号 | 测试项目名称 | 测试内容和方法说明 | 减少虚警方法 | 适用类别 | | |
|---|---|---|---|---|---|---|---|
| | | | | | PBIT | PUBIT | MBIT |
| 1 | 01-02-B1 | 通信接口测试 | 测试对外通信接口是否正常。向监测接口发送特定数据,并接收响应数据,进行对比判断 | 三次重复测试 | √ | √ | √ |

**表 4-7 通信系统 LRU 的外部测试描述表示例**

LRU 名称:微波通信组件　　LRU 编号:01-02

| 序号 | 机内测试编号 | 测试项目名称 | 测试点(测试接口) | 测试方法 | 激励 |
|---|---|---|---|---|---|
| 1 | 01-02-A1 | 微波接收功能测试 | SP1 | 通过外部控制设备检测 LRU 功能组件 | 微波信号 |

通信系统 LRU 测试性预计工作单示例如表 4-8 所示。

**表 4-8 通信系统 LRU 测试性预计工作单示例**

LRU 名称:微波通信组件　　所属系统:通信系统　　分析者:×××　　日期:×××

| 组成单元 | | | 故障率 | | | (检测到的)$\lambda_D$ | | | | $\lambda_{IL}$(隔离到 $L$ 个) | | | 系统(LRU/SRU)测试编号 |
|---|---|---|---|---|---|---|---|---|---|---|---|---|---|
| 序号 | 名称代号 | $\lambda_P$ | 故障模式 FM | $\alpha$ | $\lambda_{FM}$ | BIT | ATE测试 | 人工测试 | UD | 1个 | 2个 | 3个 | |
| 1 | LRU1 | 120 | FM1 | 0.2 | 24 | 24 | | | | 24 | | | 01—01—B1 |
| | | | FM2 | 0.3 | 36 | | 36 | | | 36 | | | 01—01—A1 |
| | | | FM3 | 0.5 | 60 | 60 | | | | | 60 | | 01—01—B2 |
| 2 | LRU2 | 60 | FM1 | 0.5 | 30 | | 30 | | | | 30 | | 01—01—A2 |
| | | | FM2 | 0.1 | 6 | | | 6 | | 6 | | | 01—01—M7 |
| | | | FM3 | 0.4 | 24 | 24 | | | | | 24 | | 01—01—B3 |
| 故障率总计 | | | | | 180 | 108 | 66 | 6 | | 90 | 90 | | — |
| 检测率、隔离率预计值(%) | | | | | | 60 | 36.67 | 3.33 | | 50 | 100 | 100 | |

表中符号的说明:$\alpha$ 为故障模式 FM 发生频数比;UD 为检测不到的故障模式的故障率;$n$ 为故障模式数。$\lambda_{FMi} = \lambda_p \alpha_i$,$\sum_{i=1}^{n} \lambda_{FMi} = \lambda_p$

## 4.5 测试性设计

测试性设计就是采用某种手段提高产品测试性的过程。通过测试性设计可以使设备内部的状态很方便地在其响应输出中显现出来,也就是使设备相对于测试而言变得"透明"。

传统的被动检测和主动测试向测试性设计转变是测试思想发展中的一次飞跃。在测试性设计中,测试人员不仅要对测试过程进行控制和观测,更重要的是对测试对象本身进行设计,成为整个测试过程的设计者。

测试性设计技术主要包括固有测试性、机内测试、外部自动测试、人工测试、综合诊断和健康管理等技术和方法。其中,综合诊断和健康管理是对现有测试性设计技术的重要扩展。

(1)固有测试性:指仅取决于产品设计,不依赖于测试激励和响应数据的测试性。它主要包括功能和结构的合理划分、测试可控性和测试可观测性、测试设备兼容性等,即在产品设计上要保证其有方便测试的特性。它既支持 BIT 也支持外部自动测试和人工测试,是达到测试性要求的基础。

(2)机内测试:指系统或设备内部提供的检测和隔离故障的自动测试能力。根据机内测试应用规模大小的不同,可以将机内测试的实现途径进一步分类为 BITE 和 BITS(机内测试系统)。BITE 是指完成机内测试功能的装置。BITS 是指完成机内测试功能的系统,由多个 BITE 组成,具有比 BITE 更强的能力。BITS 多采用分布—集中式的中央测试系统形式。

(3)外部自动测试:通常是借助 ATE 或者 ATS(自动测试系统)完成的。ATE 是用于 UUT 故障诊断、功能参数分析以及评价性能下降的测试设备,通常是在计算机控制下完成分析评价并给出判断结果,使人员的介入减到最少。

ATE 与 UUT 是分离的,主要用于中继级和基地级维修。实现 ATE 故障诊断的关键之一是测试程序集(TPS),包括在 ATE 上启动并对 UUT 进行测试所需要的测试程序、接口装置、操作顺序和指令等软件、硬件和说明资料。

(4)人工测试:指以维修人员为主进行的故障诊断测试。对于 BIT 和 ATE 不能检测与隔离的故障,需要人工测试。只靠人的视觉和感觉器官来了解 UUT 的状态信息是不够的,有时需要借用一些仪器设备和工具。对于较复杂的 UUT,需要事先设计测试流程图或诊断手册等,按照规定的故障查找路径才能迅速找出故障部件。

(5)综合诊断:指通过综合所有相关要素,如测试性、自动/人工测试、培训、维修辅助措施和技术资料等,获得最大诊断效能的一种结构化过程,是实现经济有效地检测和无模糊隔离武器系统及设备中所有已知的或可能发生的故障以满足武器系统任务要求的手段。综合诊断通过设计出协同的系统内部和外部诊断要素来提高总体诊断性能。

(6)健康管理:泛指与系统状态监测、故障诊断预测、故障处理、综合评价、维修保障决策等相关的过程或者功能,是将内部、外部测试综合考虑的一种设计形式。在不同的应用领域,健康管理的名称、含义和功能并不完全一致。

测试性设计分析就是通过测试性分配、测试性预计和测试性分析等工程活动,将测试性要求设计到产品的技术文件和图样中去,以便形成产品的固有测试性能力。

### 4.5.1 测试性设计的目标

测试性设计的直接目标是使系统具有以下三种能力:

(1)具有较强的性能监控能力。在系统运行中能实时监测系统的运行状况,能显示和存储故障信息以及必要时的告警(状态监控)。

(2)具有较强的工作检查能力。能准确检查系统是否可投入正常运行,有无故障,并给出相应指示,以及维修后的检验等(故障检测)。

(3)具有较强的故障隔离能力。能把检测到的故障定位、隔离到规定的可更换单元上(故障隔离)。

当产品具有上述能力时,系统就能安全可靠地工作,减少维修时间,提高可用性,降低寿命周期费用,并应在尽可能少的附加硬件和软件基础上,以最少的费用达到并满足规定的测试性要求,如故障检测率、隔离率和虚警率等,这是测试性设计的最终目标。

### 4.5.2 武器装备研制各阶段的测试性设计工作

#### 4.5.2.1 论证阶段的测试性工作

(1)分析研究可利用的测试技术、标准规定,以前类似系统测试性方面的经验和存在的问题等。

(2)建立系统性能监控、BIT 和脱机测试目标,估计实现其工作的风险及不可靠因素。

(3)进行初步测试性分析,确定系统 BIT、测试设备初步要求和约束条件。

#### 4.5.2.2 方案设计与确认阶段的测试性工作

(1)拟订测试性工作计划,明确设计工作任务和实施方法。

(2)选择、评价诊断原理与测试方案,包括评价系统状态对测试性参数的影响(变化灵敏度)、测试性参数对寿命周期费用的影响、测试方案与维修工时及人员水平的适应性以及每个诊断测试方案的相关风险等。

(3)确定系统和子系统 BIT 性能要求,除确定订购方规定的主要指标外,还应考虑其他有关要求,如允许的故障检测时间最大值、虚警引起的最大允许停机时间、外场维修允许的最大停机时间及最小的寿命周期费用等。

(4)将测试性要求分配给各组成项目,列入项目的设计规范。

(5)根据有关标准的指南大纲和设计要求,制定或确认系统测试性设计准则。

(6)把测试性结合到初步设计中去,包括固有测试性分析、兼容性、测试点以及 BIT 初步分析与设计等。

#### 4.5.2.3 工程研制阶段的测试性工作

(1)把测试性结合到武器装备详细设计中,包括设计并实现 BIT 硬件、软件或固件(微程语言),以及虚警措施等。

(2)预计系统、子系统、中继级可更换单元的故障检测和故障隔离能力。必要时综合可测性特性,检查系统所有关键功能是否得到规定程度的测试,对每个技术项目(CI)进行功能测试覆盖分析。

(3)准备测试性验证计划,确定验证的具体内容和方法,实施测试性验证。

(4)制定试运行、生产和现场使用中测试性数据的收集与分析计划,以便评价和改进测试性设计。

(5)编写各阶段测试性分析报告,进行各阶段设计评审。

#### 4.5.2.4 生产和使用阶段的测试性工作

(1)建立测试性数据收集系统(与维修性、可靠性结合进行)。

(2)收集、分析生产和使用中的测试性数据。

(3)必要时评估测试性水平,提出改进措施。

### 4.5.3 测试方案的确定与固有测试性设计

#### 4.5.3.1 测试方案的确定

测试方案是装备测试总的设想,它指明装备中哪些产品要测试,何时(连续和定期)、何地(现场或车间或哪个维护级别)测试及其所用的技术手段。确定测试方案的目的是合理地综合应用各种测试手段来提供系统或设备在各级维修时所需的测试能力,并降低寿命周期费用。

(1)确定测试方案的依据。

确定测试方案的依据是研制合同中规定的要求,被测系统的构型、可靠性,FMECA 数据及维修方案与综合保障要求等。

通常系统和设备综合应用 BIT、ATE 和人工测试,提供各级维修完全的诊断测试能力。在初步设计中通过权衡分析,以满足测试性要求和降低寿命周期费用为目标,确定 BIT、ATE

与人工测试的恰当组合,选出最佳的系统测试方案,构成故障诊断测试子系统(FDS)。

(2)初步测试方案的组成。

初步测试方案可以包括以下任意几项或全部的组合:

①测试点:包括用于连接测试设备的内部和外部测试点、检测插座、人工观测点等。

②传感器:用于获得诊断故障所需的系统性能或特征的信息,并以电信号形式传到需要的地点。

③BIT 和其他监测电路。

④指示或显示器:用于指示系统或某个组成部分的状态,显示系统或规定项目检测结果,如仪表、指示灯或多用途功能显示器等。

⑤警告或告警装置。

⑥诊断程序:包括计算机故障检测程序、故障隔离程序、状态评定程序等。

⑦计算机:用于测试控制数据处理、故障状态诊断等。

⑧接口装置:包括接口装备硬件和程序,以及有关操作规定等,以便保证被测对象与测试设备兼容。

⑨故障数据的存储和记录装置:有关维修测试的规定程序、方法的技术文件和手册,如故障隔离手册、维修手册等。

⑩外部测试设备:包括专用、通用和自动化的测试设备。

(3)最佳测试方案的选择。

根据对系统的特点、使用要求的分析和各种测试方法优缺点的比较,可初步确定出多个测试方案,分析并估计各方案的效能和有关费用,选择效费比较大者,即为最佳测试方案。

#### 4.5.3.2 固有测试性设计

固有测试性是指取决于系统或设备硬件的设计,不受测试激励数据和响应数据影响的测试性。固有测试性是达到测试性指标的基础。

(1)固有测试性设计的内容。

固有测试性设计应包括系统硬件设计时的测试性考虑和外部测试设备兼容性两个方面。

硬件设计时的测试性设计内容:

①功能划分。每个功能应划分一个单元,以保证对其进行测试。

②结构划分。应参考功能划分情况,在结构上划分为 LRU、SRU 或更小组件,以便故障隔离和故障更换。

③电气划分。尽量减少各可更换单元之间的连线和信息交叉,尽量利用闭锁电路、三态器件等隔开。

④系统或设备应具有明确的可预置初始状态,便于故障隔离过程和重复测试。

⑤测试可控制性设计。应提供专用测试输入信号、数据通路和电路,以便检测和隔离故障。

⑥测试可观测性设计。应备有数据通路和电路、测试线、检测插座等,以便为测试子系统(BIT、ATE)提供足够的内部特征数据,用于故障检测和隔离。

⑦元器件应优化选用具有可测试特性和故障率比较低的集成电路或组件。

⑧模块或组件接口应尽量使用现有连接器插针进行测试控制和观测。

⑨进行 FMEA 并充分收集、利用已有经验和数据,以便使产品的故障模式、故障影响、故

障率等与硬件设计、布局相关。

⑩被测单元与自动测试设备的兼容性设计。

所设计的每个被测单元在电气上和结构上都应与 ATE 兼容，以减少专用接口装置，并便于测试。自动测试设备应能控制被测单元的电气划分，以简化故障判断和隔离。被测单元设计应保证能在 ATE 上运行各个测试程序；选择被测单元测试点的数目和位置，应能满足故障检测、隔离要求，并可迅速连接到外部测试设备上。

(2)固有测试性设计的程序。

固有测试性设计主要是在初步设计阶段制定和贯彻测试性设计准则，直到详细设计阶段，并应参加关键设计评审。设计程序如下：

①参考已有的设计准则，制定该装备的测试性设计准则。

②贯彻装备设计准则。

③建立固有测试性设计检查表。

④确定固有测试性定量评分方法，并应经驻厂(所)军事代表同意。

⑤进行测试性评价。

⑥进行测试性评审，在详细设计阶段应参加关键设计评审。

固有测试性设计分析与维修性设计分析密切相关，可结合进行。除测试性预计、分配之外，更多地采用定性方法或评分方法。首先根据测试性要求，建立装备测试性设计准则，按设计准则将测试性贯彻到系统及其各个部分设计中，然后用制定的测试性核对表(检查表)和定量评分方法，结合各项设计评审检查、考核产品固有测试性。

固有测试性设计是一个反复迭代的过程，该过程要结合必要的测试性试验评定。

### 4.5.3.3 确定测试性要求考虑的因素

(1)保障性分析对系统测试的要求。

由于使用保障方案中的人员配置、技术水平、培训和管理、测试设备状况及产品备件规划等都与系统故障诊断能力有关，应对保障性分析结果及时取得有关信息。

(2)可用的设计技术。

分析可用于设计的技术措施，吸取先前装备的使用经验与教训，以便合理确定故障诊断能力，进而确定可行的测试性要求。

(3)标准化要求。

BIT 要尽量使用标准化零件、部件和程序语言，并尽可能与测试对象一致，以考虑使用通用测试设备和 ATE 的可能性。

(4)任务安全和使用的要求。

①分析关键性任务功能监控对 BIT 的要求。

②分析影响安全的部件或故障模式的监控要求。

③考虑冗余设备管理和降低使用对 BIT 的要求。

④考虑操作者在工作中对系统状态监控的要求。

根据以上分析，确定连续和周期 BIT 的故障检测(FD)、故障隔离(FI)、检测与隔离时间要求，以及有关的故障显示告警和记录要求。

(5)现场检查维修对测试的要求。

①分析装备可用状态(战备完好性),允许停机时间和基层级 MTTR 对测试的要求。

②确定任务前 BIT 和任务后 BIT 的要求(FD、FI 和检测隔离时间的要求值),以及操作者、维修者及测试设备(TE)的接口要求。

(6)维修与维修方案对测试性的要求。

①分析维修性指标和规划维修活动,确定自动、半自动和人工测试要求。

②根据 BIT 能力确定有外部测试设备的技术要求。

③确定各级维修的故障检测、故障隔离和时间要求,利用所有维修测试手段提供完全的诊断能力。

(7)进行测试性要求的分配。

根据可靠性分析结果(如故障率数据、FMECA 等)和实现 BIT 的复杂程度等因素,把系统的测试性定量要求分配给子系统和 LRU,列入其产品规范。

### 4.5.4　测试性设计准则

制定测试性设计准则的目的是将测试性要求及使用和保障约束转化为具体的产品测试性设计准则,以指导和检查产品设计。

测试性设计准则的主要作用:

(1)开展测试性设计与分析的重要依据。

(2)落实测试性设计与分析工作项目的要求。

(3)达到产品测试性要求的重要途径。

(4)规范设计人员的测试性设计工作。

(5)检查测试性设计符合性的基础。

#### 4.5.4.1　测试性设计准则示例

(1)应提供迅速、确定的故障测试方法。如提供计算机判定故障语言或提供故障树形式的逻辑故障判定表,列出可能产生的故障、排除方法和排除故障时间等。

(2)为了能够迅速进行故障定位,最好采用计算机或微处理机参与的故障自动检测、显示、打印,并自动切换。

(3)如不能采用计算机或微处理机进行故障定位,至少机内应设有故障检测电路,用发光二极管、表头等指示故障。

(4)在没有机内测试设备的地方,应指明测试点和测试设备接口,并尽可能使用通用测试设备。

(5)只要可能,关键性测试点应该安置在设备的面板上。

(6)当设备接通于工作位置时,所有测试点都必须轻易接近而无需更多的拆卸。

(7)留意隔离的设计,以保证测试电路故障时不致引起被测试电路发生故障。

(8)在每一主要部分、模块、分机的输入或输出部位,都设置检测点。

(9)在印刷电路板上设置测试点时,应使之位于外露边沿或外路面上,以便插在电路内进行测试。

(10)机内监视装置必须易于拆卸,以便校准和修理。

(11)所有关于正常运转的指示灯均应易于查看。

(12) 声响和视觉警报装置要容易进行测试。
(13) 保护测试点线路,防止因测试点意外接地而破坏设备。
(14) 设备在工作条件下应能自行测试或易于测试,最好不用特殊的工具或电缆。
(15) 每一个测试点应尽量标有测量的超限信号或容许极限。
(16) 测试点应设有彩色标志,其色彩应鲜明而且能互相区别。
(17) 为了减少寻找测试点的时间,应将测试点设置在靠近主要通道口、适当集中、适当标记、从工作位置能看到的地方。
(18) 提供印制线路延伸板或测试电缆,最好每一连接插脚设一测试点,这样,在整机通电测试时,正常装在线路板上的部件和连接器也可以接触到。
(19) 在测试设备或其盖内要留有放置测试电缆、附件和特殊工具的地方。
(20) 辅助设备或测试设备的连接器应能迅速而方便地接上并立即工作。

#### 4.5.4.2 测试性设计准则工程应用

在型号工程应用中,测试性设计准则文件一般按产品层次分为三类:
(1) 型号测试性设计准则文件:由总师单位制定,面向整个型号。
型号测试性设计准则是规定配套系统、分系统或设备制定测试性设计准则要求的顶层文件之一,其主要内容包括制定测试性设计准则的要求、实现测试性定性设计要求的有关具体规定、测试性设计准则的一些通用条款等,如测试要求、诊断能力综合、性能监控、机械系统状态监控和划分等。
(2) 系统级测试性设计准则文件:由配套系统研制单位参考测试性准则而制定,主要依据型号的顶层测试性设计准则文件,用于自己的系统测试性设计。
系统级产品的测试性设计准则是系统测试性设计时应遵循的条款,其主要内容包括测试要求、诊断能力综合、性能监控、机械系统状态监控、测试控制、测试通路、划分、测试点、传感器设计、指示器设计、连接器设计、兼容性设计、系统 BIT 设计等,以及测试数据和结构设计方面的部分内容。
(3) 分系统或设备测试性设计准则文件:由配套设备研制单位参考测试性准则而制定,主要依据系统级测试性设计准则文件,用于自己的分系统或设备测试性设计。
分系统或设备级产品的测试性设计准则是分系统或设备测试性设计时应遵循的条款,其主要内容包括测试要求、诊断能力综合、性能监控、机械系统状态监控、测试控制、测试通路、机内测试设计、测试点、传感器、指示器、连接器设计、兼容性设计、划分、结构设计、光电设备或射频电路测试性、元器件测试性等,有关测试数据内容部分适用。

# 习 题

1. 按照《装备测试性工作通用要求》,简述测试性的定义及其解释。
2. 简述测试性与维修性的关系。
3. 测试性设计的目的是什么?测试性设计主要包括哪些方面?
4. 武器装备常用的测试性参数有哪些?
5. 进行机内测试初步分析与设计的主要内容有哪些?
6. 测试性设计的目标是什么?

7. 考虑维修与维修方案对测试性的要求有哪些？
8. 什么是综合诊断和健康管理？
9. 什么是测试方案？
10. 工程研制阶段的测试性工作有哪些？

习题答案

# 第 5 章
# 武器装备安全性设计与分析

## 5.1 安全性的概念

安全性是产品的一种固有属性,是保障使用安全的前提条件。提高产品的安全性,确保安全是武器装备研制、生产、使用和保障的首要要求,高安全性是保证武器装备使用效能的重要因素之一。武器装备往往在复杂恶劣环境和复杂任务环境中工作,带有高能、易燃、易爆、有毒等物质,能够产生巨大的破坏力和杀伤力,在其寿命周期过程中对研制和使用人员、相关设备、基础设施、公共资源及环境等的安全也构成威胁。武器装备的技术越复杂、使用要求越高、威力越大,其对安全的威胁可能性越大。因此,有必要针对武器装备的特殊性,在研制、生产、使用、保障及退役处置等寿命周期中,系统化、规范化实施安全性工程,以便提高装备的安全性水平,最终确保任务成功,同时预防事故发生和减少事故损失,降低研制和使用风险。

### 5.1.1 安全性的定义

根据《可靠性维修性术语》和《系统安全性工作通用要求》(GJB 900A—2012)的要求,安全性是产品所具有的不导致人员伤亡、系统毁坏、重大财产损失或不危及人员健康和环境的能力。安全性是各类装备的固有属性,与可靠性、维修性和保障性等密切相关,是各种装备必须满足的首要设计要求,是通过设计赋予的装备属性。

(1)安全。

安全是指不发生可能造成人员伤亡、职业病、设备损坏、财产损失或环境损害的状态。该定义是指产品在寿命周期所处的状态,包括试验、生产和使用等,指产品在某一时刻安全与否的状态,表征产品的瞬态性。

(2)危险。

危险是指可能导致事故的状态或情况。危险是事故发生的前提或条件,可以用危险模式或危险场景来表述。

(3)危险控制。

危险控制是指将发生危险事件的风险保持在可接受极限水平之内的过程,包括制定待实施的工程技术和管理决策,及时地实施减少或消除危险措施,并监控控制措施的有效性。

(4)事故。

事故是指造成人员伤亡、职业病、设备损坏、财产损失或环境破坏的一个或一系列意外事件。事故描述已经发生的事件,也是危险导致的结果。

(5)危险可能性。

危险可能性是指产生某一种危险的事件发生的可能性。

(6)危险严重性。

危险严重性是指某种危险可能引起的事故后果的严重程度。

(7)残余危险。

残余危险是指采取危险消除、减少等措施之后系统虽满足安全性要求但系统中仍然存在的、不能或不打算采取进一步安全性改进措施的危险。

### 5.1.2 武器装备常用的安全性参数

(1)事故率或事故概率。

事故率或事故概率指规定的条件下和规定的时间内,系统的事故总次数与寿命单位总数之比,如式(5-1)所示:

$$P_A = \frac{N_A}{N_T} \quad (5-1)$$

式中:$P_A$——事故率或事故概率(次/单位时间);

$N_A$——事故总次数,包括由于装备或设备故障、人为因素及环境因素等造成的事故总次数;

$N_T$——寿命单位总数,表示装备总使用持续期,如工作小时、飞行小时、飞行次数、工作循环次数等。

当寿命单位总数 $N_T$ 用时间(如飞行小时、工作小时)表示时,$P_A$ 为事故率;当 $N_T$ 用次数(如飞行次数、工作循环次数等)表示时,$P_A$ 为事故概率。例如,美国军用飞机常用"事故次数/$10^5$ 飞行小时"表示飞机机队的事故率;国际民航组织常用"事故次数/$10^6$ 离站次数"表示民用飞机的事故概率。

(2)安全可靠度。

安全可靠度指规定的条件下和规定的时间内,在装备执行任务过程中不发生由于设备或附件故障造成的灾难性事故的概率,如式(5-2)所示:

$$R_{SA} = \frac{N_W}{N_{T2}} \quad (5-2)$$

式中:$R_{SA}$——安全可靠度;

$N_W$——不发生由于设备或附件故障造成的灾难性事故的次数;

$N_{T2}$——使用次数、工作循环次数等表示的寿命单位总数。

(3)损失率或损失概率。

损失率或损失概率指规定的条件下和规定的时间内,系统的灾难性事故总次数与寿命单位总数之比,如式(5-3)所示:

$$P_L = \frac{N_L}{N_T} \quad (5-3)$$

式中:$P_L$——损失率或损失概率(次/单位时间);

$N_L$——由于系统或设备故障造成的灾难性事故总次数;

$N_T$——寿命单位总数,表示装备总使用持续期,如工作小时、飞行小时、飞行次数、工作循环次数等。

注意事故率或事故概率与损失率或损失概率的区别,两者计算公式的分子不同。事故率或事故概率的分子是事故总次数,包括由于装备或设备故障、人为因素及环境因素等造成的事故总次数,就是说大小事故都计算;而损失率或损失概率的分子是由于系统或设备故障造成的灾难性事故总次数,就是说只计算灾难性事故。但两者计算公式的分母相同,都是寿命单位总数。

(4)风险评价指数。

在危险严重性等级和危险可能性等级划分的基础上,形成风险评价指数。基于该指数可以进行风险评价,并确定危险的处理方法。具体的风险评价指数在下面章节中叙述。

## 5.2 安全性分析

安全性分析是通过对危险的检查、研究和分析,检查系统或设备在每种使用模式中的工作状态并确定潜在的危险,预计这些危险对人员伤害或对系统损坏的可能性和严重性,并确定减少或消除危险的方法。在型号安全性分析中,主要采用危险分析方法确定系统中可能的事故及事故的发展过程,并作为系统危险控制、减少和消除的主要依据。常用的安全性分析方法包括表格危险分析法、功能危险分析法、故障模式影响及危害性分析法、故障树、事件树、概率风险评价等。

### 5.2.1 安全性分析的一般步骤

为保证产品满足预期的安全性要求,在研制过程中应开展安全性分析工作,且应从产品研制阶段早期开始并贯穿整个寿命周期,其基本流程如图5-1所示。

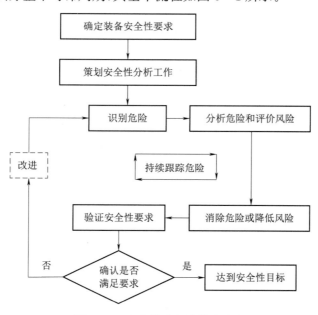

图5-1 安全性分析的基本流程

(1)定义系统边界和组成部分,明确系统的安全性要求,包括任务阶段、工作方式、使用环境以及人员安排等。

(2)识别系统中潜在的危险,分析危险的原因、可能造成的后果以及各种危险之间的关系。

(3)对危险进行排序,按照预先规定的准则进行风险评价。

(4)提出消除或控制危险的安全性措施。

(5)提出安全性的验证方法和时机。

(6)结合提出的安全性措施,评价系统事故风险降低的程度、检验措施的有效性。

(7)分析残余危险,通过决策确认风险是否达到可接受的程度。

(8)对系统中的危险和残余风险持续跟踪。

### 5.2.2 故障树分析

故障树分析(fault tree analysis,FTA)是系统安全性和可靠性分析的常用工具之一。在产品设计阶段,故障树分析可以帮助判明潜在的系统故障模式和灾难性危险因素,发现可靠性和安全性薄弱环节,以便改进设计。在生产使用阶段,故障树分析可帮助故障诊断,改进使用和维修方案。故障树分析也是事件调查的一种有效手段。

#### 5.2.2.1 基本概念

根据《故障树分析指南》(GJB/Z 768A—1998)对故障树(fault tree)的定义为:故障树是一种特殊的倒立树状逻辑因果关系图,它用事件符号、逻辑门符号和转移符号描述系统中各种事件之间的因果关系。逻辑门的输入事件是输出事件的"因",逻辑门的输出事件是输入事件的"果"。在系统设计过程中,通过对可能造成系统失效的各种因素(包括硬件、软件、环境、人为因素)进行分析,画出逻辑框图(即故障树),从而确定系统失效原因的各种可能组合方式或其发生概率,计算系统失效概率,采取相应的纠正措施,以便提高系统的安全性或可靠性。

要想建立某个系统的故障树,必须对该系统有一个比较透彻的了解,并具有丰富的设计和运行经验,此种分析方法易于发挥工程技术人员的长处,因而特别受到工程技术人员的喜爱。故障树相比可靠性逻辑框图,具有可以考虑维修、人为因素,以及环境影响等优点。这种方法理论性强、逻辑性强,使用理论较深,所以应用者必须掌握故障树的有关理论,才能建立起对工程实践具有指导意义的较为完善的故障树。

故障树在一次性使用的成败性产品如弹药系统的安全性工作中占有非常重要的地位。在这种产品的设计阶段及设计定型阶段,对产品的安全性及作用可靠性进行预计、评估时,尤其是对安全性的量值要求(即失效概率指标),大多采用故障树分析法进行预计或评估。

《故障树分析指南》对故障树名词术语和符号的定义解释如下:

(1)事件及其符号(events and symbols)。

在故障树分析中,各种故障状态或不正常情况皆称故障事件;各种完好状态或正常情况皆称成功事件,两者均可简称为事件。

①底事件(bottom event)。

底事件是故障树分析中仅导致其他事件的原因事件。它位于故障树的底端,它总是某个逻辑门的输入事件而不是输出事件。底事件又可以分成基本事件与未探明事件。

a. 基本事件(basic event)。

基本事件是在特定的故障树分析中无须探明其发生原因的底事件。如基本的零部件失效、人为因素或环境因素等均属基本事件。

基本事件用圆形符号表示,如图 5-2 所示。

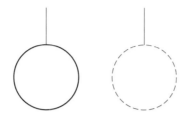

图 5-2　基本事件符号

为进一步区分故障性质,实线圆表示元件本身故障,虚线圆表示由人为因素引起的故障。

b. 未探明事件(undeveloped event)。

未探明事件是原则上应进一步探明其原因,但暂时不必或者暂时不能探明其原因的底事件。未探明事件用菱形符号表示,如图 5-3 所示。

图 5-3　未探明事件符号

②结果事件(resultant event)。

结果事件是故障树分析中由其他事件或事件组合所导致的事件。结果事件总是位于某个逻辑门的输出端。结果事件用矩形符号表示,如图 5-4 所示。

图 5-4　结果事件符号

结果事件又可分为顶事件与中间事件。

a. 顶事件(top event)。

顶事件是故障树分析中所关心的最终结果事件,它位于故障树的顶端,它总是所讨论故障树逻辑门的输出事件而不是输入事件。

b. 中间事件(intermediate event)。

中间事件是位于底事件和顶事件之间的结果事件。它既是某个逻辑门的输出事件,同时又是别的逻辑门的输入事件。

③特殊事件(special event)。

特殊事件是指在故障树分析中需用特殊符号表明其特殊性或引起注意的事件。特殊事件包括开关事件和条件事件。

a. 开关事件(switch event)。

开关事件是在正常工作条件下必然发生或者必然不发生的特殊事件。

开关事件用房形符号表示,如图 5-5 所示。

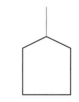

图 5-5 开关事件符号

b. 条件事件(conditional event)。
条件事件是描述逻辑门起作用的具体限制的特殊事件。
条件事件用椭圆形符号表示,如图 5-6 所示。

图 5-6 条件事件符号

(2)逻辑门及其符号(logic gates and symbols)。
在故障树分析中逻辑门只描述事件间的因果关系。与门、或门和非门是三个基本门,其他的逻辑门为特殊门。
①与门(AND gate)。
与门表示仅当所有输入事件发生时,输出事件才发生。
与门符号如图 5-7 所示。
②或门(OR gate)。
或门表示至少一个输入事件发生时,输出事件就发生。
或门符号如图 5-8 所示。

图 5-7 与门符号　　　　　图 5-8 或门符号

③非门(NOT gate)。
非门表示输出事件是输入事件的对立事件。
非门符号如图 5-9 所示。

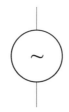

图 5-9 非门符号

④特殊门(special gate)。

a. 顺序与门(sequential AND gate)。

顺序与门表示仅当输入事件按规定的顺序发生时,输出事件才发生。

顺序与门符号如图 5—10 所示。

图 5—10　顺序与门符号

b. 表决门(voting gate)。

表决门表示当 $n$ 个输入事件中仅有 $r$ 个或 $r$ 个以上的事件发生时,输出事件才发生。

表决门符号如图 5—11 所示。

图 5—11　表决门符号

或门和与门都是表决门的特例。或门是 $r=1$ 的表决门,与门是 $r=n$ 的表决门。

c. 异或门(exclusive OR gate)。

异或门表示仅当单个输入事件发生时,输出事件才发生。

异或门有 2 个符号,如图 5—12 所示,左边(a)要标出"不同时发生"的条件。

图 5—12　异或门符号

d. 禁门(inhibit gate)。

禁门表示仅当条件事件发生时,输入事件的发生才导致输出事件的发生。

禁门符号如图 5—13 所示。

图 5—13　禁门符号

(3)转移符号(transfer symbols)。

转移符号是为了避免画图时重复和使图形简明而设置的符号。

①相同转移符号(identical transfer symbol)。

相同转移符号用以指明子树的位置,说明在这个位置上的子树与另一个子树完全相同。如图 5-14 所示为一对相同转移符号,图 5-14(a)是相同转向符号,它表示"下面转到以字母数字为代号所指的子树去"。图 5-14(b)是相同转此符号,它表示"由具有相同字母数字的转向符号处转到这里来"。

**图 5-14 相同转移符号**
(a)相同转向符号;(b)相同转此符号

②相似转移符号(similar transfer symbol)。

相似转移符号用以指明相似子树的位置,说明在这个位置上的子树与另一个子树相似,但事件标号不同。图 5-15 所示为一对相似转移符号,图 5-15(a)是相似转向符号,它表示"下面转到以字母数字为代号所指结构相似而事件标号不同的子树去",不同的事件标号在三角形旁边注明。图 5-15(b)是相似转此符号,它表示"相似转向符号所指子树与此处子树相似但事件标号不同"。

**图 5-15 相似转移符号**
(a)相似转向符号;(b)相似转此符号

### 5.2.2.2 建立故障树的规则

建树规则是故障树分析人员多年的经验教训总结,不遵守这些规则,容易导致错漏。一旦发生错漏,不仅难以发现,即使发现了要全部改正过来也很困难,因为这将涉及不同的机构、不同的人、多张图纸和计算机的输入等。所以要从建树开始,严格遵循规则,十分认真,一步步循序渐进,千万不要图省事。只有认真遵守规则建成的树,方可做到错漏最少。即使如此,建成的故障树也应请有实际工程经验又懂得可靠性知识的未参加建树的人员审查,经审查并改正后的故障树,才能成为进行故障树分析的基础,此时建树工作才完成。

(1)明确建树边界条件,确定简化系统图。

故障树的边界应和系统的边界相一致,方能避免遗漏或出现不应有的重复;一个系统的部件以及部件之间的连接数目可能很多,但其中有些对于给定的顶事件是很不重要的,为了减小树的规模以突出重点,应在 FMECA 的基础上,将那些很不重要的部分舍去,从系统图的主要逻辑关系得到等效的简化系统图,然后从简化系统图出发进行建树。

划定边界、合理简化是完全必要的,同时,又要非常慎重,避免主观地把看来"不重要"的底事件压缩掉,却把要寻找的隐患漏掉了。做到合理划定边界和简化的关键在于经过集思广益的推敲,作出正确的工程判断。

(2) 故障事件应严格定义。

所有故障事件,尤其是顶事件必须严格定义,否则建出的故障树将不正确。

例如,原意希望分析"电路开关合上后电动机不转",但由于省略,将事件表达为"电动机不转",如此会得到不同的两棵故障树,导致达不到原来的分析目的。

(3) 故障树演绎过程中首先寻找的是直接原因事件而不是基本原因事件。

应不断利用"直接原因事件"作为过渡,逐步地、无遗漏地将顶事件演绎为基本原因事件。

在故障树往下演绎的过程中,还常常用等价的、比较具体的或更为直接的事件取代比较抽象的或显得间接的事件,这时就会出现不经任何逻辑门的"事件—事件串"。

(4) 应从上向下逐级建树。

这条规则的主要目的是避免遗漏。这条规则在采用图形编辑的故障树分析软件时尤其要注意遵守。

复杂的工程系统建造故障树时,应首先确定系统级顶事件,据以确定各分系统级顶事件;重视总体与分系统之间和分系统相互之间的接口,分层次、有计划、协调配合地进行故障树的建造,但从上到下进行故障演绎的逻辑应相同。

例如一棵庞大的故障树,一级输入事件数可能超过 10 个,每一个输入都可能仍然是一棵庞大的子树,若未将 10 个输入的中间事件全都列出之前,比如只列 9 个,就急于去发展其中的某一个中间事件,这种演绎工作甚至持续几天也难以完成,等全都演绎完后,可能遗忘了第 10 个输入事件。

(5) 建树时不允许逻辑门—逻辑门直接相连。

这条规则防止建树者不从文字上对中间事件下定义就去向下发展该子树,同时强调故障事件定义要严格,否则将会导致建树的错误。倘若建树时出现逻辑门—逻辑门相连而又根本不严格定义则更易出错,其次逻辑门—逻辑门相连的故障树使评审者无法判断对错,故不允许逻辑门—逻辑门直接相连。

(6) 妥善处理共因事件。

来自同一故障源的共同的故障原因会引起不同的部件故障甚至不同的系统故障。共同原因故障事件,简称共因事件。鉴于共因事件对系统故障发生概率影响很大,故建树时必须妥善处理共因事件。

若某个故障事件是共因事件,则对故障树的不同分支中出现的该事件必须使用同一事件标号。若该共因事件不是底事件,必须使用相同转移符号简化表示。一般来说,一个共因事件在同一系统故障树的不同子树中出现,这条规则往往可以遵守,但有时不同系统是相关的,比如公用同一电或水支持设施,甚至公用同一个阀门或管路,而这两个系统由不同的人建树,这条规则往往无法遵守,从而导致本来是一个事件而变成两个或更多事件的错误。因此对一些大项目实施故障树分析时,技术负责人一定要采取妥当的措施以保证规则能被遵守,比如让同一个人负责有相同共因事件的不同系统的故障树建造工作。

### 5.2.2.3 故障树的建造方法

故障树的建造是故障树方法的关键,故障树建造的完善程度将直接影响定性分析和定量计算结果的准确性。复杂系统的建树工作一般十分庞大繁杂,事件因素交错多变,所以要求建树者必须全面、仔细,并广泛地掌握设计、使用维护等各方面的经验和知识。建树时最好能有各个方面的技术人员参与。

建树的方法一般分为两类:第一类是人工建树,主要应用演绎法进行建树。演绎法建树应从顶事件开始由上而下、循序渐进逐级进行。第二类是计算机辅助建树,主要应用判定表法和合成法。首先定义系统,然后建立事件之间的相互关系,可编制程序由计算机辅助进行分析。

人工建树一般可按下列步骤进行:

(1)广泛收集并分析有关技术资料。

收集和分析技术资料包括熟悉设计说明书、原理图、结构图、运行及维修规程等有关资料,辨明人为因素和软件对系统的影响,辨识系统可能采取的各种状态模式以及它们和各单元状态的对应关系,识别这些模式之间的相互转换。

(2)选择顶事件。

人们不希望发生的显著影响系统技术性能、经济性、可靠性和安全性的故障事件可能不止一个,在充分熟悉系统及其资料的基础上,做到既不遗漏又分清主次地将全部重大故障事件一一列举,必要时可应用 FMECA 方法,然后再根据分析的目的和故障判据确定出本次分析的顶事件。

(3)建树。

演绎法的建树方法为:将已确定的顶事件写在顶部矩形框内,将引起顶事件的全部必要而又充分的直接原因事件(包括硬件故障、软件故障、环境因素、人为因素等)置于相应原因事件符号中,画出第二排,再根据实际系统中它们的逻辑关系,用适当的逻辑门连接顶事件和这些直接原因事件。如此,遵循建树规则逐级向下发展,直到所有最低一排原因事件都是底事件为止。这样就建立了一棵以给定顶事件为"根",中间事件为"节",底事件为"叶"的倒置的 $n$ 级故障树。

(4)故障树的简化。

建树前应根据分析目的,明确定义所分析的系统和其他系统(包括人和环境)的接口,同时给定一些必要的合理假设(如对一些设备故障作出偏安全的保守假设,暂不考虑人为故障等),从而由真实系统图得到一个主要逻辑关系等效和简化的系统图,建树的出发点不是真实系统图,而是简化系统图。

### 5.2.2.4 故障树的规范化

由于现实的装备系统错综复杂,按上面方法建造出来的故障树也大不相同,因人而异。为了能用标准的程序对各种不同的故障树作统一的描述和分析,必须将建好的初始故障树变为规范化的故障树,并尽可能对故障树进行简化和模块化,以便减少分析的工作量。

将建立的故障树变换为仅含有基本事件、结果事件以及与门、或门、非门三种逻辑门的故障树的过程,称为故障树的规范化。故障树规范化的基本规则如下:

(1)特殊事件的处理规则。

①未探明事件的处理规则。

未探明事件可根据其重要性(如发生概率的大小、后果严重程度等)和数据的完备性,当作基本事件对待或删去。重要且数据完备的未探明事件当作基本事件对待；不重要且数据不完备的未探明事件则删去；其他情况由分析者酌情决定。

②开关事件的处理规则。

将开关事件当作基本事件对待。

③条件事件的处理规则。

条件事件总是与特殊门联系在一起的，它的处理规则见特殊门的等效变换规则。

(2)特殊门的等效变换规则。

①顺序与门变换为与门的规则。

输出不变，将顺序与门变换为与门，其余输入不变，将顺序条件事件作为一个新的输入事件。例如在图 5-16 中，将顺序条件事件，用与门作为一个新的输入事件 $X$ 画在树中。

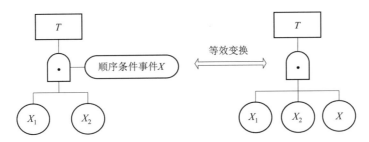

**图 5-16　顺序与门变换为与门示例**

②禁门变换为与门的规则。

原输出事件不变，禁门变换为与门，与门之下有两个输入，一个为原输入事件，另一个为禁门打开条件事件，如图 5-17 所示。

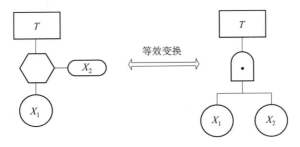

**图 5-17　禁门变换为与门示例**

③表决门变换为或门和与门的组合规则。

一个 $r/n$ 表决门，可以等效变换为或门和与门的组合。

原输出事件下接一个或门，或门之下有 $C_n^r$ 个输入事件，每个输入事件之下再接一个与门，每个与门之下有 $r$ 个原输入事件，如图 5-18 所示。

④表决门变换为与门和或门的组合规则。

与上述变换不同，一个 $r/n$ 表决门，可以等效变换为与门和或门的组合。

原输出事件下接一个与门，与门之下有 $C_n^{n-r+1}$ 个输入事件，每个输入事件之下再接一个或门，每个或门之下有 $n-r+1$ 个原输入事件，如图 5-19 所示。

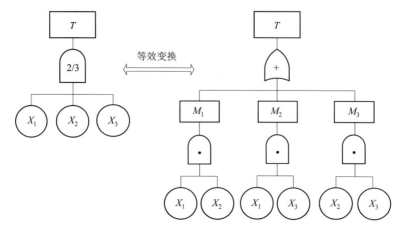

图 5－18 表决门变换为或门和与门的示例

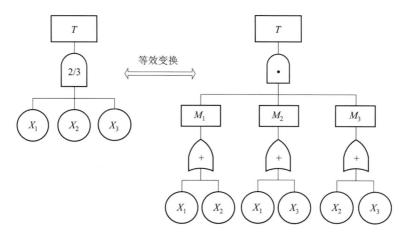

图 5－19 表决门变换为与门和或门的示例

⑤异或门变换为或门、与门和非门的组合规则。

原输出事件不变,异或门变为或门,或门下接两个与门,每个与门之下分别接一个原输入事件和一个非门,非门之下接一个原输入事件(简化为 $\overline{X_i}$),$\overline{X_i}$ 表示事件 $X_i$ 不发生,如图 5－20 所示。

#### 5.2.2.5 故障树的数学描述

结构函数(structure function)是表示系统状态的一种布尔函数,其自变量为该系统组成单元的状态。

为了使问题简化,我们只研究两态(事件发生、不发生)系统。

设系统 $S$ 由 $n$ 个部件组成,故障树顶事件状态变量以 $\Phi$ 表示,底事件状态变量以 $X_i$ 表示,并假定各元部件的失效是互相独立的。

故障树的结构函数定义如式(5－4)所示:

$$\Phi(X_1,X_2,\cdots,X_n)=\begin{cases}1,\text{顶事件发生}\\0,\text{顶事件不发生}\end{cases} \quad (5-4)$$

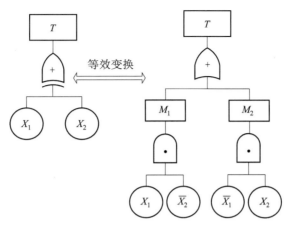

**图 5—20 异或门变换为或门、与门和非门的示例**

式中，$n$ 为故障树底事件的数目，$X_1, X_2, \cdots, X_n$ 为描述底事件状态的布尔变量，如式(5—5)所示：

$$X_i = \begin{cases} 1, \text{第 } i \text{ 个底事件发生} \\ 0, \text{第 } i \text{ 个底事件不发生} \end{cases} (i=1,2,\cdots,n) \quad (5-5)$$

在故障树分析中，顶事件是系统不希望发生的失效状态，记作 $\Phi=1$。与此状态相对应的底事件状态为元部件失效状态，记作 $X_i=1$。这就是说，顶事件状态 $\Phi$ 完全由故障树中底事件状态 $\vec{X}$ 所决定，即 $\Phi=\Phi(\vec{X}), \vec{X}=(X_1, X_2, \cdots, X_n)$，称 $\Phi(\vec{X})$ 为故障树的结构函数。

这里应当注意的是，此结构函数为系统失效的结构函数，事件的发生对应着失效状态，事件的不发生对应着正常状态，这与可靠性框图法的描述恰好相反，因此在使用时注意不要弄混。

下面介绍各种结构形式的结构函数。

(1) 与门的结构函数，如式(5—6)所示：

$$\Phi(\vec{X}) = \prod_{i=1}^{n} X_i \quad (5-6)$$

按布尔运算法则，只要其中有一个 $X_i=0$，即事件不发生，则 $\Phi(\vec{X})=0$，系统正常工作。

(2) 或门的结构函数，如式(5—7)所示：

$$\Phi(\vec{X}) = 1 - \prod_{i=1}^{n}(1-X_i) \quad (5-7)$$

按布尔运算法则，只要其中有一个 $X_i=1$，即事件发生，则 $\Phi(\vec{X})=1$，即只要有一个元件失效则系统就失效。

(3) $K/n$ 系统的结构函数，如式(5—8)所示：

$$\Phi(\vec{X}) = \begin{cases} 1, \text{当} \sum X_i \geqslant K \\ 0, \text{其他情况} \end{cases} \quad (5-8)$$

式中：$K$——使系统失效的最少底事件个数。

#### 5.2.2.6 单调关联系统的性质

单调关联系统(coherent system)的定义:系统中任一组成单元的状态由正常(失效)变为失效(正常)不会使系统的状态由失效(正常)变为正常(失效)的系统。

单调关联系统具有以下四种性质:

(1)系统中的每个元部件对系统可靠性都有一定影响,只是影响程度不同而已。

(2)系统中所有元部件失效,则系统一定失效;反之,所有元部件正常,则系统一定正常。

(3)系统中故障部件的修复不会使系统由正常转为故障;反之,正常部件的故障也不会使系统由故障转为正常。

(4)任何一个单调关联系统的可靠性不会比由相同部件构成的串联系统低,也不会比由相同部件构成的并联系统高。

由于上述单调关联系统的四种性质所决定,反映到单调关联系统的结构函数上,则具有以下四种性质:

(1) $\Phi(1_i, \vec{X}) \neq \Phi(0_i, \vec{X})$。

上式中: $\Phi(1_i, \vec{X}) = \Phi(X_1, X_2, \cdots, X_i = 1, \cdots, X_n)$;

$\Phi(0_i, \vec{X}) = \Phi(X_1, X_2, \cdots, X_i = 0, \cdots, X_n)$。

若上式相等,则称底事件 $X_i$ 与结构函数 $\Phi(\vec{X})$ 无关,即第 $i$ 个元件正常与否与系统的正常与否无关。$X_i$ 是逻辑多余元件,含有逻辑多余元件的系统不是单调关联系统。

(2) $\Phi(\vec{0}) \equiv 0; \Phi(\vec{1}) \equiv 1$。

上式中: $\Phi(\vec{0}) = \Phi(0, 0, \cdots, 0, \cdots, 0)$;

$\Phi(\vec{1}) = \Phi(1, 1, \cdots, 1, \cdots, 1)$。

它的含义是组成系统的所有元件都正常,系统肯定正常;组成系统的所有元件都失效,系统肯定失效。

(3) $\Phi(\vec{X}) = \Phi(X_1, X_2, \cdots, X_i, \cdots, X_n)$;

$\Phi(\vec{Y}) = \Phi(Y_1, Y_2, \cdots, Y_i, \cdots, Y_n)$。

若 $\vec{X} \geqslant \vec{Y}$,即 $X_1 \geqslant Y_1, X_2 \geqslant Y_2, \cdots, X_n \geqslant Y_n$,则 $\Phi(\vec{X}) \geqslant \Phi(\vec{Y})$。

它的含义是在可以比较的情况下,当系统中失效的元件多时,系统失效的可能性大,即系统中正常部件发生故障绝不会使系统由故障状态转为正常状态。或者说,当系统中故障部件修复后,只可能使系统恢复正常而不可能相反,这就体现了结构函数的单调性。

(4) $\prod_{i=1}^{n} X_i \leqslant \Phi(\vec{X}) \leqslant 1 - \prod_{i=1}^{n}(1 - X_i)$。

它的含义是或门结构(串联系统)是单调关联系统不可靠度的上限,而与门结构(并联系统)则是它的下限。这对于近似计算是很有用的。

#### 5.2.2.7 故障树定性分析

故障树定性分析的目的在于寻找导致顶事件发生的原因和原因组合,识别导致顶事件发生的所有故障模式,它可以帮助判明潜在的故障,以便改进设计;也可以用于指导故障诊断,改进运行和维修方案。

(1)割集(cut set)。

割集是导致正规故障树顶事件发生的若干底事件的集合。

(2)最小割集(min cut set)。

最小割集是导致正规故障树顶事件发生的数目不可再少的底事件的集合。它表示引起故障树顶事件发生的一种故障模式集。

为了对故障树进行定性分析,引出了最小割集的概念,但我们通常所遇到的故障树,其结构函数式并不是最小割集表达式,这样的结构函数既不便于定性分析,也不便于定量计算。因此,需要通过寻找最小割集的办法对结构函数进行变换,从而使原有故障树得到简化,便于故障树的定性分析和定量计算。

故障树定性分析就是用下行法或上行法求故障树的所有最小割集。

① 下行法。

下行法的基本原则:对每一个输出事件,若下面是或门,则将该或门下的每一个输入事件各自排成一行;若下面是与门,则将该与门下的所有输入事件排在同一行。

下行法的步骤:从顶事件开始,由上向下逐级进行,对每个结果事件重复上述原则,直到所有结果事件均被处理,所得每一行的底事件的集合均为故障树的一个割集。最后按最小割集的定义,对各行的割集通过两两比较,划去那些非最小割集的行,剩下的即为故障树的所有最小割集。

② 上行法。

上行法的基本原则:对每个结果事件,若下面是或门,则将此结果事件表示为该或门下的各输入事件的布尔和(事件并);若下面是与门,则将此结果事件表示为该与门下的输入事件的布尔积(事件交)。

上行法的步骤:从底事件开始,由下向上逐级进行。对每个结果事件重复上述原则,直到所有结果事件均被处理。将所得的表达式逐次代入,按布尔运算的规则,将顶事件表示成积之和的最简式,其中每一项对应故障树的一个最小割集,从而得到故障树的所有最小割集。

研究最小割集,就可以发现系统的最薄弱环节,集中力量解决这些薄弱环节,就可以提高系统的可靠性。

(3)最小割集的定性对比分析。

在求得全部最小割集后,当数据不足时,可按以下原则进行定性对比,以便将分析结果应用于产品设计改进、故障诊断、确定维修次序等。根据每个最小割集所含底事件数目(阶数)排序,在各个底事件发生概率比较小、其差别相对不大的条件下有以下结论:

① 阶数越小的最小割集越重要。

② 在低阶最小割集中出现的底事件比高阶最小割集中出现的底事件重要。

③ 在最小割集阶数相同的条件下,在不同最小割集中重复出现次数越多的底事件越重要。

### 5.2.2.8 故障树定量计算

(1)计算顶事件发生的概率。

故障树的定量计算,主要任务就是要计算系统顶事件发生的概率。在进行故障树定量计算时,首先要确定各底事件的失效模式和它的失效分布参数或失效概率值。其次要做以下两点假设:

①底事件之间相互独立；

②底事件和顶事件都只考虑两种状态，即发生或不发生。也就是说，元部件和系统都是只有正常或失效两种状态。

a. 底事件独立的精确计算顶事件概率。

对于任意一棵故障树，首先要求出该故障树的全部最小割集，再假设各最小割集中没有重复出现的底事件(最小割集之间是不相交的)。根据概率论乘法定理，则顶事件表达式如式(5—9)和式(5—10)所示：

$$T = \Phi(\vec{X}) = \bigcup_{j=1}^{r} K_j(t) \tag{5—9}$$

$$P[K_j(t)] = \prod_{i \in k_i} F_i(t) \tag{5—10}$$

式中：$P[K_j(t)]$——在时刻 $t$ 第 $j$ 个最小割集存在的概率；

$F_i(t)$——在时刻 $t$ 第 $j$ 个最小割集中第 $i$ 个部件失效的概率；

$r$——最小割集数。

$$\begin{aligned} P(T) &= F_s(t) \\ &= P[\Phi(\vec{X})] \\ &= \sum_{j=1}^{r} (\prod_{i \in K_j} F_i(t)) \end{aligned} \tag{5—11}$$

式中：$P(T)$——顶事件的概率；

$F_s(t)$——系统失效的概率；

$P[\Phi(\vec{X})]$——结构函数 $\Phi(\vec{X})$ 的概率。

b. 底事件相交的精确计算顶事件概率。

用式(5—11)计算任意一棵故障树顶事件的概率，要求假设在各最小割集中没有重复出现的底事件，也就是要求最小割集之间是完全不相交的。但在大多数情况下，底事件可以在几个最小割集中重复出现，也就是说我们经常遇到的情况是，最小割集之间是相交的。这样一来，用式(5—11)计算顶事件概率是不合适的，必须用相容事件的概率公式，如式(5—12)所示：

$$\begin{aligned} P(T) &= P(K_1 \cup K_2 \cup \cdots \cup K_r) \\ &= \sum_{i=1}^{r} P(K_i) - \sum_{i<j=2}^{r} P(K_i K_j) + \sum_{i<j<k=3}^{r} P(K_i K_j K_k) + \cdots + (-1)^{r-1} P(K_1 K_2 \cdots K_r) \end{aligned} \tag{5—12}$$

式中：$K_i, K_j, K_k$——第 $i, j, k$ 个最小割集；

$r$——最小割集数。

c. 首项近似计算顶事件概率。

当最小割集的个数足够大时，采用精确计算公式就会产生组合爆炸问题，即使计算机也难以胜任。在许多工程实际问题中，因为统计得到的基本数据往往不太准确，所以使用精确计算公式没有实际意义。其次，大多数底事件发生概率很小，精确计算公式中起主要作用的是第一项和第二项。在工程实际中常取首项(第一项)来近似计算，如式(5—13)所示：

$$P(T) \approx \sum_{i=1}^{r} P(K_i) \tag{5—13}$$

(2)计算底事件重要度。

底事件或最小割集对顶事件发生的贡献度量称为底事件或最小割集的重要度。重要度分析的目的就是要得到重要性排序,确定关键重要零件或薄弱环节,确定产品需要监测的部位或关键工艺等。

采用的重要度包括概率重要度、结构重要度、相对概率重要度、相关割集重要度等。一般工程上常用概率重要度、相对概率重要度,具体计算方法如下:

①底事件概率重要度。

底事件概率重要度的含义是第 $i$ 个底事件发生概率的微小变化而导致顶事件发生概率的变化率。第 $i$ 个底事件的概率重要度计算如式(5-14)所示:

$$I_i(i) = \frac{\partial Q(q_1, q_2, \cdots, q_n)}{\partial q_i} \quad (i=1,2,\cdots,n) \quad (5-14)$$

式中:$I_i(i)$——第 $i$ 个底事件的概率重要度;

$q_i$——第 $i$ 个底事件的发生概率;

$Q(q_1, q_2, \cdots, q_n)$——顶事件的故障概率函数。

②底事件相对概率重要度。

相对概率重要度是一个变化率的比值,即第 $i$ 个底事件发生概率的变化率引起系统发生概率的变化率。在所有底事件相互独立的条件下,第 $i$ 个底事件的相对概率重要度计算如式(5-15)所示:

$$I_c(i) = \frac{q_i}{Q(q_1, q_2, \cdots, q_n)} \times \frac{\partial Q(q_1, q_2, \cdots, q_n)}{\partial q_i} \quad (i=1,2,\cdots,n) \quad (5-15)$$

式中:$I_c(i)$——第 $i$ 个底事件的相对概率重要度。

### 5.2.3 初步危险分析

初步危险分析(PHA)是《装备安全性工作通用要求》的工作项目之一,是在寿命周期内进行系统安全性分析的第一种技术,也是开展其他安全性分析的基础。

(1)初步危险分析的目的。

初步识别装备设计方案中可能存在的危险,进行初始的风险评价,并提出后续的安全性管理和控制措施。初步危险分析至少应确定和评价以下方面的危险:

①产品故障或功能异常;

②危险物质;

③能量源;

④环境因素和使用操作约束条件;

⑤由不同产品相互作用引发的危险,如材料相容性、电磁干扰等。

(2)分析时机。

在装备论证阶段就可以开始,主要是在装备研制的初期开展 PHA。

#### 5.2.3.1 分析步骤

(1)编制初步危险表。

初步危险表是指在装备研制的初期,通过检查和分析,最终编制的危险项目表。该表是装备中可能存在的危险源清单,可以初步列出安全性设计可能需要特别重视的危险或需要深入分析的危险部位,以便尽早选择重点管理的部位。由于在论证阶段缺乏足够的装备设计信息,因此，重点是根据经验和相似产品初步识别产品方案中可能存在的固有危险源（第一列危险源），并作为后续安全性设计分析的参考和依据。

初步危险分析表通常从较高层次产品开始编制，采用自上而下的方法进行，并随研制进展不断细化。初步危险分析表的形式有多种，常用的如表5—1所示。

表5—1 初步危险分析表样式

| 产品号 | 产品名称 | 系统的事件阶段 | 危险说明 | 对系统的影响 | 风险评价 | 建议的措施 | 备注 |
|--------|----------|----------------|----------|--------------|----------|------------|------|
|        |          |                |          |              |          |            |      |

（2）开展初步危险分析。

初步危险分析是初步分析和评价装备潜在危险及事故风险的过程。它的目的是识别和分析装备中的各类潜在危险，并进行初步的安全性分析评价，确定装备的安全性关键项目或区域。初步危险分析的结果可用于制定装备安全性要求和设计规范。

初步危险分析主要工作内容包括：

①识别与所确定的设计方案或任务功能相关的危险事件，确定危险事件发生的原因、过程和后果。

②确定危险或事故发生的可能性、后果的严重性，评价并划分风险等级。

③说明用于消除或控制危险及风险的措施，明确相应的验证方法。

#### 5.2.3.2 典型装备初步危险分析示例

某飞机火控系统改装研制中，开展了初步危险分析，其分析结果如表5—2所示。

表5—2 某飞机火控系统改装的初步危险分析

| 产品号 | 产品名称 | 系统的事件阶段 | 危险说明 | 对系统的影响 | 建议的措施 | 备注 |
|--------|----------|----------------|----------|--------------|------------|------|
| HK—10 | 雷达 | 飞机停放在地面、雷达工作 | 人员暴露在雷达辐射区 | 电磁波对人员有伤害 | 飞机在地面时应使雷达及发射机无法接通 | |
| HK—1 | 火控系统 | 飞机停放在地面、火控系统接通 | 意外使武器发射及投入 | 有可能造成机毁人亡 | 飞机停放在地面时，武器发射指令无法接通；至少需要两个独立的信号才能启动发射电路 | |
| HK—14 | 高压电源 | 地面维修火控系统 | 维修人员触电 | 造成人员伤亡 | 高压区应设有明显的警告标志和联锁开关 | |

### 5.2.4 系统危险分析

系统危险分析（SHA）是《装备安全性工作通用要求》的工作项目之一。

（1）系统危险分析的目的。

在初步危险分析的基础上，随着装备研制的进展，进一步全面、系统地识别、评价和消除或控制可能存在的危险,提高装备的安全性。

(2)分析时机。

主要是在装备研制阶段开展系统危险分析,并在研制阶段持续迭代进行。

(3)分析层次。

系统危险分析应在装备各层次(如装备、系统、分系统、单机、设备、部件、组件等)全面展开,并随着装备研制的进展持续迭代分析,直到确认装备的危险均得到消除或风险降低到可接受水平,安全性要求得到满足。

### 5.2.4.1 分析内容与方法

系统危险分析应重点考虑以下内容:

(1)与规定的安全性设计要求或设计准则的符合程度。

(2)分析独立失效、关联失效或同时发生的危险事件,主要包括人为差错、单点故障、系统故障、安全装置故障及产品间相互作用导致的危险或增加的风险。

(3)安全性试验与产品性能试验产生的风险。

(4)为实现产品要求所采取的设计更改对安全性的影响(如是否降低安全性水平、引入新危险等)。

(5)软件(包括由其他承制单位开发的软件)的接口、故障和其他异常情况对安全性的影响。

(6)低层次产品危险对高层次产品安全性的影响及其控制措施。

理论上系统危险分析的方法有 FMECA、FTA、功能危险分析、人为差错分析等。系统危险分析的格式有叙述式、列表式和图形式,常用的列表式如表 5-3 所示。

表 5-3 系统危险分析表样式

| 产品号 | 产品名称 | 系统使用阶段 | 危险模式或事件 | 危险产生的原因 | 危险对系统的影响 | 风险评价 | | 建议的措施 |
|---|---|---|---|---|---|---|---|---|
| | | | | | | 危险严重等级 | 危险可能性等级 | |
| | | | | | | | | |

表 5-3 中风险评价采用《装备安全性工作通用要求》中的风险指数评价法,是从危险严重性和危险可能性两方面综合评价危险的风险水平。评价可采用定性或定量的方法,《装备安全性工作通用要求》给出了定性的风险指数评价法,危险的风险指数参考示例如表 5-4 所示,针对不同风险指数的风险接受原则参考示例如表 5-5 所示。

表 5-4 危险的风险指数参考示例

| 危险可能性等级(5级) | 危险严重性等级(4级) | | | |
|---|---|---|---|---|
| | Ⅰ(灾难的) | Ⅱ(严重的) | Ⅲ(轻度的) | Ⅳ(轻微的) |
| A(经常) | 1 | 3 | 7 | 13 |
| B(很可能) | 2 | 5 | 9 | 16 |
| C(偶然) | 4 | 6 | 11 | 18 |
| D(很少) | 8 | 10 | 14 | 19 |
| E(极少) | 12 | 15 | 17 | 20 |

表 5-5　针对不同风险指数的风险接受原则参考示例

| 风险指数 | 风险接受原则 | 备注 |
| --- | --- | --- |
| 1～5 | 不可接受 | |
| 6～9 | 不希望,需订购方决策 | |
| 10～17 | 订购方评审后接受 | 会议评审 |
| 18～20 | 不需评审即可接受 | |

#### 5.2.4.2　典型装备系统危险分析示例

某装备激光目标指示器研制中,开展了系统危险分析,分析结果如表 5-6 所示。

表 5-6　某装备激光目标指示器的系统危险分析

| 产品号 | 产品名称 | 系统使用阶段 | 危险模式或事件 | 危险产生的原因 | 危险对系统的影响 | 风险评价 | | 建议的措施 |
| --- | --- | --- | --- | --- | --- | --- | --- | --- |
| | | | | | | 危险严重等级 | 危险可能性等级 | |
| 05 | 蓄电池 | 使用 | 损坏 | 直接短路引起快速放电 | 1. 人员受伤;<br>2. 设备损坏 | Ⅰ(灾难的) | C(偶然) | 1. 检查电池连接器,确保插针在安装前未变形或弯曲;<br>2. 未安装时,保护好电池连接器 |
| | | 维修 | 过热 | 充电时过充电 | 设备损坏 | Ⅲ(轻度的) | C(偶然) | 监控充电,确保电池不过热 |
| 06 | 发射机 | 维修 | 压力室损坏 | 维修时过充电 | 压力室过压 | Ⅰ(灾难的) | D(很少) | 防止损坏设备、防止错用设备 |
| | | | 过热 | 超温敏感或中断回路故障 | 损坏电子回路 | Ⅲ(轻度的) | C(偶然) | 确保由合格人员做预防性维修 |

### 5.2.5　使用和保障危险分析

使用和保障危险分析(O&SHA)是《装备安全性工作通用要求》的工作项目之一。
(1)使用和保障危险分析的目的。
识别由环境、人员、装备使用与保障规程等造成的危险,评价用于消除、控制或降低风险措施的充分性和有效性。
(2)分析时机。
主要是在装备研制阶段后期开展使用和保障危险分析,并在后续寿命周期中不断修改。特别重要的是,在使用和保障阶段中,装备系统所作的任何改型和改进,一定要进行分析以便确定改型或改进是否引入了危险。

#### 5.2.5.1 分析内容与方法

使用和保障危险分析应重点考虑以下内容：

(1)需在危险环境下完成的工作、工作时间及将其风险降到最低所需采取的措施。

(2)为消除、控制或降低相关危险,对装备软硬件、设施、工具及试验设备在功能或设计要求方面进行的更改。

(3)对安全装置和设备提出的要求,包括人员安全和生命保障设备等。

(4)警告、告警或专门的应急规程(如出口、营救、逃生、废弃安全、爆炸性装置处理、不可逆操作等)。

(5)危险材料的包装、装卸、运输、储存、维修和报废处理的要求。

(6)安全性培训和人员资格的要求。

(7)与其他系统部件或分系统相关联的非研制硬件和软件的影响。

(8)操作人员可控制的危险状态。

使用和保障危险分析方法主要有规程分析和意外事件分析。

规程分析是对各种操作规程的正确性进行评价,通常划分为两个阶段:第一阶段分析的目的是证实设计人员制定的操作和保障规程,能使操作人员伤亡和设备损坏的概率最小;第二阶段分析是研究由于操作人员偏离设计人员制定的规程可能导致意外的灾难性事故,控制任何可能产生的危险行动。规程分析两个阶段使用的分析表格样式如表5－7和表5－8所示。

表5－7 规程分析表样式(第一阶段)

| 识别号 | 使用步骤 | 危险要素 | 危险状态 | 触发事件 | 潜在故障 | 事件概率 | 影响或结果 | 危险等级 | 参考标准或条件 | 保护或纠正措施 | 采取措施的人员 |
|---|---|---|---|---|---|---|---|---|---|---|---|
| | | | | | | | | | | | |

表5－8 规程分析表样式(第二阶段)

| 手册标志号 | 规定动作说明 | 可能发生的其他动作 | 其他动作的潜在影响 | 避免其他动作的措施 | 避免其他动作影响的措施 | 警告和注意事项 | 备注 |
|---|---|---|---|---|---|---|---|
| | | | | | | | |

意外事件分析是对可能演变为事故的使用情况和防止事故发生的方法进行研究,并给出设计更改建议或操作规程修改建议。意外事件分析采用的表格样式如表5－9所示。

表5－9 意外事件分析表样式

| 意外事件可能导致的有害事故 | 意外事件描述 | 意外事件可能的原因 | 意外事件发生的标志 | 检查意外事件发生的方法 | 防止意外事件演变成有害事故的措施 | 检验意外事件已被控制的方法 | 预防措施 | 备注 |
|---|---|---|---|---|---|---|---|---|
| | | | | | | | | |

#### 5.2.5.2 典型装备使用和保障危险分析示例

某自行榴弹炮研制中,开展了装弹和发射的规程分析,分析结果如表5－10所示。同时开展了意外事件分析,分析结果如表5－11所示。

表 5-10 某自行榴弹炮装弹和发射的规程分析

| 手册标志号 | 规定动作说明 | 可能发生的其他动作 | 其他动作的潜在影响 | 避免其他动作的措施 | 避免其他动作影响的措施 | 警告和注意事项 | 备注 |
|---|---|---|---|---|---|---|---|
| 4.20a | 查明炮弹干净、引信完好并且完全到位 | 略 | 略 | 略 | 略 | 略 | 略 |
| 4.20b | 明确在炮膛内没有障碍或燃烧的发射药，在每一发射击之前就要进行检查，并洗净擦干炮膛，以确保在炮膛内没有燃烧的发射药 | 指定的炮手未能观察炮膛，因此没有察觉到障碍物或除去它 | 如果炮膛内有障碍物，点火后一发炮弹的燃气会导致膛内早炸 | 采用另一个炮手检查炮膛的"两人方案"。检查完后应喊出"炮膛干净" | 没有避免误伤其他的可能办法 | 说明书中包括适当的警告 | 应该命令炮手按正确规程工作，并告之不允许出现任何偏差。还要进行大量的练习，组长应当观察炮手的动作，确保其遵循规程，若出任何偏差，立即纠正 |
| 4.20c | 检查火炮的击发机构，看看先前点火使用的火帽是否已经除去 | 炮手未能进行检查 | 没有安全影响 | 在打开炮闩时使火帽壳自动弹出 | 什么也不需要 | 1. 假如火帽还没有甩掉，或弹壳还没有采取有关警告或注释； 2. 假如先前一发炮弹的火帽还没有甩掉的火帽在没有采取措施之前，在一定的"瞎炮"处理措施之前，决不能打开炮栓 | 可以取消在建议指令中的外加击发机构"观察火炮先击发"。假如火帽已经甩掉，用的火帽已经去掉，或弹壳已去掉，则规程里不包括有关采取行动的指令 |
| 4.20d | 把密封圈从炮弹上除去 | 炮手未能把密封圈除去 | 炮弹未能插入或没有就位，所以没有放入发射药的空间，没有安全影响 | 良好的培训，广泛的实践和密切的监视 | 什么也不需要 | 无 | 无 |

124

续表

| 手册标志号 | 规定动作说明 | 可能发生的其他动作 | 其他动作的潜在影响 | 避免其他动作的措施 | 避免其他动作影响的措施 | 警告和注意事项 | 备注 |
|---|---|---|---|---|---|---|---|
| 4.20e | 把装上引信的炮弹填入炮膛并把它完全压入弹膛 | 1. 炮手未能把炮弹装入炮膛；2. 炮手未能把炮弹装入弹膛，所以没有把它挤入锥内 | 1. 假如没有在炮弹时进行击发，击发将会发热；2. 很可能导致误伤弹 | 良好的培训，广泛的实践和密切的监视 | 除了炮手在完成动作后呼喊，没有可行的办法 | 无 | 根据对这种类型武器的意见，当这种角度下不带弹射击时，将发生灾难性事故，杀伤炮组人员 |
| 4.20f | 从发射药中拆去点火器防护帽，然后把发射药装入火炮膛内，让点火器（红帽的）朝向炮闩 | 略 | 略 | 略 | 略 | 无 | 无 |

125

表 5—11  某自行榴弹炮的意外事件分析

| 意外事件可能导致的有害事故 | 意外事件描述 | 意外事件可能的原因 | 意外事件发生的标志 | 检查意外事件发生的方法 | 防止意外事件演变成有害事故的措施 | 检验意外事件已被控制的方法 | 预防措施 | 备注 |
|---|---|---|---|---|---|---|---|---|
| 由于延迟发射而造成反弹延迟，导致炮组人员受伤或死亡 | 由于迟发可能未能发射。假如炮手走过去打开炮闩，点燃发射药，就可能被反坐力伤害或死亡 | 1. 发射药过敏；2. 不合格的火帽；3. 未能除去点火器防护帽 | 火炮没有发射 | 采用两次发射武器的尝试。1. 在每次发射尝试之后，停留 2 min；2. 除去火帽进行检查；3. 假如火帽已经击发，插上一个新的，再试验一次；4. 假如火帽没有击发，更换火帽或发射机械结构部件 | 1. 除组长和第 1 号炮手之外，使所有工作人员疏散；2. 站离反坐力作用区域；3. 假如整发炮弹有 6 min 内没有击发，应取出，使所有工作人员疏散，远离武器，并通知保障人员 | 把发射药和炮弹从武器中取出 | 所有击发失败都应视为迟发，按照这种概念经过一段时间潜伏后，武器将发射 | 请见规程分析中有关发射可能失败出现的情况分析 |
| 当炮闩解锁打开时由于冲击，致使炮组人员受伤或死亡 | 由于迟发可能未发射，若炮闩被解锁打开发射药被点燃，就可能产生炮尾风，使炮尾部的人员受伤或死亡 | 同上 | 同上 | 同上 | 无 | 无 | 无 | |

## 5.3 安全性设计

### 5.3.1 安全性设计的一般要求

安全性设计是通过各种设计活动来消除和控制各种危险,防止所设计的系统在研制、生产和使用保障过程中发生导致人员伤亡和设备损坏的各种意外事故。为了全面提高武器系统的安全性,在运用各种危险分析技术来识别和分析各种危险、确定各种潜在危险对系统的安全性影响的同时,系统设计人员必须在设计中采取各种有效措施来保证所设计的系统具有要求的安全性。安全性设计是保证系统满足规定的安全性要求最关键和最有效的措施,它包括进行消除和降低危险的设计,在设计中采用安全和告警装置以及编制专用规程与培训教材等活动。

安全性设计是指设计人员在安全性分析的基础上,即在运用各种危险分析技术来识别和分析各种危险、确定各种潜在危险对系统的安全性影响的基础上,通过各种设计活动来控制和消除各种危险,提高装备的安全性。

在系统研制的初期,在参考有关标准、规范、条例、设计手册、安全性设计检查单及其他设计指南对设计的适用性之后,需制定安全性设计要求。安全性设计的一般要求如下:

(1) 通过设计(包括器材选择和代用)消除已判定的危险或减少有关的风险。

(2) 危险的物质、零部件及其操作应与其他活动、区域、人员和不相容的器材相隔离。

(3) 设备的位置安排应使工作人员在操作、保养、维护、修理或调整过程中,尽量避免危险(例如危险的火工品、高压电、电磁辐射、切削锋口或尖锐部分等)。

(4) 尽量减少恶劣环境条件(例如高温、压力、噪声、毒性、加速度、振动和有害射线等)所导致的危险。

(5) 系统设计时应尽量减少在系统的使用和保障中人为差错所导致的危险。

(6) 为把不能消除的危险所形成的风险降到最低限度,应考虑采取补偿措施,这类措施包括联锁、冗余、防护设备、防护规程等。

(7) 采取机械隔离或屏蔽的方法保护冗余分系统的电源、控制装置和关键零部件。

(8) 当不能通过设计消除危险时,应在装配、使用、维护和修理说明书中给出警告和注意事项,并在危险零部件、器材、设备和设施上标出醒目的标记,以便人员、设备得到保护。

(9) 应尽量减轻事故中人员的伤害和设备的损坏。

(10) 尽量设计由软件控制或检测的功能,以尽可能减少危险事件或事故的发生。

(11) 对设计准则进行评审,找出对安全性考虑不充分或限制过多的准则,根据分析或试验数据,推荐新的设计准则。

### 5.3.2 安全性设计措施的优先顺序

在设计中未满足安全性要求或未能纠正已判定的危险,应按以下优先顺序采取措施:

(1) 最小风险设计。

首先要在设计上消除危险,若不能消除已判定的危险,应通过设计方案的选择将其风险降低到订购方规定的可接受水平。

(2)采用安全装置。

若不能通过设计消除已判定的危险或者通过设计方案选择不能充分降低其有关风险,则应通过采用永久性的、自动的或其他装置,使风险降低到可以接受的水平。在条件允许的情况下,应规定对安全装置作定期的功能检查。

(3)采用告警装置。

若设计和安全装置都不能有效地消除已判定的危险,或者不能充分降低其有关风险,则应采用告警装置来检测危险状态,并向有关人员发出适当的告警信号。告警装置的设计应使有关人员对告警信号作出错误反应的可能性最小,而且在同类系统内实现标准化。

(4)制定专用规程和进行培训。

若通过设计方案选择不能消除危险,或采用安全装置和告警装置不能充分降低其有关风险,则应制定专用的规程和进行培训。对严重性等级为Ⅰ或Ⅱ级的危险绝不能仅使用告警、注意事项或其他形式的提醒作为唯一的降低风险的方法。专用规程应包括人员防护设备的使用方法。安全性关键的工作项目和活动视情况要求考核人员的熟练程度。

### 5.3.3 防错、容错及故障保险设计

(1)防错、容错设计。

武器系统中的防错、容错设计主要用于装备的安全系统,防止装备的装配、试验、使用操作过程中人为差错而造成安全事故。防错、容错设计没有固定的成套方法,根据系统的具体结构要求和实际经验而定。人为差错率的预测也没有成熟的方法,一般根据经验和统计数据进行工程判断。人为差错率大的进行必要的防错、容错设计,差错率很小的就不一定进行防错、容错设计,用加强检测来保证。下面以弹药为例,简述防错、容错设计的几点内容。

①弹药系统装配防错、容错设计。

弹药系统装配过程中可能发生漏装、错装、重装、反装零部件等错误。有的错误可能严重影响其安全性或作用可靠性,如漏装雷管或击针则引信必然瞎火;漏装保险件,特别是隔爆件的保险件或隔爆件,则可能发生安全事故。因此,在《引信安全性设计准则》(GJB 373—2019)中,对于弹药系统中的引信爆炸序列的隔爆要求,规定如果起爆元件的设置使得引信的安全性依靠隔爆件的存在来保证,则引信的设计应采取有效的措施,防止在隔爆件放置不正确的情况下将引信装配成危险品。这就要求引信设计时必须有防止漏装或错装保险件的可靠性措施,也就是明确规定了一条防错设计的要求,实现的方法一般是从尺寸、形状、结构设计上保证,若装错了就装不进去,漏装了就不可能进行下一步装配等。这样就可能避免装出危险的成品。

②弹药系统装定防错、容错设计。

弹药系统装定时也可能发生错误,如钟表或药盘时间引信中时间刻度分画的装定。零装定是不允许的(有危险),有明显的防止零装定的指示信号也不行,必须设计零装定保护器。有些装定错误虽不致引起安全性事故,但必要时也应进行防错、容错设计,避免或减少装出危险的成品。

对于插入式装配,最好在弹的径向不要求有方位或角度,因此在方位上不要求引信装入弹中一定圆周位置,也就是无错装的问题。若要求有方位或角度,则设计的定位部件在两个或两个以上时一定不要对称,但形状或大小也要不一样,使之不可能在圆周位置上错装。

对于螺纹连接式装配,在弹径圆周方位不能要求定位或角度,否则容易装错。轴向要有定

位要求,应设计定位基准(如台肩、定位面等)。装不到位也是一种错装,应设计显示到位的指示器,或到位后的定位器。

安全系统的错装,如漏装保险件等,由于给安全可能带来严重问题,虽有防止漏装或错装的设计,但为保险可靠,设计时应考虑在装弹前后显示是否解除了保险的指示器,它也可显示因漏装保险件而解除保险的情况。

(2) 故障保险设计。

故障保险的设计,随不同弹药、不同原理、不同结构的装备而异,没有统一的规定方法。其要求主要是确实可靠,其可靠度也应较高,具体数量随故障发生的概率而变。例如《引信安全性设计准则》中关于"故障保险设计"的规定是引信根据其对系统要求的适应性,应考虑含有故障保险设计特性。按《引信术语、符号》(GJB 375—87)中对"故障保险特性"的定义是,当保险作用失效时引信系统或其部件使弹药不能爆炸或作用的特性。

下面仅就坦克炮弹引信的故障保险特性示例说明:一般反坦克炮射击时炮口离地面很近,容易使膛内吸入异物造成发射的卡滞,影响膛内安全。如苏联 ДЪР—2 引信,设置了一个下卡管,当膛内弹丸受阻减速时,下卡管上移挡住离心销外移,使引信不得解除保险,保证了膛内安全。出炮口后在后效期下卡管在弹簧作用下下移释放离心销,离心力使之解除保险。这种下卡管即具有故障保险作用。

### 5.3.4 冗余保险设计

冗余保险设计主要是在弹药中应用较多,下面以引信为例描述冗余保险设计。

在《引信安全性设计准则》中对引信安全系统的定义为:在引信内,用来防止引信在感受到预定的发射环境并完成延期保险解除之前解除保险(启动)和作用的各种装置(如环境敏感装置、发射动作敏感装置、指令作用装置、可动关键件或逻辑网络,以及传火序列的隔火件或传爆序列的隔爆件)的组合。同时对安全系统的失效率也做了明确规定:"在预定的解除保险程序开始前:防止引信解除保险(启动)或不论是否解除保险(启动)而作用的失效率为百万分之一;出炮口前(身管发射的弹药):防止引信解除保险(启动)的失效率为万分之一,防止引信作用的失效率为百万分之一;从解除保险程序开始或从炮口(若为身管发射)到安全距离之间:防止引信解除保险(启动)的失效率为千分之一。在此期间引信的作用率应尽可能低,并与弹药过早作用的危害的可接受水平相一致。"对引信的安全系统失效率要求一般要达到万分之一甚至百万分之一,如此低的失效率对采用单保险的隔爆机构是很难达到的,因为单保险的隔爆机构失效率的数量级一般在 $10^{-5} \sim 10^{-3}$。一般对隔爆件要求采用冗余保险机构,在《引信安全设计准则》中对引信安全系统的冗余保险规定:"引信安全系统应至少包括两个独立保险件,其中每一个都应能防止引信意外解除保险(启动)。启动至少两个保险件的激励应从不同的环境中获得。引信的设计应尽量避免利用在发射周期开始之前引信受到的环境和环境激励水平。这些保险件中,至少有一个应依靠感觉发射周期内开始运动后的环境而工作,或依靠感觉发射后的环境而工作。如果启动发射的动作所产生的信号能够使弹药不可逆地完成发射周期,那么这个动作可以看成是一种环境。"

启动两个保险件的激励可认为是后坐力、离心力、爬行力、哥氏力、空气阻力、气压或水压等,但两个以上的保险件的激励必须是从不同环境中获得的,例如离心力与后坐力、后坐力与爬行力、空气阻力与后坐力等。因此,对隔爆件(回转板、滑块、转子等)应用不同激励下的两个独立保险件机械地直接锁定在保险位置上,这些保险件在发射之前均不能移动。冗余保险的隔爆机构在引信中比较多见,如图5—21所示,隔爆件有两个独立的保险机构,其中一个为离心保险机构,另一个为惯性保险机构,这两个保险机构的激励是从不同环境中获得的。研究冗余保险的隔爆机构的可靠性应从安全性和作用可靠性考虑,从安全性角度考虑离心保险机构与惯性保险机构,只要其中一个不失效(起保险作用),则隔爆件处于安全位置,隔爆机构能起隔爆作用,所以它们的逻辑关系为并联关系,其安全性框图如图5—22所示。

冗余保险机构总的失效概率计算如式(5—16)所示:

$$F = F_{离} \times F_{惯} \tag{5-16}$$

式中:$F$——冗余保险机构总的失效概率;

$F_{离}$——离心保险机构的失效概率;

$F_{惯}$——惯性保险机构的失效概率。

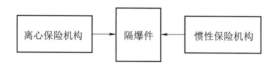

图5—21　具有冗余保险的功能框图

图5—22　冗余保险机构安全性框图

### 5.3.5　能量控制设计

在研究安全性的问题时,基于任何事故影响的大小直接与所含能量有直接关系的原理,提出了通过控制能量来确保安全的方案。此外事故造成人员伤亡和设备损坏的严重程度随着失控能量的转移或转换大小而变化。

安全性设计必须对具体的系统进行分析,确定可能发生能量失控释放的地方,即可能产生最大人员伤亡、设备损坏和财产损失的危险;考虑防止能量转移或转换过程失控的方法,及尽量减少不利影响的方法。这是设计一个安全系统必须作出的最大努力。

### 5.3.6　安全性设计准则

控制所有可能出现的危险是提高装备的安全性水平的重要途径。由于装备类型很多,所以从控制热、压力、振动、加速度、噪声、辐射、着火及爆炸、电击、静电、毒性这10种常见的危险出发,提出装备设计人员在设计时必须遵循的安全性设计准则。

#### 5.3.6.1　通用设计准则

(1)元器件或零件应对诸如温度、压力、电压、电流和功率等参数进行适当降额。

(2)应提供适当的密封以防止外来物的进入。

(3)应考虑热应力及不同的热膨胀的影响。

(4)应采取措施限制安装在减振器上的设备的运动。
(5)设备应有适当的冷却或通风以散逸内部的热,并防止临近设备之间的过热影响。
(6)应采取措施防止过行程引起的卡死或零件破裂而造成的危险。
(7)最轻重量的设计应满足强度、可靠性和安全性的要求。
(8)初步设计评审提出的所有安全性问题都应得到解决。
(9)应采取措施降低在 FMECA 中确定的灾难性故障模式的发生概率。
(10)应采用故障—安全设计特性来防止可能造成灾难性事故的故障。
(11)应采用防错设计来防止由于操作错误导致出现的各种危险。
(12)在可能的情况下应防止二次故障。
(13)设备本身应是故障安全的。
(14)应使可能造成灾难性故障的零部件数减少到最低限度。
(15)设备的安全标志应处于可见的位置。

### 5.3.6.2 耐热设计准则

随着装备设计的进展,对系统和分系统的各个部件进行热分析,防止过热带来的危险。在这种连续分析的过程中,确定各部件之间的热交互作用。如果人员或设备所受的热特性的影响是不可接受的,就应修改设计以便改善热状态。如果由于性能、制造、进度或经费的限制而不能修改设计,可采用下述准则对人员和设备进行保护:

(1)在设备和人员之间设置隔热层或热辐射屏蔽。
(2)如果上述措施还不够,就要准备防护服装(即带隔热层和防辐射层的服装)。
(3)凡必须与人员接触的结构或部件,应按照防止或加速热流的要求规定采用低或高导热性的材料制造。
(4)如果没有实用的方法来控制较高的环境温度,可设置冷却设备,如致冷机。
(5)如果没有实用的方法来控制低温环境,可设置加热设备。
(6)如果设备必须在变化范围较大的环境温度下安全工作,在设备设计中采用伸缩接头,并(或)规定部件的结构表面采用热膨胀系数相同的材料制造,同时应考虑这些措施对整个系统的影响。
(7)零部件设计所选用材料的热强度特性应比预期的热环境高得多。如果对热环境无法作出准确的预测,则应采用较大的热安全系数(如果热环境的估计值与外场使用试验过的设备和条件相差较大,则应提高温度的规定值,比最高工作温度的估计值高出 25%~50%)。
(8)为了能经受热环境,在设计中应采用经过外场试验并经订购方认可的润滑系统和润滑剂。
(9)如果系统中存在热敏危险材料,应确保发热元件的传热途径与危险材料位置尽可能远地隔开。
(10)如果设备性能受温度变化的影响较大,如光学瞄准装置,则应在设备内装有热补偿器件。
(11)由发动机驱动的运载器或其他设备应对工作温度采取监控措施。
(12)当结温超过 90 ℃时应避免采用锗半导体。
(13)当结温超过 180 ℃时应避免采用硅半导体。

### 5.3.6.3 耐压力设计准则

针对装备中有关液压及气压系统较多的情况,主要给出压力系统设计共用的安全性设计准则。

(1)需要由操作人员操作的压力系统设计的最低安全系数(材料的极限强度与许用应力之比)不得小于4.0。

(2)如果需要少量人员接近增压容器,则其最低安全系数(设计爆破压力或发生残余变形的压力与最大预期工作压力之比)为2.0。如果安全系数小于2.0,则应对容器的增压进行遥控,增压后人员不得接近。

(3)压力系统的管路、导管、接头和阀等其他部件的最低可接受的安全系数(设计爆破压力与最大预期工作压力之比)为4.0。

(4)在每种流体系统中应装有过滤器,以便防止加注过程中或工作和储存期间各种颗粒状物质引入系统中,保护那些安全性关键的部件。

(5)在可能由颗粒状物质污染造成堵塞、故障或其他有害影响而损坏或失效的关键产品前端最近的位置应装设过滤器。

(6)如果错误连接可能造成故障,则线路和连接器的设计应保证两种不同线路之间不可能进行交叉连接。

(7)应采用下述最合适的一种或几种组合的设备或方法进行过压保护:
①直接作用式弹簧安全阀或安全减压阀;
②间接作用式安全阀或安全减压阀,例如液压控制动作阀;
③安全隔膜;
④直接或间接通大气的流路或通气管。

(8)为了使提供的压力低于压力源压力,装有减压和调压设备的系统应遵循以下准则:
①设计成能经受整个系统的全部压力并在全压下工作。
②如果全压力是有害的或危险的,则在减压和调压设备的后端应装设安全阀。如果安全阀的作用与减压阀的作用互为独立,则这两个阀可装在同一壳体内。安全阀前端工作压力不大于调压设备设计的最大压力的75%。

(9)如果吸热及温度增加会造成容器内或两个锁定部件之间的压力增加时,应采取措施防止压力超过设计工作压力的110%。

(10)管路应设计成使潮气或其他聚积的液体能排入蓄水器或其他易排出系统。

(11)带有可燃、有毒、窒息或腐蚀性流体的管道的铺设不应穿过密闭的乘员区。

(12)所有直接读出的压力表都应装有不碎玻璃或塑料表面和防爆栓。

(13)其安装方向对压力系统安全运行起关键影响的部件应设计成具有防止错误安装的结构形式,例如采用尺寸不同的连接器、定位销或定位键以及不对称的设计。

(14)所有金属管道都应采取耐膨胀和收缩的措施。为此设计的半环只应在一个平面内运动以免产生任何扭转,除了采用伸缩接头还应避免直线连接。伸缩接头还应具有下列特性:
①设置支承点以消除互连设备上的应力;
②使运动指向伸缩接头的导轨;
③用支架防止伸缩接头的重量压弯管道。

(15)管道应在显著位置上作永久性标记,指明其功能和流动方向。记号应位于密闭舱的管道入口及出口处,为了便于跟踪检查,应每隔一段距离就重复标记一次。

(16)可能承受高压的压力容器及管道应设置减压阀、排泄口或安全隔膜,这种减压阀、排泄口或安全隔膜的动作压力应小于可能造成损坏的压力。

(17)除非操作人员采取措施,否则其故障将导致事故发生的关键液压系统应在显著位置上设置警告灯,以便向操作人员发出告警信号。

(18)液压管道应位于电气管道、热管道或由于液压管道泄漏可能导致着火的其他管道之下。

(19)各种软管应采取防擦伤、扭转或其他损坏的措施。

(20)在液压及气压系统的所有关键点应提供充分的波动阻尼,以防止来自快速打开和关闭活门、加在气缸的外部载荷、泵压力脉动和限制流量的反压力等产生的灾难性压力脉动或疲劳压力脉动。

(21)在可行的情况下,应降低液压管路及部件的压力,以便减少液压系统疲劳的影响。

(22)如果可能,应避免采用往复活门。如果必须采用这种活门,活门设计应确保在中间位置不会卡死。

(23)液压及气压系统设计应采用非旁通型过滤器,以便在滤芯两端可经受系统全压力而不发生故障,并应采用相同的泵压力过滤器、泵上过滤器和回油(气)路过滤器。

(24)液压及气压系统应装有污染指示器,指示器设计应防止由于压力波动产生的误指示。

(25)液压及气压系统的管路铺设及安装应使得热胀、冷缩及结构变形在连接处不产生大的应力。

(26)压力敏感设备应能经受最大压力波动的影响,或者采取压力波动保护措施。

### 5.3.6.4 减振设计准则

振动危险包括影响人员安全的振动危险和使设备故障的振动危险。为消除、减少或控制振动危险,设计人员应遵循下列安全性准则:

(1)只要有可能就应采用静态零部件(如电子设备中的固态器件)。

(2)电气零部件(如变压器)的磁感应振动应小于或等于设备设计的最大允许振动。

(3)操作人员使用的控制设备的设计在预期的振动环境下应能满意地完成其全部功能。

(4)机械装置的组件应设计成零部件不必进行对准。如果做不到,就应从设计上保证能实现最有利的对准程序,并以清晰、具体的语言说明对准要求。

(5)所有旋转装置应进行动平衡,在技术规范中应说明平衡要求的极限值。

(6)减振安装架的设计:

①将支承面与产生振动的设备隔离;

②将敏感的设备与产生振动的设备隔离。

(7)考虑振动设备刚性安装的优点,并通过现实的试验要求来确定从设计上解决振动问题的方法。

(8)军用系统选用的轴承应100%经过试验,以满足技术规范的要求。应根据预期的用途、预定的环境和对完成任务的关键性来规定设备允许的振动程度。

(9)如果振动环境超过了人对振动的耐受极限,应给操作人员的座椅加装阻尼的减振安装架。

(10)如果操作人员必须长时间(每次超过几分钟)握住有振动的控制器,应给控制器加装泡沫塑料之类的隔振层以消除振动。

(11) 保证机械设备设计的质量分布不构成悬臂梁,因为悬臂梁受到内部和外部激励时易发生自由振动。

(12) 流体管道应牢固地支承和紧固,以便在运行时不产生振动。

(13) 安全性关键部件的螺栓及其紧固件应采取紧固以防止零件间的运动,并保证螺栓在振动环境下不松动。

(14) 产品的金属件经振动后应不会造成晶状结构改变且不产生金属疲劳。

(15) 采用蓄压器或其他保护设备应能避免液压系统中快速流动的液体产生水击作用。

#### 5.3.6.5 抗加速度和抗冲击设计准则

为防止因加速度、减速度或机械冲击产生的危险,设计人员应遵循下列安全性设计准则:

(1) 明确定义可预见到的有关设备、操作人员和非操作人员可能承受的机械冲击情况。

(2) 确定部件(装置、组件或个别零件)在正常或不正常情况下会以什么样的方式(在什么样的事件中)成为加速过程的一部分。

(3) 确定分系统采用的材料、形状和安装座,使得当出现上一条规定的事件时,受损坏或损伤的可能性最小。

(4) 操作人员与设备某部分可能相撞的部位,应考虑填塞衬垫以减少危险。

(5) 应使用防护罩、限动带或其他的操作人员限动吊带装置,使操作人员的身体和携带物在可预见的情况下与危险区域隔开。

(6) 结构件应设计成能承受突然撞击、停机或动态载荷产生的过载。

(7) 底板应采用弹簧或其他减振器,以免底板因加速度或减速度影响而断裂。

#### 5.3.6.6 防噪声设计准则

为了消除、减少或控制人员所承受的噪声危险,设计人员应遵循下述安全性设计准则:

(1) 对设计方案进行评审,确定最可能的噪声源。

(2) 根据相似设备的外场数据,确定现有的设备可能产生的声级和频率范围。

(3) 提供有关设计特性(包括旋转设备时允许的不平衡度的规定值),使产生的振动噪声保持在可接受的极限值之内。

(4) 如果预期噪声将不可避免地超过允许的水平时,应设计隔音罩、隔音壁和隔音垫等来控制将传至操作人员的噪声。

(5) 隔音壁和隔音挡板的设计应采用铅或其他软材料和公认的吸音设计方案,这类材料的使用不应造成严重的设计问题。

(6) 如果由于性能要求或军事上的需要而不可能使噪声降低到可接受的水平,则应给操作人员配备听力保护装置。

(7) 在为确定设计方案的音强而进行试验的过程中,应使用明显的警告标志。在设计上,这些标志应设在不满足噪声水平要求的无听力保护的设备上。

#### 5.3.6.7 防辐射设计准则

辐射包括电离辐射(如 X 射线、Y 射线等)和非电离辐射(红外辐射和微波辐射等)。为避免辐射危险,设计人员应遵循下列安全性设计准则:

(1) 在研制计划一开始鉴别辐射型危险时,应确定在符合军用性能要求下,哪一种危险源可以消除或降低其危险严重性,或者通过另一种设计方案可以消除危险源或降低其危险严重性。

(2)对于所有电激励的辐射装置来说,应确保主操作员和指挥员的控制台上装设可靠的装置来控制辐射的输出(如通/断、低/高能控制装置)和各种辐射特性(如频率和扫描)。在诸如激光器等的某些设计中,控制台必须装有键锁。

(3)应确保电离辐射放射性同位素按照有关规定进行标志、储存,在设备上安装、操作和处置。

(4)应提供当设备产生辐射时能动作的被动式警告标志和主动式警告装置(同时产生音响和目视信号),除非出于军事目的由使用方批准后才可不安装。

(5)对激发诸如超高能激光器之类的非常危险的辐射装置和为拆除辐射量超过人体安全辐射极限的放射性同位素的运输防护装置,应采用遥控操作方式,编制的计时程序应与遥控能力相一致。

(6)产生高强度微波射线的产品应采取防护措施,限制人员进入有害人体健康的辐射区。

(7)所采用的设计技术和材料应与设备寿命周期的整个范围(包括设备每个部件工作、试验和修理环境)相一致,除了主要的作战任务和演习计划,还应考虑和平时期的使用和训练环境,做到:

①不采用易燃材料或受高能粒子轰击后可能成为放射性的材料;

②设计应具有耐久的安全特性,使设备在经过训练、试验和修理的多次循环后其安全特性仍保持有效;

③在光学辐射器上安装护眼用的自动滤光器,以减少对操作人员自我保护动作的依赖性;

④在标牌上标示激光器、微波发射器、X射线和放射性同位素等设备所发射出的辐射类型的特性,以便能正确地选择防护眼镜、防护服和其他防护设备。

### 5.3.6.8 防火及防爆设计准则

火和弹药都是一种危险源,许多军用标准及规范都规定了防火和防爆设计要求,下面是设计人员必须遵循的有关防火防爆的安全性设计准则:

(1)应降低发动机的排气温度以免引起可燃气体着火。

(2)在可燃环境中工作的发动机排气口处应使用火花消除器。

(3)设备或材料不应释放出可能形成可燃的气体。

(4)如果存在构成火灾和(或)爆炸危险的物质,则应将这些物质和热源隔开,使用火花消除器,设有合适的通风口和排泄口,必要时还应采取其他防火措施。

(5)当设备在含有爆炸性气体混合物的环境中使用时,设备应不会引燃这类爆炸性气体混合物。

(6)采用保险丝和断路器来防止电路过热。

(7)根据设备的工作环境,在设备上应设计搭接线和接地线。

(8)设备上使用的材料应是耐火的,并尽可能满足军用性能要求。

(9)应对所有点火源进行分析以确定潜在的危险源。

(10)产品中的可燃性材料应采取防护措施以确保材料安全地储存及分配。

(11)燃油箱应置于产品中合适的位置,使得产品受撞击后不会受损坏而导致泄漏;当产品倒置时,燃油箱泄漏不会溅到发热的表面上。

(12)产品内应设有监控及告警设备以便指出着火或者会导致着火的条件。

(13)对热、电磁波、辐射、机械冲击、电流、静电、电火花、电弧或其他点火方式敏感的爆炸物应采取有效的防护措施。

(14)当产品中具有液化气体的容器时,应防止该容器可能泄漏到密闭的空间而形成爆炸性混合物。

### 5.3.6.9 防电击设计准则

应采取下述防护措施以防电击伤害:

(1)电压(均方根值或直流)大于 30 V,小于或等于 70 V 时:

①在整个设备正常工作期间和当更换保险丝和电子管时,要防止意外接触;

②应能从电容器电路自动放电,以便在 2 s 内放电到 30 V 以下的电压。

(2)电压大于 70 V 小于或等于 500 V 时:

①在此电压范围内的所有触点、接线端和类似装置应设有挡板或防护罩,挡板或防护罩应标有"一旦拆除就可能碰上高压电"的标志;

②如果不满足上一项预防措施要求时,主要装置的隔舱舱门、盖板应装有联锁装置,在打开此联锁装置时能切除外露接头上的所有大于 70 V 的电压,联锁装置可以是旁路型或者是非旁路型的;

③在 2 s 内放电达不到 30 V 以下电压的电容器电路或装置,其入口应是联锁的,或装有合适的接地棒和接地线;

④当设备在工作和维修时,使用电压超过 300 V 峰值可能要求测量此电压,为此,设备应设置测试点,使所有高电压能够在较低的电压级上测量;

⑤电压绝不超过 500 V 峰值(相对接地而言);

⑥在设备说明书或维修手册中应详细规定在设备测试点上测量电压的方法。

(3)电压大于 500 V 时:

①除非在 500 V 以上电压下工作的组件或设备本身完全密封外,在 500 V 以上工作的设备的舱门、盖板应设置非旁路型的联锁装置;

②在 500 V 以上的电压下工作的全封闭组件或装置,如果安装在设备上后还能打开,则应单独联锁;

③在 2 s 内放电达不到 30 V 以下电压的电容器电路或装置,其入口应是非旁路型联锁的或装有合适的接地棒和接地线;

④在此电压范围工作的全部触点、接头和类似装置及其入口应清晰地标出"高压危险(最高可用电压×××伏)",标志应具有所标设备的正常使用年限,并应尽可能靠近危险点的地方,此要求是针对设备接线提出的,不适用于设备内的个别接线点;

⑤无其他入口的封装高压组件无须采用联锁来防止电击伤害;

⑥采取其他措施确保在电缆断开之前切断供电;

⑦小尺寸的连接器不能采用联锁装置;

⑧电缆连接器绝不应设计成在断开过程中使导体外露,例如,一条延长导线应装有隐蔽式内孔插针。

### 5.3.6.10 防静电设计准则

静电放电可能造成设备和电气、电子元器件损坏,使系统产生危险,下面给出防静电设计的一般准则：

(1) 采用 MOS(金属半场效晶体管)保护电路改进技术，如增大二极管尺寸、采用双极型二极管、增加串联电阻和利用分布式网络等。

(2) 元器件和混合电路设计应避免在连接到外管脚的金属引线下穿接(集成电路互联)。

(3) MOS 保护电路设计应使保护二极管故障时不导致电路不工作。

(4) 线性 IC 电容器应并联一个具有低击穿电压的 PN 结。

(5) 双极型器件设计应避免在静电放电下在 PN 结耗尽区出现高瞬态能量密度。对于关键元件应采用串联电阻来限制静电放电电流或利用并联元件分流。

(6) 晶体管可通过增大与基极接点临近的发射极参数来提高防静电放电保护能力。

(7) 元器件的接点边缘和结之间的距离应大于或等于 $70\ \mu m$(双极型器件)。

(8) 元器件和混合电路管脚布置应避免把关键的静电放电通路设置在边角管脚上，因为边角管脚易受静电放电的影响。

(9) 在可能的情况下，元器件和混合电路设计应避免金属化跨接区。

(10) 在可能的情况下，元器件和混合电路设计应避免寄生 MOS 电容。

(11) 应通过限制输出电流来消除 CMOS(互补金属氧化物半导体)中的闭锁现象，但模拟开关例外。

(12) 在每个输入端增加外部串联电阻可对 MOS 进行附加保护。

(13) 在可能的情况下，应采用由大电阻和大电容(至少 100 pF)组成的 RC(电阻—电容)网络作为双极型器件的输入，以减少静电放电的影响。

(14) 安装在印制电路板上的敏感元器件的引线，如果不连接串联电阻、分流器、限位电路或其他保护电路，不应直接与连接器相连接。

(15) 装有键盘、控制板、手动控制器或键锁的系统的设计，应使操作人员产生的静电直接逸散到基板，绕过对静电敏感的元器件。

(16) 诸如 MOS 之类对静电放电敏感的器件应采用各种保护网络，以便使在栅氧化膜(gate oxide)两端的电压低于介质击穿电压而不影响器件的电气性能。

### 5.3.6.11 防毒设计准则

毒性只对人员构成危险。当毒性存在于某系统时，系统的设计应遵循下列安全性设计准则：

(1) 计划用于新设计的材料应具有其毒性特性的最新信息。

(2) 在设备的设计中，在满足设备使用任务要求的同时，应使用对操作人员产生毒性危险最小的材料。

(3) 在可能的情况下，设备设计应带有配套的过滤系统，以保护操作人员免受设备工作所产生的毒性危险。

(4) 诸如坦克、自行火炮和导弹发射器之类的具有密闭操作室的装备，应具有关闭空气口的能力。

(5) 应向负责编写培训资料和使用与维修手册的人员提供完整的有关系统的毒性特性的信息。

(6) 装有毒性材料的容器应有告警标志，以警告这种材料与其他材料混合可能产生有害健康的物质。

(7) 新研制的材料应进行试验以便确定其是否具有毒性、毒性的严重程度及影响范围，并提出解毒的方法。

(8)毒性气体应具有味觉告警,或加入添味剂以便对毒性气体泄漏发出警告。

(9)毒性气体应规定其门限值、应急暴露限制,并在告警标志上注明这些限制信息。

(10)在密闭空间内具有危险的毒性材料,应在告警标志上说明并指出安全使用的条件。

### 5.3.7 典型装备安全性设计与分析示例

本示例是针对一项现代战斗机 MF1 改型计划所进行的系统安全性分析,说明在重大武器系统改型时如何开展系统安全性分析工作,可为新系统研制和重大系统改型中开展系统安全性分析工作提供参考(文中 MF1 不是真实的型号名称)。

MF1A 计划是 MF1 飞机的改型,它是一项先进战斗机技术验证机计划,其目的是把一套先进设计技术和经验综合到 MF1 飞机中,改型为 MF1A 飞机,以提高空对空和空对地的作战效能与生存性。改型中应用到 MF1A 飞机上的主要技术有:先进的数字式飞行控制系统、先进的综合飞行和火力控制系统、先进的武器投放系统、气动力优化和先进的驾驶舱系统。

#### 5.3.7.1 初步危险分析

由承制方进行初步危险分析,以初步确定这种改型的危险及其对人员和设备的影响,并评价这些危险的风险,提出消除或控制这些危险的建议。

在 MF1 飞机改型的初步危险分析中,对进气道及鸭式翼、液压系统、数字式飞行控制系统、驾驶舱、航空电子设备、环控系统、电气系统、燃油系统及飞机背部整流罩等进行了分析。此外,对于 MF1A 飞机特有的使用性能,对订购方提供的设备的需求条件也包括在初步危险分析中。表 5-12 为 MF1A 飞机初步危险分析部分示例,在该表中列出了 5 项与进气道和鸭式翼有关的危险,说明了各种危险的影响,并列出了危险的等级、危险的控制措施及有关注释。

在初步危险分析中所确定的危险总数为 180 个。这些危险的严重性和可能性组合的分类列于表 5-13 中。在表中画斜线的区域表示其风险指数大于或等于 12 的危险。风险指数大于或等于 12 的有 38 项,属于不可接受的危险,必须立即采取纠正措施。

在初步危险分析中,总数为 180 个危险中的 167 个危险已采取了纠正措施。这些危险的风险通过设计改进、操作规程或进一步的工作分析已消除或降低。

在初步危险分析中,未采取改进措施的危险数有 13 个,其中 9 个危险需要在飞行手册、计划检查及维修手册,或各种设备说明书中作专门说明,以便采取适当措施来控制危险。这些危险都要进一步进行使用和保障危险分析以进行跟踪和采取措施。其余的 4 个危险,由于其风险指数小于 12,因此,在初步危险分析中不要求进一步采取措施。

表 5-12 MF1A 飞机初步危险分析部分示例

| 序号 | 危险 | 阶段 | 影响 | 危险等级 | 危险控制 | 备注 |
|---|---|---|---|---|---|---|
| 3 | 鸭式翼与跑道地面的间隙太小 | 着陆 | 损坏鸭式翼,使飞机失去控制 | 严重的/不可能 Ⅱ/E | 在前起落架支柱压缩时的间隙约 18 cm;在前起落架支柱压缩而且前轮跑气时的间隙约 10 cm;可采用主起落架刹车操纵 | 正常的前起落架支柱仅在接触地面时发生压缩 |

续表

| 序号 | 危险 | 阶段 | 影响 | 危险等级 | 危险控制 | 备注 |
|---|---|---|---|---|---|---|
| 4 | 鸭式翼枢轴弯曲 | 飞行中 | 鸭式翼的定位受限制,可能与前起落架舱门产生干扰 | 严重的/极少 Ⅱ/D | 分析指出枢轴应有足够的安全裕量 | 参考"结构应力分析——鸭式翼和进气道" |
| 5 | 鸭式翼枢轴剪切 | 飞行中 | 鸭式翼损坏,可能影响飞行 | 严重的/不可能 Ⅱ/E | 分析指出枢轴应有足够的安全裕量 | 参考"结构应力分析——鸭式翼和进气道" |
| 6 | 飞机地面牵引时鸭式翼撞击牵引杆 | 地面工作 | 损坏鸭式翼或牵引设备 | 轻度的/极少 Ⅲ/D | 牵引杆连接到前轮轴,并且将不干扰鸭式翼 | 参考"操作指南,牵引与滑行"。正常牵引说明:鸭式翼的最低点比前轮轴高出3.8 cm(前起落架支柱无压缩时,鸭式翼离地23 cm,前轮轴离地19 cm),离机身侧壁约7.6 cm,而且在前轮后5.1 cm处 |
| 7 | 减少进气道面积造成发动机性能下降 | 飞行中 | 在较低质量流下进气道阻流 | 严重的/极少 Ⅱ/D | 试验数据表明比MF1有小的变化 | 参见比例进气道模型风洞试验报告 |

表5-13 初步危险分析的风险评价

| 严重性等级<br>可能性等级 | Ⅰ(灾难的)(4) | Ⅱ(严重的)(3) | Ⅲ(轻度的)(2) | Ⅳ(较微的)(1) |
|---|---|---|---|---|
| A(频繁)(6) | 0 | 0 | 0 | 0 |
| B(很可能)(5) | 0 | 1 | 0 | 0 |
| C(有时)(4) | 0 | 1 | 17 | 5 |
| D(极少)(3) | 36 | 45 | 30 | 5 |
| E(不可能)(2) | 11 | 21 | 5 | 0 |
| F(极不可能)(1) | 3 | 0 | 0 | 0 |

注:本表与表5-4危险的风险指数相比较,可能性等级分成6级,多了F(极不可能)级。危险的风险指数等于严重性等级和可能性等级的级数(括号中的数字)的乘积。不在括号中的数字是相应危险的风险指数的个数,如Ⅱ(严重的)与C(有时)危险的风险指数=3×4=12,个数只有1个。

#### 5.3.7.2 分系统危险分析

在MF1飞机改型的分系统危险分析中,转承制方对飞控计算机和作动器接口装置进行了分系统危险分析(FMEA),可为飞控系统的故障树分析提供输入数据,为了进行上述分系统危险分析,把飞控计算机和作动器接口装置电路分成62个功能块(连接器除外)。数字式电路在功能块级进行分析,而模拟电路在元器件级进行分析。在 FMEA 实施过程中,确定了功能块及元器件的故障模式、故障模式的原因、对局部电路及分系统(飞控计算机等)的影响,并计算出每个故障模式的故障率。

表 5-14 为 MF1 飞机改型的分系统危险分析。该表分析了飞控计算机数据传输装置/存储器模块的 12 MHz 时钟(15 号功能块)。此外,还对飞控计算机和作动器接口装置连接器相邻的两根插针间的短路进行了分析;并通过分析连接器插针开路,对弯曲插针进行了分析。

**表 5-14  MF1 飞机改型的分系统危险分析**

LRU 飞控计算机　　　　　　　　制表者 ×××
SRU 数据传输装置/存储器　　　审批者 ×××　　日期 ×××

| 标号 | 名称 | 功能 | 故障模式 | 故障原因 | 故障影响 局部 | 故障影响 FLOC/AIU | 故障检测 ST | 故障检测 IFIM | 故障检测 BIT | 故障率 ($\times 10^{-6}$) | 指令故障 |
|---|---|---|---|---|---|---|---|---|---|---|---|
| U152 U157 U162 | 15号功能块 | 12 MHz 时钟 | 所有 12 MHz 的时钟信号中断 | U152—8 保持高或低 U162—1、2、3、4、5、6 保持高或低 | 单路 12 MHz 及多路传输的 12 MHz 信号中断 | 多路传输的数据无效(接收及发射) RDLR 及 LDLR 数据有误 | | | √ | U152:0.7309 U162:0.1486 总数:0.8795 | 无 |
| | | | 取名 12 MHz 信号中断 | U157—3 或 4 保持高或低 U157—1 或 2 保持高或低 | RDLR 及 LDLR 不工作 | RDLR 及 LDLR 数据有误 | | | √ √ | U157:0.0885 U157:0.0855 | 无 无 |
| | | | 取名多路传输 12 MHz 信号中断 | U157—8 或 9 保持高或低 | 多路传输不工作,不接收多路传输箱数据 | 多路传输接收及发射的数据有误 | | | √ | U157:0.0885 | 无 |

注:FLOC/AIU——飞控计算机/作动器接口装置;ST——自测试;IFIM——飞行中完整性管理;BIT——机内测试;LDLR——左数据传输装置;RDLR——右数据传输装置。

### 5.3.7.3 系统危险分析

在 MF1 飞机改型的系统危险分析中采用了故障树分析技术,并计算顶事件的概率。

(1)确定顶事件。

在 MF1A 飞机的系统危险分析中,选择了在初步危险分析中所确定的 5 个危险作为故障树分析的顶事件,这些事件如下:

①由于飞控系统故障而使飞机失去操纵;

②左侧或右侧鸭式翼失控(急剧偏转);

③所有飞机的液压动力丧失；
④组合式伺服作动器（即复合舵机）起动故障；
⑤电气系统故障造成飞机失控。

(2) 建立故障树。

上述所列的顶事件除了组合式伺服作动器起动故障，都会造成灾难性事故（Ⅰ级）。Ⅰ级事故定义为造成人员死亡或飞机毁坏的事故。

每个顶事件都应绘制一个故障树，但由于这些故障树逻辑图比较复杂，这里略去。

(3) 计算事故率。

各底事件的发生率和条件概率值是根据 MF1 飞机的实际外场数据统计得到的。

① 飞控系统的事故率。

因飞控系统故障使飞机失控的灾难性事故率如表 5-15 所示。表中给出 MF1 飞机和 MF1A 飞机飞控系统的主要部件及其事故率。可见 MF1 飞机飞控系统的事故率比 MF1A 飞机的事故率大得多，这主要是因为前缘襟翼系统和迎角传感器结冰的事故率比较大。此外，这两种飞机飞控系统的事故率均不包括液压系统及电源系统的影响，因为这些系统都进行了独立的故障树分析。

表 5-15　因飞控系统故障使飞机失控的灾难性事故率

| 主要影响的部件/事件 | MF1A 飞机 | MF1 飞机 |
|---|---|---|
| 前缘襟翼系统故障 | 0.81 | 13 |
| 迎角传感器结冰 | 0.13 | 1.3 |
| 单个伺服作动器失控的机械故障 | 1.3 | 0.79 |
| 单个方向舵脚蹬组件故障 | 0.023 | 0.023 |
| 电子设备故障 | 0.000 12 | 2.8 |
| 总事故率/($\times 10^{-6}$/飞行小时) | 2.3 | 18 |

② 鸭式翼的事故率。

因鸭式翼失控的灾难性事故率如表 5-16 所示。表中给出影响 MF1A 飞机鸭式翼的主要部件及其事故率。MF1 飞机没有鸭式翼。

表 5-16　因鸭式翼失控的灾难性事故率

| 主要影响的部件/事件 | MF1A 飞机 | MF1 飞机 |
|---|---|---|
| 单个鸭式翼伺服作动器失控的机械故障 | 0.53 | 不适用 |
| 单个方向舵脚蹬组件故障 | 0.023 | 不适用 |
| 电子设备故障 | 0.000 11 | 不适用 |
| 总事故率/($\times 10^{-6}$/飞行小时) | 0.55 | 不适用 |

③ 液压系统的事故率。

因液压系统动力丧失的灾难性事故率如表 5-17 所示。表中给出了 MF1 飞机基本型液压系统和经改型的 MF1A 飞机液压系统的事故率，基本型液压系统事故率包括发动机、电气系统及应急动力装置的故障。MFlA 飞机液压系统的事故率比 MF1 飞机稍高一点,因为它增加了组合式伺服作动器、液压管道、液压接头,以及鸭式翼的液压蓄压器。

表 5－17　因液压系统动力丧失的灾难性事故率

| 主要影响的部件/事件 | MFlA 飞机 | MF1 飞机 |
| --- | --- | --- |
| MF1 飞机基本型液压系统 | 0.769 | 0.769 |
| MFlA 飞机鸭式翼液压系统 | 0.000 94 | 不适用 |
| 总事故率/($\times 10^{-6}$/飞行小时) | 0.77 | 0.769 |

④组合式伺服作动器的事故率。

组合式伺服作动器启动故障的事故率如表 5－18 所示。这两种飞机的组合式伺服作动器启动故障的事故率是假设的,第一个故障使得组合式伺服作动器需要启动,第二个故障由于某个操纵舵失控而造成飞机失控。由于伺服作动器的两个故障是假设的,因此,该作动器启动故障的事故率不是灾难性事故率。

MFlA 飞机组合式伺服作动器启动故障的事故率几乎为 MF1 飞机事故率的 2 倍。其原因之一是认为鸭式翼、方向舵或水平尾翼故障会造成飞机失控;原因之二是组合式伺服作动器的启动硬件的故障率较高。MFlA 飞机的双多功能显示器(MPD)故障、双外挂物管理系统中央接口装置故障或者双多路传输数据总线控制器故障造成的事故率,高于 MF1 飞机飞行控制板的开关故障、指示灯故障或断路器故障引起的事故率。

表 5－18　组合式伺服作动器启动故障的事故率

| 主要影响的部件/事件 | MFlA 飞机 | MF1 飞机 |
| --- | --- | --- |
| 航空电子设备 | 26 | 不适用 |
| 飞行控制板 | 不适用 | 14 |
| 总事故率/($\times 10^{-6}$/飞行小时) | 26 | 14 |

⑤电气系统的事故率。

电气系统造成飞机失控的灾难性事故率如表 5－19 所示。表中列出 MFlA 与 MF1 这两种飞机的事故率都包括发动机及应急动力装置故障的影响。MFlA 飞机电气系统的事故率比 MF1 飞机大一点,这主要是由于设计上的差别。例如 MFlA 飞机蓄电池的排列与 MF1 飞机不同,前者具有较高的蓄电池耗电率。

表 5－19　电气系统造成飞机失控的灾难性事故率

| 主要影响的部件/事件 | MFlA 飞机 | MF1 飞机 |
| --- | --- | --- |
| 电气系统 | 0.26 | 0.25 |
| 总事故率/($\times 10^{-6}$/飞行小时) | 0.26 | 0.25 |

#### 5.3.7.4　使用和保障危险分析

对 MF1 飞机的改型采用使用和保障危险分析,定性地确定与 MFlA 飞机操作规程有关的危险及控制措施。对 MFlA 飞机的安装、维修、试验及操作规程进行全面的检查和分析。在使用和保障危险分析中,确定在操作规程中构成危险的各种错误的、不充分的和遗漏的细则(包括警告、注意和提示)。此外,使用和保障危险分析指出了在初步危险分析中所要求的危险控制和操作限制。

使用和保障危险分析包括确定各种危险及其对人员和设备的影响,评价这些危险的风险,对消除或充分控制这些危险提出建议和措施,并跟踪每一种危险的解决状态。

在使用和保障危险分析中,被分析的 MFlA 飞机专用规程性文件有飞行手册、定期检查及维修要求手册,以及 MFlA 飞机专用的与分系统原位测试有关的航宇工程说明书。

在使用和保障危险分析中,确定的危险总数为 128 个,其中包括从初步危险分析转过来的 9 项危险。对那些由说明书已充分控制的危险没有作为危险项目列出。除了 128 项危险,使用和保障危险分析还确定了 24 项缺陷。

表 5—20 列出了 128 项危险的严重性和可能性组合的分类。表中画斜线的区域表示其风险指数大于或等于 12 的危险,其中有 48 个危险的风险指数大于或等于 12,这些危险必须解决。

在总数 128 个危险中,在使用和保障危险分析完成之前已解决 109 项。在 109 项中有 91 项列在使用和保障危险分析表 5—21 中的"采纳的防护"栏中,建议的危险防护被纳入适当的文件中。对其他 18 项已解决的危险,有充分的理由说明可不采纳建议的危险防护措施。对所有 128 项危险建议的危险防护的状态列在表 5—21 中的"备注"栏中。

在未解决的 19 项危险中,17 项的风险指数小于 12,不要求进一步采取措施。风险指数大于 12 的 2 项风险在使用和保障危险分析报告完成后解决了。

在已确定的 24 项缺陷中,12 项已得到解决。所建议的更改中有 19 项措施已被采纳,且有充分的理由说明可不采纳另 2 项建议措施。另外 3 项缺陷未解决,由于这些缺陷没有危险,不要求进一步采取措施。

表 5—21 是 MFlA 飞机使用和保障危险分析(规程分析)示例。它取自 MFlA 飞机的使用和保障危险分析报告。表中列出了与航空电子设备安装和航宇工程说明书(AEI)有关的 4 个危险。

表 5—20 使用和保障危险分析风险评价

| 可能性等级 \ 严重性等级 | Ⅰ(灾难的)(4) | Ⅱ(严重的)(3) | Ⅲ(轻度的)(2) | Ⅳ(较微的)(1) |
|---|---|---|---|---|
| A(频繁)(6) | 0 | 0 | 0 | 0 |
| B(很可能)(5) | 0 | 0 | 0 | 0 |
| C(有时)(4) | 0 | 47 | 31 | 5 |
| D(极少)(3) | 1 | 11 | 27 | 3 |
| E(不可能)(2) | 0 | 1 | 2 | 0 |
| F(极不可能)(1) | 0 | 0 | 0 | 0 |

### 表 5－21　MFlA 飞机使用和保障危险分析（规程分析）示例

规程　20AET—74—1014,系统安装及检查,故障隔离及再安装测试——MFlA 飞机航空电子分系统
章节　第 V 部分,火控雷达　　系统 MFlA 飞机飞控系统

| 步骤 | 设备危险 | 人员危险 | 危险等级 | 采纳的防护 | 备注 |
| --- | --- | --- | --- | --- | --- |
| V—3 页<br>2.2 电源测试 | 当外电源接到飞机时,若不加冷却空气,设备可能受损坏 | — | 严重性：轻度（Ⅲ）<br>可能性：有时（C） | 在 2.2 段的第一项应为:"注意"在飞机接上外电源前必须加冷却空气以防电子设备受损坏。加冷却空气后再向飞机接通电源 | 更改 1 的初始版本号作为本分析的项目。本分析结果纳入更改 1 |
| V—7 页<br>2.3b 设备安装 | — | 如果天线出乎意外地移动,人员可能受伤 | 严重性：严重（Ⅱ）<br>可能性：有时（C） | 在这步之前紧接着写上:"警告"证实在 2.1 节所说明的断路器被拨出 | 更改 1 的初始版本作为本分析的项目。在更改 1 的前一个步骤 2.3a 写入"警告",这样做就足够 |
| V—12 页<br>3.4 火控雷达接通机内测试,"注意"证实整流罩关闭 | 如果整流罩没有关好,设备可能受损坏 | — | 严重性：轻度（Ⅲ）<br>可能性：极少（D） | 把"注意"变为"警告"。把第 6 段作为关闭整流罩正确方法的参考,确定在控制板上可找到"主起落架轮重"A 分支断路器 | AEI 规程的初始版本作为本分析的项目,这个分析项纳入更改 1,把"注意"变成"警告",因为辐射对人员有危险 |
| V—37 页<br>4.3.1 空中模式测试"注意"。当雷达控制板开关处于任何位置上,证实在飞机前方至少 27.4 m 以飞机方向为中心的 60°扇形内没有人员 | 以飞机方向为中心的 60°扇形意味着以飞机中心线为中心的一个 120°角,这种表述不清楚。如果危险区被错误理解,在 60°~120°角内的任何爆炸器材将受到辐射 | 如果危险区被错误理解,在 60°~120°角内的人员将受到辐射 | 严重性：严重（Ⅱ）<br>可能性：有时（C） | 把"注意"变为"警告",把"证实在飞机前方至少 27.4 m"改为"在飞机前方从整流罩外到一个 27.4 m 的弧,在以飞机中心线为中心的 120°角内设有雷达辐射警告牌" | 更改 1 作为本分析的项目,应把"注意"改为"警告",因为辐射对人员有危险。"警告"标在 VI—1 页上,这项分析纳入 A 版的 V—34 页 |

# 习 题

1. 《可靠性维修性保障性术语》和《装备安全性工作通用要求》中,安全性的定义是什么?安全性与其他特性有何关系?

2. 什么是危险和事故?

3. 武器装备常用的安全性参数有哪些?

4. 故障树分析的作用是什么?

5. 建立故障树的优点有哪些?

6. 下面关于 FMECA 和 FTA 的说法,正确的有哪些?

(1)FMECA 是采用自下而上的逻辑归纳法,FTA 是采用自上而下的逻辑演绎法。

(2)FMECA 和 FTA 都是从最基本的零部件故障分析到最终系统故障。

(3)FMECA 从故障的原因分析到故障的后果,FTA 从故障的后果分析到故障的原因。

(4)FMECA 是单因素分析法,FTA 是多因素分析法。

7. 什么是最小割集? 最小割集的作用是什么?

8. 某产品由零件 $X_1$ 和部件 $M$ 串联组成,部件 $M$ 由零件 $X_2$ 和 $X_3$ 并联组成,试建立产品失效顶事件 $T$ 的故障树并进行分析。已知底事件概率 $X_1 = 10^{-6}$,$X_2 = 0.0005$,$X_3 = 0.004$。

9. 安全性设计措施的优先顺序是什么?

10. 从产品硬件结构上如何实现防错设计?

11. "当保险作用失效时引信系统或其部件使弹药不能爆炸或作用的特性"属于哪种安全性设计措施?

12. 飞机采用 2 个或更多发动机,从安全性角度来看属于哪种措施?

13. 简述可靠性与安全性的关系。

14. 什么是初步危险分析? 主要在哪个阶段开展初步危险分析?

15. 系统危险分析的目的是什么? 分析层次有哪些?

16. 简述使用和保障危险分析的时机。主要分析方法有哪两种?

17. 列举至少 10 条防火及防爆设计准则。

18. "当设备在工作和维修时,使用电压超过 300 V 峰值可能要求测量此电压,为此,设备应设置测试点,使得所有高电压能够在较低的电压级上测量"属于哪一类安全性设计准则?

19. 军用汽车安全带和刹车系统都属于安全装置吗? 两者功能一样吗?

20. 小王准备从北京去广州办事,听说某飞机和某火车出了事故,为了安全就自驾汽车去广州,结果路上被车撞而受伤。试从安全性角度分析小王的这种做法。

习题答案

# 第6章
# 武器装备保障性设计与分析

装备满足平时和战时两方面要求的能力,既是通过装备自身的特性设计得以具备的,也是通过保障系统有计划地提供保障资源得以实现的。保障性的设计工作与可靠性维修性等工作有所差别,影响保障性的因素很多,包括可靠性、维修性、测试性、易用性(人机综合性)、生存性、安全性、标准化等。这些特性都是由设计赋予的,意味着必须通过设计来赋予装备相应的能力。但保障性的设计工作除了包含装备保障设计特性的工作内容,更需要关注保障系统的规划设计。保障性包括了从装备系统的特性到具体保障资源等多个层次的内容,必须统筹考虑,从装备自身设计特性和保障系统特性两个方面开展设计分析、试验评价,并充分考虑装备设计方案与保障系统之间的协调,力求实现装备系统层面的最优,才能确保这种特殊的设计要求得以全面的落实。

## 6.1 保障性的概念

### 6.1.1 保障性的定义

(1)《可靠性维修性保障性术语》将保障性定义为装备的设计特性和计划的保障资源能满足平时战备完好性和战时利用率要求的能力。

根据《可靠性维修性保障性术语》的定义,可以进一步理解保障性的内涵:

①保障性中所指的设计特性,是指与装备使用和维修保障有关的设计特性,如可靠性、维修性等,以及使装备便于操作、检测、维修、装卸、运输等的设计特性。

②计划的保障资源是指为保证装备完成平时和战时使用需求所规划的人力和物力资源。

③保障性一方面取决于与主装备保障有关的设计特性,它反映装备需要保障和容易保障的程度;另一方面取决于计划的保障资源的特性和充足程度,它反映装备受保障的程度。

(2)《装备综合保障通用要求》中将保障性定义为装备的设计特性和计划的保障资源能满足平时战备和战时使用要求的能力。定义中共涉及了四方面的概念:平时战备要求、战时使用要求、装备的设计特性与计划的保障资源。

①平时战备要求。

战备是指"为应付可能发生的战争或突发事件而在平时进行的准备与戒备",这些准备与戒备包括训练、战备值班等。平时战备要求经常用战备完好性来衡量。战备完好性是指装备在使用环境条件下处于能执行任务的完好状态的程度或能力。战备完好性强调的是装备的完好能力,即计划的保障资源能使装备随时执行任务的能力。

② 战时使用要求。

战时使用是指作战任务对装备的使用要求,包括作战期间装备执行作战相关任务以及作战演习。战时使用要求经常用任务持续性来衡量。任务持续性是指装备能够持久使用的能力,强调的是装备战时作战(含演习)任务的持续能力,即计划的保障资源能保证装备达到要求的出动强度(如出动率)或任务次数的持续时间。如果给定出动强度或任务次数或时间,则该要求指的是需要计划多少保障资源。

③ 装备的设计特性。

保障性定义中所涉及的设计特性,是指与装备使用和保障相关的、由设计所赋予装备的固定属性,取决于设计所确定的技术状态,主要包括可靠性、维修性、测试性、安全性、生存性、部署性等。

④ 计划的保障资源。

计划的保障资源指的是规划好的保障资源配置,具体包括保障装备所需的人力人员、备品备件、工具和设备、训练器材、技术资料、保障设施,装备嵌入式计算机系统所需的专用保障资源(如软、硬件系统)以及包装、装卸、储存和运输装备所需的特殊资源等内容。

从以上四个方面的概念描述可以知道,保障性是装备及其保障资源组合在一起的装备系统的属性,是关于装备满足以下两方面要求能力的表征:既能满足平时战备完好性的要求,也能满足战时持续使用的要求。这表明,保障性所表征的是装备整体的综合特性,比可靠性、维修性、测试性等特性考虑问题的层次要高一些,范围要广一些。

(3)与保障相关的概念还包括保障系统、保障方案、保障资源、综合保障等。

(1)保障系统。

《装备综合保障通用要求》对保障系统的定义是使用与维修装备所需的所有保障资源及其管理的有机组合。所有保障资源包括装备所需人力、备件、工具和设备、训练器材、技术资料、设施以及包装、装卸、储存和运输所需的资源等。

保障系统是由相互联系的保障资源、保障组织和保障功能三个要素构成的有机整体,保障系统的构成如图 6—1 所示。

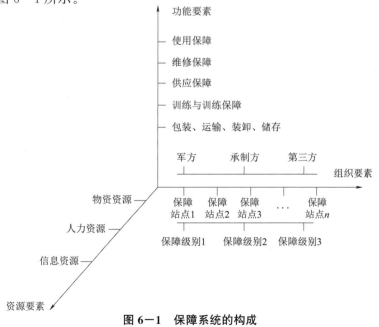

图 6—1 保障系统的构成

(2)保障方案。

《装备综合保障通用要求》中将保障方案定义为保障系统完整的总体描述。它满足装备的保障要求并与设计方案及使用方案相协调,一般包括使用保障方案和维修保障方案。保障方案的构成如图 6-2 所示。

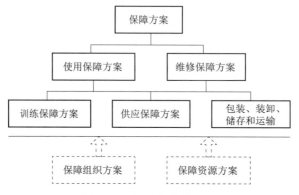

图 6-2 保障方案的构成

① 使用保障方案。

使用保障方案是对完成使用任务充分发挥装备作战性能所需的装备保障的总体说明,它由满足使用功能的保障要求,以及与设计方案和使用方案相协调的各综合保障要素的方案组成。

② 维修保障方案。

维修保障方案是对保障系统中装备维修保障功能的总体描述,如装备采用的维修级别、维修策略、各维修级别的主要工作等。详细的维修保障方案是对装备维修的详细说明,包括执行每一维修级别上的维修组织,执行每项维修工作的程序、方法和所需的保障资源等。

(3)保障资源。

保障资源是指用于装备使用与维修等保障工作所需要的资源的总称,是进行装备使用和维修等保障工作的物质基础,也是构成保障系统的最基本要素。保障资源的构成如图 6-3 所示。

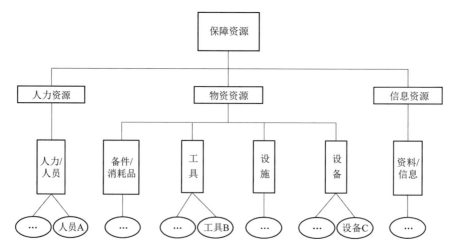

图 6-3 保障资源的构成

(4)综合保障。

根据《装备综合保障通用要求》中对综合保障的定义是:在装备的寿命周期内,为满足系统战备完好性要求,降低寿命周期费用,综合考虑装备的保障问题,确定保障性要求,进行保障性设计,规划并研制保障资源,及时提供装备所需保障的一系列管理和技术活动。可知"综合保障"是个大概念,包含保障性。

### 6.1.2 武器装备常用的保障性参数

保障性参数是用于定性和定量地描述装备保障性的参数。

由于保障性是装备系统的综合特性,很难用单一参数来评价整个装备的保障性水平,通常需要用多个或一组参数来表示。根据保障性的定义和内涵,装备的保障性参数可综合归纳为三类:

(1)保障性综合参数。这是根据装备的保障性目标要求而提出的参数,它从总体上反映装备的保障性水平,因而称为保障性综合参数。保障性目标是平时和战时的使用要求,通常用战备完好性目标衡量。比较常用的战备完好性参数是使用可用度、可达可用度、能执行任务率、出动架次率等。例如,舰船采用使用可用度 $A_o$ 作为保障性综合参数,坦克装甲车辆采用可达可用度 $A_a$ 作为保障性综合参数,飞机经常采用能执行任务率作为保障性综合参数。

(2)保障性设计参数。这是与装备保障性有关的具体设计参数。常用的保障性设计参数有发射可靠度、飞行可靠度、平均故障间隔时间、一次连续工作时间、累计工作时间、平均修复时间、故障检测率、故障隔离率、虚警率等。保障性设计参数和量值有时可以直接从保障性综合参数指标分解得到,有时还要通过与综合参数指标的权衡和协调而得到。

(3)保障资源参数。这是根据装备的实际保障要求而定的参数。常用的保障资源参数有人员数量与技术等级、备件种类和数量、备件利用率和满足率、保障设备的类型和数量、保障设计利用率和满足率等。

保障性设计特性参数在相关章节分别介绍,下面主要介绍系统战备完好性参数和保障系统及其资源参数。

#### 6.1.2.1 系统战备完好性参数

(1)使用可用度($A_o$)。

使用可用度是指装备在规定的条件下,在要求使用时间内的任意时刻能完好使用的概率。它是与能工作时间和不能工作时间有关的一种可用性参数,一种度量方法为产品的能工作时间与能工作时间和不能工作时间的和之比。其计算如式(6-1)所示:

$$A_o = \frac{T_O + T_S}{T_O + T_S + T_{CM} + T_{PM} + T_D} \tag{6-1}$$

式中:$T_O$——工作时间;

$T_S$——待命时间(能工作而不工作的时间);

$T_{CM}$——修复性(非计划性)维修总时间;

$T_{PM}$——预防性(计划性)维修总时间;

$T_D$——管理和保障延误时间。

使用可用度还可用式(6-2)计算:

$$A_o = \frac{T_{BM}}{T_{BM} + T_{MDT}} \tag{6-2}$$

式中：$T_{BM}$——平均维修间隔时间；

$T_{MDT}$——平均维修停机时间，该时间包括平均维修时间、平均管理和保障延误时间。

(2)可达可用度($A_a$)。

当通过可靠性预计得到装备故障率 $\lambda$ 和通过维修性预计得到平均预防性维修时间 $\overline{M}_{PT}$ 后，可达可用度 $A_a$ 可以通过式(6-3)计算：

$$A_a = \frac{T_{BM}}{T_{BM} + \overline{M}} \tag{6-3}$$

平均维修间隔时间 $T_{BM}$ 可以通过式(6-4)计算：

$$T_{BM} = \frac{1}{\lambda + f_{pt}} \tag{6-4}$$

式中：$f_{pt}$——预防性维修工作频率。

$\overline{M}$ 为平均维修时间，可以通过式(6-5)计算：

$$\overline{M} = \frac{\lambda \overline{M}_{CT} + f_{pt} \overline{M}_{PT}}{\lambda + f_{pt}} \tag{6-5}$$

式中：$\overline{M}_{CT}$——平均修复性维修时间。

$\overline{M}_{PT}$——平均预防性维修时间。

从可达可用度的公式可以看出，可达可用度不仅与装备的固有可靠性和维修性有关，还与预防性维修有关，但没有考虑保障延误的影响，是装备所能达到的最高可用度，比固有可用度更接近实际，在研制早期时采用。通过进行以可靠性为中心的维修分析，合理地确定预防性维修工作的类型和频率，可以使可达可用度得到提高。

(3)能执行任务率。

能执行任务率是指装备在规定的期间内至少能够执行一项规定任务的时间与其由作战部队控制下的总时间之比。它是能执行全部任务率与能执行部分任务率之和。

#### 6.1.2.2 保障系统及其资源参数

(1)平均保障延误时间($T_{MLD}$)。

平均保障延误时间是在规定的时间内，保障资源延误时间的平均值。其计算如式(6-6)所示：

$$T_{MLD} = \frac{T_{LD}}{N_L} \tag{6-6}$$

式中：$T_{LD}$——保障延误总时间；

$N_L$——保障事件总数。

(2)平均管理延误时间($T_{MAD}$)。

平均管理延误时间是在规定的时间内，管理延误时间的平均值。其计算如式(6-7)所示：

$$T_{MAD} = \frac{T_{AD}}{N_L} \tag{6-7}$$

式中：$T_{AD}$——管理延误总时间；

$N_L$——保障事件总数。

(3)保障设备利用率($R_{SEU}$)。

保障设备利用率是指在规定的时间内,实际使用的保障设备数量与该级别实际拥有的保障设备总数之比。其计算如式(6-8)所示:

$$R_{SEU}=\frac{N_{EU}}{N_{TE}} \qquad (6-8)$$

式中:$N_{EU}$——该维修级别保障设备实际使用数;

$N_{TE}$——该维修级别实际拥有的保障设备数。

(4)保障设备满足率($R_{SEF}$)。

保障设备满足率是指在规定的维修级别及规定的时间内,能提供使用的保障设备数与实际需要的保障设备数之比。其计算如式(6-9)所示:

$$R_{SEF}=\frac{N_{EA}}{N_{EN}} \qquad (6-9)$$

式中:$N_{EA}$——该维修级别能够提供使用的保障设备数;

$N_{EN}$——该维修级别实际需要的保障设备数。

(5)备件利用率($R_{SU}$)。

备件利用率是指在规定的时间内,实际使用的备件数量与该级别实际拥有的备件总数之比。其计算如式(6-10)所示:

$$R_{SU}=\frac{N_{SU}}{N_{SA}} \qquad (6-10)$$

式中:$N_{SU}$——该维修级别备件的实际使用数;

$N_{SA}$——该维修级别实际拥有的备件数。

(6)备件满足率($R_{SF}$)。

备件满足率是指在规定的维修级别及规定的时间内,在提出备件需求时,能提供使用的备件数与实际需要的备件数之比。通常考虑基层级备件满足率。其计算如式(6-11)所示:

$$R_{SF}=\frac{N_{SA}}{N_{SN}} \qquad (6-11)$$

式中:$N_{SA}$——该维修级别能提供使用的备件数;

$N_{SN}$——该维修级别实际需要的备件数。

### 6.1.2.3 保障性定性要求

(1)研制总要求中对装备保障性提出的定性要求。

(2)"两自主"要求:装备技术准备部队自主保障和地(舰)面设备基层级部队自主保障。其中,技术准备指装备从进入储存库到使用阵地完成作战准备的整个作业过程;基层级指发射阵地、发射车、发射井、载机、载舰上的整个作业过程。具体来说,即满足装备的"好保障"五项要求:

①实现装备交付、测试,缩短装备技术准备时间,满足实战要求;

②部队能安全、快捷地自主完成所应进行的日常检查、维护保养、装卸运输、头体对接、射前检查及发射诸元装定与发射等全部工作;

③部队能安全、快捷地自主使用承研或承制单位提供的测试设备对装备进行功能检查,判

断装备是否满足执行战备值班的要求;

④部队能安全、快捷地自主完成装备的校准标定;

⑤所规划的保障资源能够满足部队完成上述自主保障工作的要求。

## 6.2 保障性分析

保障性分析作为装备保障性系统工程的一部分,是系统和设备综合保障的分析工具。装备保障性核心问题是使装备达到一定的战备完好性水平。要使装备达到一定的保障性水平,必须要进行系统的设计与研制和各种保障资源的获取与合理综合,可靠性、维修性和测试性是装备达到保障性要求的基础,保障性要求又对可靠性、维修性和测试性等起着制约与调节的作用,它们之间应形成合理的匹配与协调关系。

保障性分析方法主要包括故障模式影响和危害性分析、以可靠性为中心的维修分析、维修级别分析、使用和维修工作分析。其中故障模式影响和危害性分析方法已经在可靠性和维修性的章节进行了叙述,这里只介绍以可靠性为中心的维修分析、维修级别分析、使用和维修工作分析方法。

### 6.2.1 保障性要求分析确认

根据现有技术水平,以类似装备达到的水平和已实现的程度为依据,装备总体对战术技术指标规定的保障性相关定量和定性要求进行可行性分析。经分析确认能够实现的要求,应考虑如何落实到装备设计中;对于现阶段不能实现的要求,则应梳理出其存在的薄弱环节。需填写保障性要求分析确认表,如表6-1所示。

表6-1 保障性要求分析确认表

| 保障性要求类别 | | 参数名称 | 能否实现 | 简述如何落实到设计 | 简述存在的薄弱环节 |
|---|---|---|---|---|---|
| 定量 | 综合类 | | | | |
| | 设计特性类 | | | | |
| | 保障资源类 | | | | |
| 定性 | 综合类 | | | | |
| | 设计特性类 | | | | |
| | 保障资源类 | | | | |

### 6.2.2 保障性薄弱环节梳理

以导弹为例,根据装备作战使用任务及初步总体技术方案、各级产品初步技术方案等,装备总体、相关分系统分别梳理导弹武器系统和分系统的作战使用及日常维护流程;按照导弹"好保障"五项要求,装备总体及相关分系统对流程中的每个环节进行分析,找出不满足要求的薄弱环节;填写作战维护流程保障性薄弱环节分析表,如表6-2所示。导弹保障任务包括储存及储存期间相关操作、运输、技术阵地操作、发射阵地操作等。

表 6—2 作战维护流程保障性薄弱环节分析表

| 保障任务对象 | 保障任务名称 | 保障任务执行环节 | 薄弱环节 | 不满足"好保障"五项要求中的哪项 | | | | |
|---|---|---|---|---|---|---|---|---|
| | | | | 1 | 2 | 3 | 4 | 5 |
| 地面设备 | | | | | | | | |
| 导弹 | | | | | | | | |

## 6.2.3 以可靠性为中心的维修分析方法

以可靠性为中心的维修分析（reliability centered maintenance analysis, RCMA）是按照以最少的维修资源消耗来保障产品固有可靠性和安全性的原则，应用逻辑决断的方法确定预防性维修要求的过程。其目的是通过确定适用而有效的预防性维修工作，以最少的资源消耗保持和恢复产品安全性和可靠性的固有水平，并提供改进设计所需的信息。

RCMA 观念是相对于传统维修观念而言的，有关专家学者根据多年维修经验和现代维修理论的教学总结，对比了传统维修观念与 RCMA 观念的区别与联系，如表 6—3 所示，这些观念具有非常好的参考价值。

表 6—3 传统维修观念与 RCMA 观念的对比

| 序号 | 对比点 | 传统维修观念 | RCMA 观念 |
|---|---|---|---|
| 1 | 设备新旧与故障方面 | 设备老，故障多。设备故障的发生都与使用时间有直接的关系。定时拆修对各种设备普遍适用 | 设备老，故障不一定就多；设备新，故障不一定少。只要做到随坏随修，则设备故障与使用时间一般没有直接的关系（偶然故障多）。定时拆修不是对各种设备普遍适用 |
| 2 | 潜在故障方面 | 没有明确的潜在故障概念，少量视情维修往往是根据故障率大小或危险程度来确定的。如果定时维修和视情维修两者在技术上都可行时，则采用定时维修 | 有明确的潜在故障概念，视情维修是根据潜在故障发展为功能故障的间隔时间来确定的。如果定时维修和视情维修两者在技术上都可行时，则采用视情维修 |
| 3 | 隐蔽功能故障方面 | 没有隐蔽功能故障概念，不了解隐蔽功能故障与多重故障的关系，并认为多重故障的后果是无法预防的 | 有隐蔽功能故障概念，了解隐蔽功能故障与多重故障有密切关系，认识到多重故障的后果是有办法预防的，至少可以将多重故障率降低到一个可接受的水平，这取决于对隐蔽功能故障的检测率和更改设计情况 |
| 4 | 固有可靠性方面 | 预防性维修能够提高设备的固有可靠性水平，能够使设备始终保持出厂时的功能性能状态 | 预防性维修不能提高设备的固有可靠性水平，只能在一段时期内保持出厂时的固有可靠性水平 |
| 5 | 故障后果方面 | 预防性维修能够避免故障发生，能够改变故障后果 | 预防性维修难以避免故障发生，不能改变故障后果，只有通过设计改进才可能改变故障后果 |

续表

| 序号 | 对比点 | 传统维修观念 | RCMA 观念 |
| --- | --- | --- | --- |
| 6 | 初始预防性维修大纲方面 | 初始预防性维修大纲是在设备投入使用之后才去制定,一旦制定一般不再进行修改 | 初始预防性维修大纲是在设备投入使用之前的研制阶段就着手制定,一般需要在使用中不断地修订 |
| 7 | 预防性维修大纲方面 | 一个完善的预防性维修大纲能单独由使用部门或研制部门制定出来 | 一个完善的预防性维修大纲不能单独由使用部门或研制部门制定出来,而是通过双方长期共同协作才能完成 |

RCMA 通常包括系统和设备的 RCMA、区域检查分析、结构的 RCMA 以及预防性维修的组合。

(1)设备的 RCMA 用于确定设备的预防性维修的产品、预防性维修的工作类型、维修间隔期及维修级别。它适用于各种类型的设备预防性维修大纲的制定,具有通用性。

(2)区域检查分析用于确定区域检查的要求,如检查非重要项目的损伤、检查由邻近项目故障引起的损伤,它适用于需要划分区域进行检查的大型设备或装备。

(3)结构的 RCMA 用以确定结构项目的检查等级、检查间隔期及维修级别,它适用于大型复杂设备的结构部分。

对一般装备只需进行设备的 RCMA,不需要进行结构的 RCMA 或区域检查分析。因此,这里重点阐述设备的 RCMA 的方法。

设备的 RCMA 的主要步骤包括重要功能产品的确定、对重要功能产品进行分系统危险分析、逻辑决断分析、预防维修间隔期的确定、提出预防维修工作的维修级别建议、RCMA 输出等。

(1)重要功能产品的确定。

重要功能产品是指其故障会有安全性、任务性或重大经济性后果的产品。

确定重要功能产品是为了减少预防性维修工作量,对于非重要功能产品不需要进行预防性维修工作。

确定重要功能产品的过程如下:

①将功能系统分解为分系统、部件、组件直至零件,如图 6-4 所示。

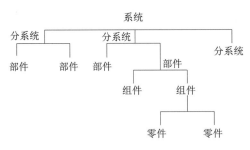

图 6-4 系统分解结构

②沿着系统、分系统、部件、组件、零件的次序,自上而下按产品的故障对装备使用的后果进行分析,确定重要功能产品,直至产品的故障后果不再是严重时为止,低于该产品层次的都是非重要功能产品。

重要功能产品的确定主要是靠工程技术人员的经验和判断力,不需进行分系统危险分析。如果之前已进行了分系统危险分析,则可直接引用其结果来确定重要功能产品。一般采取表 6-4 所示的方式进行提问,然后确定重要功能产品。

表 6-4 确定重要功能产品的提问表

| 序号 | 问题 | 回答 | 重要 | 非重要 | 备注 |
|---|---|---|---|---|---|
| 1 | 故障影响安全吗 | 是否 | √ | ○ | |
| 2 | 故障影响任务吗 | 是否 | √ | ○ | "√"表示可以确定;"○"表示可以考虑。在表中任一问题如能将产品确定为重要功能产品,则不必再问其他问题 |
| 3 | 故障导致很高的修理费用吗 | 是否 | √ | ○ | |
| 4 | 有功能余度吗 | 是否 | ○ | ○ | |

(2)对重要功能产品进行分系统危险分析。

对确定的每个重要功能产品进行分系统危险分析,确定其所有的功能故障、故障模式和故障原因,以便为下一步维修工作逻辑决断分析提供所需的输入信息。如果在装备可靠性设计中已进行了故障模式和影响分析工作,则可直接引用分系统危险分析的结果。

(3)逻辑决断分析。

重要功能产品的逻辑决断分析是 RCMA 的核心,通过对重要功能产品的每一个故障原因进行逻辑决断,以便寻找出有效的预防措施,包括是否需要预防性维修工作、选择预防性维修工作类型、需要更改设计等。

逻辑决断分析是依据逻辑决断图进行的。逻辑决断图分为两层:

第一层是确定各功能故障的影响类型,如图 6-5 所示。根据故障模式和影响分析的结果,通过对决断图第一层问题(问题 1~5)的回答,将故障影响分为明显的安全性、任务性、经济性影响和隐蔽的安全性、任务性、经济性影响 6 个分支。

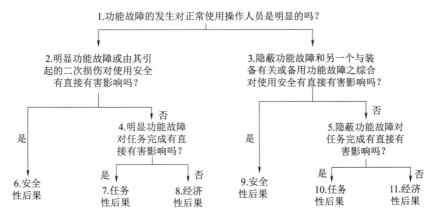

图 6-5 确定故障影响的逻辑决断图

第二层是确定预防性维修工作类型或其他处置措施,如图6-6所示。考虑各功能故障的原因,针对各功能故障影响选择适用又有效的预防性维修工作类型。

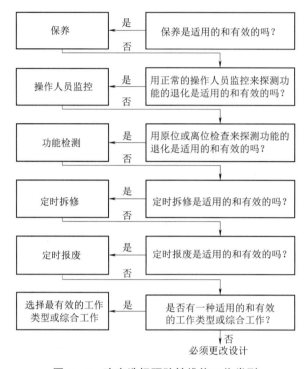

图6-6 确定选择预防性维修工作类型

(4)预防维修间隔期的确定。

预防维修间隔期的确定比较复杂,涉及各个方面的工作。首先应确定各类维修工作类型的间隔期,然后合并成产品或部件的维修工作间隔期,再与维修级别相协调,必要时还要修改设计,并要在实际使用和试验中加以考核,逐渐调整和完善。

维修工作间隔期的确定,一般根据类似产品以往的经验和承制方对新产品维修间隔期的建议,结合有经验的工程人员的判断来确定。在能获得适当数据的情况下,可以通过定量分析和计算来确定。

(5)提出预防维修工作的维修级别建议。

经过RCMA确定重要功能产品的预防性维修工作的类型及其间隔期后,还要提出该项维修工作在哪一维修级别进行的建议,维修基本的划分应符合维修方案,除特殊需要外,一般应将维修工作确定在耗费最低的维修级别。这个建议是初步的,详细的预防维修工作的维修级别分析工作见"维修级别分析"的章节。

(6)RCMA输出。

RCMA输出主要是装备预防性维修大纲,在装备的预防性维修大纲中规定了相应的预防性维修工作项目及其要求。包括:

①预防性维修工作项目分类及定义:包括范围、用途、一般说明、预防性维修工作类型及其简要说明、维修工作组合的间隔期等;

②例行检查要求:包括检查路线、检查工作编号、间隔期、检查区域、检查通道、检查说明、

维修工作、过应力事件后的检查要求等;

③常规保养要求:包括工作编码、间隔期、工作区域、工作通道、工作说明、参照图号、工时、适用范围等;

④形成系统和设备预防性维修大纲:包括产品编码、产品名称、产品所在区域、工作通道、故障后果类别、工作说明(维修工作类型、所需工具设备等)、维修间隔期、维修级别、维修工时等。

### 6.2.4 维修级别分析方法

维修级别分析(LORA)方法是一种系统性的权衡分析方法,是在装备的研制、生产和使用阶段对预计有故障的产品(一般指设备、组件和部件)进行非经济性或经济性的分析,以便确定可行的修理或报废的维修级别的过程。

在生成保障方案的工作中,LORA 主要用于分析、确定保障组织的结构,并建立维修保障功能与组织结构之间的关系。LORA 是装备保障性分析的一个重要内容。

LORA 相关概念如下:

(1)维修级别。

维修级别是指装备使用部门进行维修工作的组织机构层次的标定。可以采用三级维修机构,即基层级、中继级和基地级(工厂级);也可以采用两级维修机构,即基层级(部队级)和基地级(工厂级)。

①基层级是由装备的使用操作人员和装备所属分队的保障人员所组成的执行维修工作的机构,在这一维修级别中只限定完成较短时间的简单维修工作,如装备的保养、检查、测试及更换较简单的零部件等。基层级维修属于外场维修。

②中继级具有较高的维修能力,承担基层级所不能完成的工作。中继级维修属于野战维修。在两级维修级别中,不包括中继级维修。

③基地级具有更高的修理能力,承担装备大修和大部件的修理、备件制造和中继级所不能完成的维修工作。基地级维修属于后方维修。

(2)离位维修与换件修理。

维修级别分析主要是对拆下的故障件送往哪个级别的维修机构进行修理做出决策,其前提条件是离位维修和换件修理。

①离位维修是指将装备的故障件拆卸下来进行维修,它是相对原位维修而言的。原位维修是指对那些不便拆卸的故障部位或结构件,如发动机主体等在装备原来位置上进行维修。

②换件修理是将故障件拆卸下来换上备件,使装备恢复规定技术状态的一种修理方法。与换件修理相对应的是原件修复,它是指在装备上直接修复故障件,使装备恢复到规定的技术状态。

(3)装备修理约定层次。

维修级别分析是以维修级别与装备维修约定层次的划分为基础的,因此在进行维修级别分析之前,首先要确定装备的修理约定层次。

一般情况下,整机不作为维修级别分析的层次;电子元件或有的机械零件是不修复零件,也不需要作精确的维修级别分析。在装备修理工作中,主要针对单元、组件和部件进行修理,这些结构层次就成为装备的修理约定层次。

通常装备修理约定层次的划分基本上要与维修级别的划分相一致,如为便于换件修理,多数装备修理约定层次设计成三级,即外场可更换单元、车间可更换单元和车间可更换分单元(SSRU),并分别在基层级、中继级和基地级更换。

(4)备选维修方案。

在初始维修方案中要提出维修级别的划分,根据维修级别与装备修理约定层次进行修理级别分析,得出各种备选维修方案,从中选择费用低而又可行的维修方案。

#### 6.2.4.1 确定装备维修级别的原则

(1)简单维修工作尽量安排在基层级进行,便于部队及时维修,减少停机时间和维修费用。

(2)实施维修所需人力和物力等保障的要求应与该级别维修能力相适应。

(3)实施维修所花费的时间应与该级别维修机构允许的维修时间一致。

(4)在该级别进行维修的费用最低,费用不仅包括人力和物力消耗,还包括人员培训和待修装备及部件的运输费用等。

#### 6.2.4.2 LORA 的流程

在装备的研制过程中,要通过 LORA 将其所应进行的维修工作确定合理的维修级别。首先应进行非经济性分析,确定合理的维修级别;若不可能确定,则需进行经济性分析和敏感性分析,选择合理可行的维修级别或报废。图 6-7 给出了 LORA 流程。

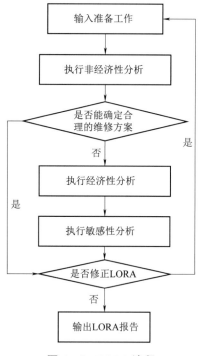

图 6-7 LORA 流程

#### 6.2.4.3 LORA 的非经济性分析

非经济性因素主要包括部署的机动性要求、现行保障体制的限制、安全性要求、特殊的运输性要求、修理的技术可行性、保密限制、人员与技术水平等。

进行维修级别分析时,应首先分析是否存在优先考虑的非经济性因素。进行非经济分析时,一般采用问答式的方法,对每一待分析的产品应回答表 6-5 中的问题,回答完所有的问题后,分析人员将"是"的回答及原因组合起来,进而确定初步的维修级别分配方案。

表 6-5　LORA 的非经济性分析表

| 非经济性因素 | 是 | 否 | 影响或限制的维修级别 | | | | 限制维修级别的原因 |
|---|---|---|---|---|---|---|---|
| | | | O | I | D | X | |
| 1. 安全性<br>产品在特定的维修级别上修理存在危险因素(如高电压、辐射、温度、化学或有毒气体、爆炸等)吗? | | | | | | | |
| 2. 保密<br>产品在任何特定的级别修理存在保密因素吗? | | | | | | | |
| 3. 现行的维修方案<br>存在影响产品在该级别修理的规范或规定吗? | | | | | | | |
| 4. 任务成功性<br>如果产品在特定的维修级别修理或报废,对任务成功性会产生不利影响吗? | | | | | | | |
| 5. 装卸、运输和运输性<br>将装备从用户送往维修机构进行修理时存在可能影响装卸与运输的因素(如重量、尺寸、体积、特殊装卸要求、易损性)吗? | | | | | | | |
| 6. 保障设备<br>a. 所需的特殊工具或测试测量设备限制在某一特定的维修级别进行修理吗?<br>b. 所需保障设备的有效性、机动性、尺寸或重量限制了维修级别吗? | | | | | | | |
| 7. 人力与人员<br>a. 在某一特定的维修级别有足够的修理技术人员吗?<br>b. 在某一级别修理或报废对现有的工作负荷会造成影响吗? | | | | | | | |
| 8. 设施<br>a. 对产品修理的特殊设施要求限制了其维修级别吗?<br>b. 对产品修理的特殊程序(磁微粒检查、X 射线检查等)限制了其维修级别吗? | | | | | | | |

续表

| 非经济性因素 | 是 | 否 | 影响或限制的维修级别 | | | | 限制维修级别的原因 |
|---|---|---|---|---|---|---|---|
| | | | O | I | D | X | |
| 9. 包装和储存<br>a. 产品的尺寸、重量或体积对储存有限制性要求吗？<br>b. 存在特殊的计算机硬件、软件包装要求吗？ | | | | | | | |
| 10. 其他因素 | | | | | | | |

注："O"表示基层级；"I"表示中继级；"D"表示基地级；"X"表示报废。

在初步确定待分析产品的修理级别时，可采用图6-8给出的简化的LORA决策树进行分析。一般情况下，将装备设计成尽量适合基层级维修是最为理想的设计。但是基层级维修受到部队编制和作战要求（修复时间、机动性、安全等）诸多方面的约束，不可能将工作量大的维修工作都设置在基层级进行，这就必须转移到中继级修理机构或基地级修理机构进行修理。

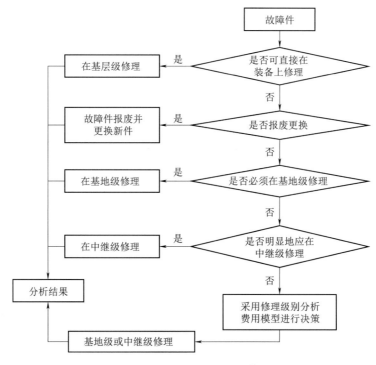

图6-8 简化的LORA决策树

分析决策树有四个决策点，首先从基层级分析开始：

（1）在装备上进行修理无须将机件从装备上拆卸下来，一些简单的维修工作，利用随车（机）工具由使用人员（或辅以修理工）执行。

（2）报废更换是指在故障发生地点将故障件报废并更换新件。它取决于报废更新与修理的费用权衡。更换性的修理工作一般是在基层级进行。

（3）基地级修理是指故障件复杂程度较高，或需要较高的修理技术水平并需要较复杂的机具设备时的一种修理级别决策。如果在装备设计时存在着上述修理要求,就可以采用基地级修理的决策。

(4)如果机件修理所需人员的技术水平要求和保障设备是通用的,即使是专用的也不十分复杂,那么这种机件的维修工作设在中继级进行。

#### 6.2.4.4　LORA 的经济性分析

当通过非经济性分析不能确定待分析产品的维修级别时,则可进行经济性分析。经济性分析的目的在于定量计算产品在所有可行的维修级别上修理的费用,然后比较各个维修级别上的费用,以选择费用最低和可行的待分析产品(故障件)的最佳维修级别。

在进行经济性分析时通常考虑以下一些费用:

(1)备件费用:指待分析产品进行修理时所需的初始备件费用、备件周转费用与备件管理费用之和。

(2)维修人力费用:包括与维修活动有关人员的人力费用。它等于修理待分析产品所消耗的工时(人—小时)与维修人员的小时工资的乘积。

(3)材料费用:修理待分析产品所消耗的材料费用,通常用材料费占待分析产品的采购费用的百分比计算。

(4)保障设备费用:包括通用和专用保障设备的采购费用以及保障设备本身的保障费用两部分。对于通用保障设备采用保障设备占用率来计算。保障设备本身的保障费用可以通过保障设备的保障费用占保障设备采购费用的百分比来计算。

(5)运输与包装费用:待分析产品在不同修理场所和供应场所之间进行包装与运送等所需的费用。

(6)训练费用:训练修理人员所消耗的费用。

(7)设施费用:对产品维修时所用设施的相关费用,通常采用设施占用率来计算。

(8)资料费用:对产品修理时所需文件的费用,通常按页数计算。

在进行修理级别的经济性分析时,需要分析各种与修理有关的费用,建立各级修理费用的分解结构。LORA 中的经济性分析模型的建立以相关的维修费用分解结构为依据,根据费用分解结构中的费用项目确定相关的输入信息,进行费用估算。费用估算的基本方法有类比估算法、专家判断估算法、参数估算法和工程估算法等。

#### 6.2.4.5　LORA 的敏感性分析

分析人员通过改变直接影响维修费用的关键输入,然后在指定范围内对这些输入变量进行调整,进行敏感性分析,分析输入改变所导致的输出发生的变化,并确定费用的变化范围,找到不同修理级别对输入参数的敏感性,费用变化范围大意味着根据此输入条件决策修理级别具有较高的风险,同时通过敏感性分析也为在一定费用约束下确定较优的修理级别提供了寻优途径。

#### 6.2.4.6　LORA 的输出

LORA 的输出主要包括非经济性分析说明、经济性分析说明和敏感性分析说明以及 LORA 的结论。

(1)非经济性分析说明:对进行产品 LORA 的非经济性因素进行说明,并填写相应的非经济性因素分析表。

(2)经济性分析说明:对选取的费用计算模型进行说明,明确模型的输入/输出以及适用条件,详细描述计算过程。

(3)敏感性分析说明:描述敏感性分析过程,包括调整输入参数及变化范围、输出参数的变化范围,对可能存在的决策风险进行说明。

(4)结论与建议:装备保障工作细目 LORA 汇总说明,对不满足设计约束的产品要给出修理约定层次的修改建议。

### 6.2.5 使用和维修工作分析方法

使用和维修工作分析(O&MTA)是将装备的使用与维修工作任务分解为作业步骤而进行的详细分析,用以确定各项保障工作所需的资源要求。

(1)O&MTA 主要包括以下两方面内容:

①分析确定保障活动的资源需求,包括开展各项使用保障活动与维修保障活动所需的资源,如备件、设备、人力和人员等;

②设计确定保障活动的时序关系和逻辑关系,包括开展各项使用保障活动与维修保障活动的时机、工序、步骤等。

(2)进行 O&MTA 的主要作用如下:

①为每项使用与维修保障活动确定保障资源要求,其中包括新的或关键的保障资源要求;

②从保障资源角度为评价备选保障方案提供资料;

③为制定备选设计方案提供保障方面的资料,以便减少使用与维修保障费用、优化保障资源要求;

④为维修级别分析提供输入信息。

下面从开展使用工作分析和开展维修工作分析两个方面来介绍。

#### 6.2.5.1 使用工作分析

装备的使用保障是指为保证装备正确动用,以便能充分发挥其规定的作战性能所综合进行的一系列技术和管理活动,是一系列满足装备使用任务且具有一定逻辑和时序关系的使用保障工作项目(活动)的有机组合。

在使用保障过程中,针对不同的使用保障工作要求,将使用保障工作项目进行分类,同时按照一定的逻辑判别,最终完成使用保障工作项目的确定过程。图 6-9 为使用工作分析的一般流程。

下面对图 6-9 中使用保障工作项目类型进行简要介绍:

(1)检查、审核类要求:对应的典型使用保障工作项目为检查、测试等。

(2)挂装、添加类要求:对应的典型使用保障工作项目为安装(装载/卸装)、润滑、添加等。

(3)调试、校准类要求:对应的典型使用保障工作项目为调整、对准、校准等。

(4)挂扣、连接类要求:对应的典型使用保障工作项目为安装、连接、操作等。

(5)软件操作类要求,对应的典型使用保障工作项目为软件调试等。

根据上述使用保障工作的要求以及每个大类中所需要确定的使用保障工作的主要方面,结合装备设计特性和装备使用任务的综合信息,填写表 6-6,可分析获得装备的使用保障工作项目。

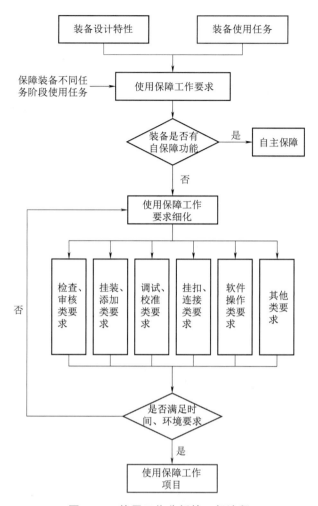

图 6—9 使用工作分析的一般流程

表 6—6 使用保障工作项目确定表

| 出动前准备(任务前) | | 出动前准备(任务中) | | | | 任务后检查(任务后) |
|---|---|---|---|---|---|---|
| 动用准备 | 能源补充 | 任务准备 | | | | 任务后要求 |
| | | 弹药挂装 | 内部设备准备 | | 外部设备准备 | |
| | | | 对人 | 对设备 | | |
| | | | | | | |
| 运输 | | | | | | |
| 安装 | | 固定 | | | 卸载 | |
| | | | | | | |
| 储存 | | | | | | |
| 储存前 | | 储存中 | | | 储存后 | |
| | | | | | | |
| 其他 | | | | | | |

#### 6.2.5.2 维修工作分析

维修工作分析是将新研装备的维修工作分解为作业步骤而进行的详细分析,以便确定各项维修保障工作所需的资源要求,能够为解决上述问题提供手段。

维修工作分析的内容:

(1)确定维修工作的属性,包括维修时间与工时、维修级别以及是否属于维修工作、是否有特殊工作环境要求、是否需要专用保障设备、是否有维修保障时间约束等。

(2)维修工作的分解,即将每一项维修工作分解为子工作,并确定各子工作的顺序关系。

(3)确定维修工作对保障资源的需求。包括:每一子工作是否需要备品备件和所需备品备件的数量,是否需要保障设备,如需要,对保障设备的功能有哪些要求和所需的数量;若是测试设备,测试单元的参数有哪些要求等;是否需要技术资料,如需要,对技术资料的内容要求是什么,还有对人员专业、技术等级与数量的需求等。

维修工作分析的过程如图 6-10 所示。

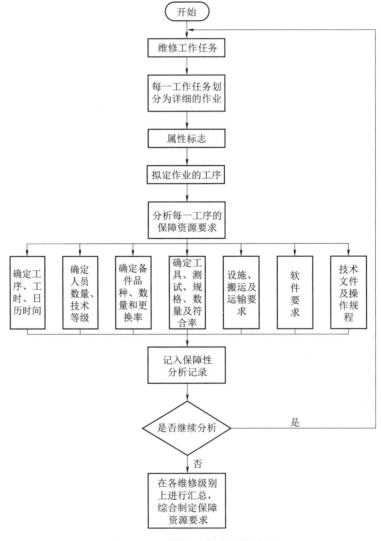

图 6-10 维修工作分析的过程

#### 6.2.5.3 O&MTA 的注意事项

(1)进行 O&MTA 要注意确定新的或关键的保障资源要求,以及与这些资源有关的危险物资、有害废料及其对环境影响的要求。

(2)通过 O&MTA,可以得出保障新装备的总的人员要求(人员数量、技术专业及技术等级)和人员的训练要求。

(3)通过 O&MTA,应确定新装备保障性可得到优化的领域,或为了满足最低保障性指标而必须更改设计的范围。

(4)装备初始供应是为保障装备在早期部署期间(时间由合同确定,通常为 1~2 年)所需的零备件、消耗品、工具与保障设备等供应品的初始储备的过程。

## 6.3 保障性设计

保障性设计是指将保障性要求纳入系统设计的一系列方法和活动。它是保证系统达到保障性要求的基本措施和途径。其目的是将装备的保障性设计特性要求纳入装备设计,使所设计的装备达到规定的设计要求。

(1)在装备研制阶段开展保障性设计与分析工作,主要作用有:

①考虑装备保障问题,以便形成装备设计的需求。

②提出和确定与保障有关的设计要求,使装备设计既满足任务要求,又便于实施保障。

③获得装备使用与维修所需的各类保障资源的要求、种类及数量,以便进行保障资源的研制与采购。

④确保装备在使用阶段能够以最低的费用与人力获取及时有效的保障。

(2)保障性设计的主要内容如下:

①与装备保障有关的设计特性设计。总体上可分为两类:一类是与装备保障有关的维修保障特性,涉及的内容有可靠性、维修性、测试性等;另一类是与装备使用有关的使用保障特性,涉及的内容有使用保障及时性、保障资源可部署性、装备可运输性等。

②保障系统(保障方案、保障资源)的规划设计,以及保障系统设计与主装备特性设计之间的协调、权衡,力求实现装备系统层面的最优化设计。

通过对装备总体、分系统保障性综合权衡,确定装备设计特性的保障性设计和保障资源的保障性设计的内容。

### 6.3.1 装备设计特性的保障性设计

根据任务需求及产品的具体特点,从简化设计、防差错设计、测试性设计、维修可达性设计、维修安全性设计、维修的人机工程设计等方面提出设计措施,并将提高保障性水平的技术措施落实到相应产品的设计中。装备设计特性的保障性设计要求一般包括:

(1)应对产品及其维修、使用方案进行简化、优选,通过对产品功能进行分析权衡,合并功能或去掉不必要的功能,以便简化产品和维修、使用操作。

(2)产品设计应尽可能采用容错技术,即使有些差错也会提示或告警,并且不会造成重大事故。

(3)测试性设计应能覆盖全部影响系统作战功能及使用性能的故障,各分系统、设备中具备独立结构和独立用途的整件或组件应配备独立的测试设备,保证各分系统、设备的可测试性。

（4）根据系统功能单元的不同层次和维修等级,设计不同的可达性维修方法,维修通道设计应满足视觉可达、空间可达和测试可达的要求。

（5）在产品设计中对维修操作可能会发生危险的部位（旋转装置、部位和传动机构等）,应设置醒目的安全标记,并设计维修安全防护装置。

（6）在进行产品设计时,应充分考虑人机工程学的要求,噪声、振动、照明、温度等条件都应在人体的承受能力范围内,并从减少疲惫、减小误操作概率及增加易用性方面开展设计。

### 6.3.2 保障系统的保障性设计

在明确了总体的保障要求的基础上,需要进行保障功能的分析,在装备与保障系统之间进行合理的功能分配,明确装备保障特性与保障系统的具体要求。随后,装备与保障系统同步研制,以确保最终实现装备系统的保障要求。上述过程是通过保障性工程活动而逐一得到落实的。保障系统的设计过程如图6－11所示。

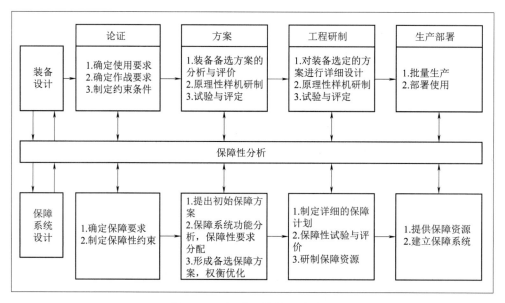

图6－11 保障系统的设计过程

保障系统的设计要素一般包括维修规划、人力与人员、供应保障、训练和训练保障、保障设备、技术资料、计算机资源保障、保障设施、计量保障、包装、转载、储存、设计接口等,围绕上述设计要素,总体及分系统在研制过程中应开展的主要工作内容包括:

（1）明确各维修级别可以进行预防性维修和修复性维修的设备、部件或项目。

（2）明确平时和战时使用与维修武器系统所需的人员数量、技术等级和专业类型等。

（3）根据系统或设备的使用要求、保障性水平、任务剖面、生产周期、备件失效率和价格等因素,对备件需求量进行概算,合理配置备品备件。

（4）在研制过程同步考虑对部队人员的培训问题,制定训练方案及计划,根据部队使用与保障人员素质编制训练教材,实施对部队使用和维修人员的培训。

(5)从简化品种、考虑抢修和保障设备自身保障三个方面规划保障设备,优先采用已有的或同类型号的保障设备,精简保障设备的种类和数量,实现通用化、系列化和组合化。

(6)根据系统配套表、使用文件汇总表和使用维修资料清单,提供相应的使用维护技术资料,所提供的技术资料应符合规范或标准,并考虑使用、维修人员的接受水平和阅读能力,简明扼要,通俗易懂。

(7)计算机软件应采用统一规定或推荐使用的计算机语言和操作系统,交付使用前应通过相关的测试。

(8)充分利用现有阵地及配套设施,提出靶场首区建设要求和战斗基地建设要求等详细技术要求。

(9)确定系统及其保障设备、备件、消耗品等的包装、装卸、储存和运输程序、方法和所需的资源。

(10)需要计量的设备应在设计时留有计量接口,避免计量时拆卸设备,并明确各类计量保障对象及其需校准的全部参数和技术要求。

(11)根据用户需求建立综合保障信息系统,综合保障系统应由数据中心和应用分系统组成,应用分系统包括数据集成管理与应用分系统、技术支持分系统和模拟训练分系统。

### 6.3.3 保障性设计准则

保障性设计准则是指在产品设计中为提高保障性而应遵循的细则。其目的是指导设计人员进行产品的保障性设计,主要作用有以下几个方面:

(1)确保产品保障性达到定量要求。

(2)通过落实保障性设计准则,对产品设计、工艺、软件以及其他方面提出设计要求,可以获得易保障、好保障的产品。

(3)设计人员在设计中遵循保障性设计准则,可从保障性角度对产品设计进行更为全面的考虑,在提高设计人员的保障性设计水平的同时,能够更好地提高产品的保障性。

(4)有利于实现产品性能设计与保障性设计的有效融合。

#### 6.3.3.1 关于装备使用保障特性的设计准则

(1)装备要便于操作,降低操作复杂程度,减少操作步骤,缩短操作训练时间。

(2)能够迅速有效地补充所需的保障资源。

(3)尽量将装备设计成能够使用通用化、系列化的液体和气体的型号。

(4)装备的运输分解结构要符合标准化的包装要求和现有运输工具的运输要求。

(5)武器挂架要通用化,有机内测试功能。

(6)装备的牵引系留点位置要符合人机工程要求。

(7)尽量采用小型化设计,以便减少包装与运输频数,并便于搬动与快速替换。

(8)尽量采用不需要添加润滑剂的机构设计,或在不拆卸附件的情况下,完成检查和润滑剂加注等。

(9)所有的面板指示仪表都应有外部零点调整。

(10)经常拨动的开关,禁止使用小型钮子开关。

#### 6.3.3.2 关于装备维修保障特性的设计准则

(1)应降低装备寿命周期的维修频数,尽可能采取便宜的元器件、原材料和简易的维修工艺。

(2) 尽量减少冗长而复杂的维修手册和规程资料。

(3) 尽可能设计不需要或很少需要预防性维修的设备,使用不需要或很少需要预防性维修的零部件,便于保障。

(4) 只要可能,应使一切维修工作都能方便而且迅速地由一个人完成,减少保障费用。

(5) 要保证即使在维修职员缺乏经验、人手短缺而且在艰难的恶劣环境条件下也能进行维修保障。

(6) 做到不需要复杂的有关设备就可以在紧急情况下由使用者进行关键性调整和维修。

(7) 设计时要权衡模块更换、原件修复、弃件或更换三者之间的利弊。

(8) 只使用最少种类和数目的紧固件,分解结合时最好不用工具或尽量不用专用工具。

(9) 要精简维修工具、工具箱与设备的品种和数目。

(10) 保证装备能满足维修者对它的各方面的要求,符合人机工程学的特点,满足维修操纵性、人力限度、身体各部的适合性等要求。

#### 6.3.3.3　关于保障系统的使用保障活动的设计准则

(1) 尽量搜集完整的装备任务要求、使用剖面、使用模式、使用环境信息和相似型号的使用活动信息。

(2) 使用保障活动尽量能够并行开展。

(3) 尽量通过实验或仿真方法准确地分析使用保障活动所需的时间。

(4) 尽量缩短使用保障活动的时间,如充填加挂的时间,简化使用保障活动的步骤,降低使用保障活动的频数。

(5) 使用保障活动规划输出的数据应能支撑装备使用训练大纲和使用手册的编制。

#### 6.3.3.4　关于保障系统的维修保障活动的设计准则

(1) 尽量搜集新研装备的可靠性设计、维修性设计、测试性设计、安全性设计、保障性设计信息和相似型号的维修活动信息。

(2) 尽量减少修复性和预防性维修工作项目以及维修工作频数。

(3) 尽量通过实验或仿真方法准确分析维修保障活动所需的时间。

(4) 故障定位活动尽量采用先进的检测和诊断手段,达到简易、准确和高效。

(5) 规划战场抢修活动,分析执行的战场抢修活动及条件。

(6) 分析维修级别时应充分考虑现有的维修能力约束条件。

(7) 对预防性维修活动尽量合理规划维修间隔期,集中执行相关维修活动。

(8) 需采用定时维修工作类型的设备,其更换和翻修时限应与主装备首次大修期一致,达不到主装备首次大修期时应与主装备定检周期相协调。

(9) 装备设计时应考虑除在大修或定期工作时需做的工作外,把日常维护工作减到最少。

(10) 维修保障活动规划输出的数据应能够支撑装备维修训练大纲和维修手册的编制。

#### 6.3.3.5　关于保障系统的保障组织的设计准则

(1) 保障组织规划原则上遵循使用方现有的保障组织建制,但对于保障模式发生重大变化的保障组织,可考虑对现有保障组织建制重新提出建议,如二线维修能力的前移,可适当考虑在现场设立外场可更换单元维修中队,承担外场可更换单元修理任务。

(2)搜集使用方对现存维修级别体制存在问题的反馈意见,为后续新研装备维修级别的确定提供参考依据。

(3)利用使用方现有的保障组织信息,作为保障组织的初始设计方案。

(4)建立合理的保障组织权衡模型,合理分配各级别间的维修活动,应从缩短保障时间、降低维修费用来进行权衡。

#### 6.3.3.6 关于保障系统的保障资源的设计准则

(1)尽量采用现有的保障资源。

(2)尽量减少保障资源的种类和数量。

(3)尽量考虑各类保障资源的通用性。

(4)尽量考虑各类保障资源之间的匹配性。

(5)根据每类保障资源的属性和特点,建立合理的具体保障资源相关的设计准则。

## 6.4 典型装备保障性设计与分析示例

### 6.4.1 以可靠性为中心的维修分析应用示例

以某地面火炮的反后坐装置,给出 RCMA 的示例。

(1)重要功能产品的确定。

从功能上分析,将反后坐装置分成如图 6-12 所示的功能产品结构层次。

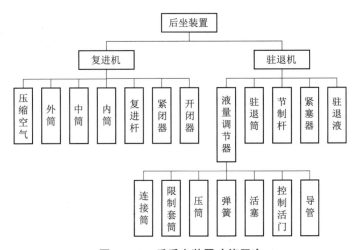

图 6-12 反后坐装置功能层次

多年的使用实践表明:复进机外筒、驻退机液量调节器的限制套筒、压筒、控制活门一般不会出现故障,故不对其做 RCMA。本例仅通过驻退机紧塞器的重要功能产品来介绍 RCMA。

(2)对驻退机紧塞器进行分系统危险分析。

驻退机紧塞器分系统危险分析结果如表 6-7 所示。

表 6-7 驻退机紧塞器分系统危险分析记录表

| 修订号 | 装备型号 66-152 | | 系统名称:反后坐位置 | | | 制定单位、人员签名 | | | 日期 | |
|---|---|---|---|---|---|---|---|---|---|---|
| 工作单元编码 | | | 参考图号 07.08 | | | 审查单位、人员签名 | | | 日期 | |
| 产品层次 | | | 系统或分系统件号 | | | 批准单位、人员签名 | | | 日期 | |
| 产品编码 | 产品名称 | 功能及编码 | 故障模式及编码 | 故障原因及编码 | 任务阶段 | 故障影响 | | | 故障检测方法 | 严酷度分类 | 是否在最少设备清单上 | 备注 |
| | | | | | | 局部影响 | 对上一层的影响 | 最终影响 | | | | |
| 0311 | 驻退机紧塞器 | 密封驻退机内的液体 | A. 漏液 | 1. 调整螺帽松动 | 射击 | 无 | 后坐过长 | 停止射击 | — | — | — | MTBF=100 发 |
| | | | | 2. 石棉老化 | 所有阶段 | 石棉绳老化 | 后坐过长 | 停止射击 | | | | |

(3)逻辑决断分析。

采用 RCMA 逻辑决断图,对驻退机紧塞器的每一故障原因进行分析决断,确定相应的预防性维修工作类型及其间隔期,提出维修级别的建议,分析结果如表 6-8 所示。

表 6-8 驻退机紧塞器 RCMA 记录表

| 修订号 | 装备型号 66-152 | 系统名称:反后坐位置 | 制定单位、人员签名 | 日期 |
|---|---|---|---|---|
| 工作单元编码 | | 参考图号 07.08 | 审查单位、人员签名 | 日期 |
| 产品层次 | | 系统或分系统件号 | 批准单位、人员签名 | 日期 |

| 产品编码 | 产品名称 | 故障原因编码 | 逻辑决断回答(Y/N) | | | | | | | | | | | | | | | | | | | 维修工作 | | |
|---|---|---|---|---|---|---|---|---|---|---|---|---|---|---|---|---|---|---|---|---|---|---|---|---|---|
| | | | 故障影响 | | | | | 安全性影响 | | | | | 任务性影响 | | | | | 经济性影响 | | | | | 编号 | 说明 | 维修间隔期 | 维修级别 |
| | | | 1 | 2 | 3 | 4 | 5 | A | B | C | D | E | F | A | B | C | D | E | F | A | B | C | D | E | | | | |
| 0311 | 驻退机紧塞器 | A1 | Y | N | | | | | | | | | | | | | | | N | Y | | | | 1 | 使用人员在射击时监控 | 射击时 | 操作人员 |
| | | A2 | Y | Y | | | | | | | | | | N | N | N | Y | N | | | | | | 1 | 定期更换紧塞绳 | $T=8$ 年或 $T=400$ 发 | 基地级 |

根据 RCMA 记录表形成驻退机紧塞器的预防性维修要求,如表 6-9 所示。

表 6-9 驻退机紧塞器预防性维修要求

| 产品编码 | 产品名称 | 工作区域 | 工作通道 | 维修工作说明 | 维修间隔期 | 维修级别 | 维修工时 |
|---|---|---|---|---|---|---|---|
| 0311 | 驻退机紧塞器 | — | — | 1. 监控紧塞器的漏液 | 射击时 | 操作人员 | 0.5 h |
| | | | | 2. 更换紧塞绳 | 8年或射弹400发 | 基地 | 2 h |

## 6.4.2 维修级别分析应用示例

以某型飞机无线电高度表的修理级别(三级)确定为例,给出其最初的修理级别分配方案。

某型飞机的无线电高度表主要由主机、接收天线、发射天线、高频发射电缆、高频接收电缆和低频电缆组成。确定其修理级别,主要采用非经济性分析方法。

(1)填写非经济性分析表。

对某型飞机无线电高度表进行 LORA 非经济性分析,分析结果如表 6-10 所示,表中 O 为基层级代码,I 为中继级代码,D 为基地级代码,X 为报废决策代码。

表 6-10 某型飞机无线电高度表 LORA 非经济性分析表

| 产品名称 | 非经济性因素 | 是 | 否 | 影响或限制的维修级别 | | | | 限制维修级别的原因 |
|---|---|---|---|---|---|---|---|---|
| | | | | O | I | D | X | |
| 主机 | 保障设备 | √ | | | √ | | | 规划测试设备为综合测试设备,故为中继级 |
| 接收天线 | 保障设备 | √ | | | √ | | | 规划测试设备为综合测试设备,故为中继级 |
| 发射天线 | 保障设备 | √ | | | √ | | | 规划测试设备为综合测试设备,故为中继级 |
| 高频发射电缆 | 人力与人员 | √ | | | | √ | | 外场可完成维修工作 |
| 高频接收电缆 | 人力与人员 | √ | | | | √ | | 外场可完成维修工作 |
| 低频电缆 | 人力与人员 | √ | | | | √ | | 外场可完成维修工作 |

(2)填写修理级别分析汇总表。

某型飞机无线电高度表 LORA 汇总表如表 6-11 所示。

表 6-11 某型飞机无线电高度表 LORA 汇总表

| 基层可更换单元编码 | 产品名称 | 拆/换 | | | 修理 | | | 报废 | | |
|---|---|---|---|---|---|---|---|---|---|---|
| | | O | I | D | O | I | D | O | I | D |
| LRU1 | 主机 | √ | | | | √ | | | | |
| LRU2 | 接收天线 | √ | | | | √ | | | | |
| LRU3 | 发射天线 | √ | | | | √ | | | | |
| LRU4 | 高频发射电缆 | √ | | | | | | | √ | |
| LRU5 | 高频接收电缆 | √ | | | | | | | √ | |
| LRU6 | 低频电缆 | √ | | | | | | | √ | |

(3)结论。

通过对某型飞机无线电高度表进行维修级别分析,确定了主机、接收天线、发射天线、高频发射电缆、高频接收电缆、低频电缆等外场可更换单元的修理及报废工作执行地点的修理级别,形成了某型飞机无线电高度表的维修级别初始分配方案。

### 6.4.3 使用与维修工作分析应用示例

以某型火炮反后坐装置的复进机内筒为例,介绍如何开展 O&MTA 的一般过程。

(1)收集有关信息。

收集信息包括某型火炮反后坐装置的功能要求、结构组成、层次划分,某型火炮反后坐装置或相似产品的故障信息。

(2)预防性维修工作分析。

采用 RCMA 逻辑决断表确定维修级别及维修间隔期等,如表 6—12 所示。

表 6—12 某型复进机内筒 RCMA 逻辑决断表

| 产品编码 | 产品名称 | 故障原因编码 | 逻辑决断回答(Y/N) | | | | | | | | | | | | | | | | | | | | | | 维修工作 | | |
|---|---|---|---|---|---|---|---|---|---|---|---|---|---|---|---|---|---|---|---|---|---|---|---|---|---|---|---|---|
| | | | 故障影响 | | | | | 安全性影响 | | | | | | 任务性影响 | | | | | | 经济性影响 | | | | | | 编号 | 说明 | 维修间隔期 | 维修级别 |
| | | | 1 | 2 | 3 | 4 | 5 | A | B | C | D | E | F | A | B | C | D | E | F | A | B | C | D | E | | | | |
| 0323 | 复进机内筒 | 1A1 | | | Y | | | | | | | | | | N | N | N | Y | N | N | | | | | 1 | 检查内筒锈蚀 | $T=13$ 年 | 基地级 |
| | | 1A2 | | | Y | | | | | | | | | | N | N | N | Y | N | N | | | | | 2 | 检查内筒划伤 | $T=8$ 年 | 基地级 |

(3)修复性维修工作分析。

依据某型火炮反后坐装置的复进机内筒分系统危险分析(如表 6—13 所示),判定复进机内筒的故障,然后进行复进机内筒的维修工作分析。主要对复进机内筒的维修作业工序、内容、时间、人员等级与数量、维修设备、备件消耗品和技术文件等进行维修工作分析,确定所需要的保障资源要求,如表 6—14 所示。

表 6—13 某型复进机内筒分系统危险分析表

初始约定层次:某型火炮　　　　任务:射击　　　审核:××　　　第 1 页共 1 页
约定层次:后坐装置的复进机内筒　分析人员:××　　批准:××　　　填表日期:××

| 产品编码 | 产品名称 | 功能 | 故障模式 | 故障原因 | 任务阶段 | 故障影响 | | | 故障检测方法 | 严酷度分类 | 是否在最少设备清单上 | 备注 |
|---|---|---|---|---|---|---|---|---|---|---|---|---|
| | | | | | | 局部影响 | 高一层次影响 | 最终影响 | | | | |
| 0323 | 复进机内筒 | 与复进杆活塞配合密闭液体 | 漏液 | 1. 内筒划伤 | 射击 | 划伤 | 影响复进动作 | 影响射击 | 仪器检查 | II | 是 | |
| | | | | 2. 内筒锈蚀 | 所有阶段 | 锈蚀 | 影响复进动作 | 影响射击 | | | | |

**表 6－14 某型复进机内筒 O&MTA 表**

项目名称：后坐装置的复进机内筒　　分析人员：××　　审核：××　　第1页共1页
维修工作任务：复进机内筒维修　　维修级别：基地级　　批准：××　　填表日期：××

| 维修作业工序号 | 工序名称 | 维修时间/h | 操作人员 | | 总工时人时 | 日历时间/h | 维修设备 | | 备件及消耗品 | | | 技术文件 | |
|---|---|---|---|---|---|---|---|---|---|---|---|---|---|
| | | | 数量 | 等级 | | | 名称 | 编号 | 名称 | 件号 | 数量 | 名称 | 编号 |
| 010 | 确定故障部位 | 0.2 | 1 | 4 | 0.2 | 0.2 | | | 螺钉 | M | 6个 | 维修手册 | 2 |
| 020 | 拆卸 | 0.5 | 1 | 4 | 0.5 | 0.5 | 梅花扳手 | 1 | | | | 拆装手册 | 1 |
| 030 | 更换复进机内筒 | 1 | 1 | 4 | 1 | 1 | 夹具 | 2 | | | | 拆装手册 | 1 |
| 040 | 装配 | 1 | 1 | 4 | 1 | 1 | 梅花扳手 | 1 | | | | 拆装手册 | 1 |
| 050 | 测试 | 0.5 | 1 | 4 | 0.5 | 0.5 | 探伤仪 | 3 | | | | 拆装手册 | 1 |

# 习　题

1. 根据《可靠性维修性保障性术语》，保障性的定义和内涵是什么？
2. 简述保障性与可靠性、维修性、测试性等特性的关系。
3. 武器装备常用的保障性参数可综合归纳为哪几类？
4. 已知某产品工作时间 $T_O=40$ h，待命时间 $T_S=80$ h，修复性维修时间 $T_{CM}=1$ h，预防性维修时间 $T_{PM}=4$ h，管理和保障延误时间 $T_D=8$ h，试计算使用可用度。
5. 已知产品某维修级别实际需要的保障设备数为14，该维修级别能够提供使用的保障设备数为13，该维修级别拥有的保障设备数为13，该维修级别保障设备实际使用数为11，试计算保障设备满足率和保障设备利用率。
6. 已知产品某维修级别实际需要的备件数为15，该维修级别能够提供使用的备件数为15，该维修级别拥有的备件数为15，该维修级别备件实际使用数为13，试计算备件满足率和备件利用率。
7. 设计特性的保障性设计包括哪些方面？
8. 保障资源的保障性设计包括哪些方面？
9. 简述综合保障与保障性的关系。
10. 保障性分析方法主要有哪些？
11. 什么是 RCMA？其概念是什么？通常包括哪些组合？
12. 什么是 LORA？其概念是什么？
13. 什么是 O&MTA？其概念是什么？主要包括哪两方面内容？
14. 什么是维修级别？
15. 关于保障系统的使用保障活动的设计准则主要有哪些？

习题答案

# 第 7 章
# 武器装备环境适应性设计与分析

## 7.1 环境适应性的概念

### 7.1.1 环境适应性的定义

根据《装备环境工程通用要求》(GJB 4239—2001),环境适应性是指装备(产品)在其寿命期内预计可能遇到的各种环境的作用下能实现其所有预定功能和性能与(或)不被破坏的能力;环境适应性是装备(产品)的重要质量特性之一。该定义中的环境是指寿命期中遇到的,具有一定风险的极端环境;其基本思路是认为能适应极端环境的装备,一定也能适应较温和的环境。定义中的功能是指装备实现或产生规定的动作或行为的能力。只有功能并不能说明达到规范规定的技术指标,因此还要求其性能满足要求;只有功能和性能均满足要求才能说明其在预定环境中能正常工作,这是环境适应性的一个标志;另一个标志是装备在预定环境中的不被破坏的能力,例如经受振动、机械冲击等力学环境作用而结构不损坏,经受高、低温和太阳辐射等气候环境作用而产品材料不老化、劣化、降解或产生裂纹等。应当指出,若装备在某一极端环境中不能工作或不正常工作,但当环境缓和后,又能恢复正常工作时,只要技术规范不要求在此极端环境中正常工作,仍然可以认为其环境适应性满足要求。

在环境适应性与其他五个通用质量特性的关系中,环境适应性与产品可靠性的关系最为密切。可靠性定义中的"规定条件",很重要的一点就是规定的环境条件。这个环境条件既是可靠性设计的输入,也是可靠性设计与试验评价的重要依据。因此产品可靠性离不开环境条件,两者都贯穿于产品的整个寿命周期,都有明确的定性定量要求,都是在一系列严格的管理条件下由设计确定,通过制造实现,再通过使用表现出来的特性。

产品的环境适应性要求作为产品的技术指标之一,在研制任务书、设计要求或合同等有关文件中规定,并纳入产品研制的有关技术文件中。

### 7.1.2 环境适应性的表征方法

装备在寿命期内储存、运输和使用过程中将暴露在各种自然环境和诱发环境中,这些环境涉及各种不同的环境因素。由于不同的环境因素的强度(或严酷度)表征方式对装备影响的机理和作用速度各不相同,表征装备环境适应性这一能力变得十分复杂,不能像可靠性那样用一些简便的参数(如平均故障间隔时间或可靠度等)来表示,而只能针对经分析确定应考虑的每一类环境因素分别提出相应的环境适应性要求,然后将其组合成一个全面的要求。

对每一环境因素的环境适应性要求可以是定量要求,也可以是定性要求,或是两者的组合。对于大多数可定量地表征其应力作用强度的环境因素如温度、振动等,环境适应性要求分两个方面表征:一方面是要求装备能在其作用下不受损坏或能正常工作的环境因素应力强度;另一方面则是装备的定量和定性的合格判据,如是否允许破坏、允许破坏程度或允许性能偏差范围。对于无法定量表征其应力强度的环境因素如生物因素,只能定性地规定一个有代表性的典型环境,加上定量和定性的表征装备受损程度的合格判据。需要指出的是,产品受到环境应力的作用效果不仅取决于应力强度,还取决于应力作用的时间,产品破坏的时间累积效应是不容忽视的。理论上讲,应当给出应力作用时间,而且要使指标中给出的应力强度和应力作用时间产生的效果与实际寿命周期中环境因素作用效果完全一致。在产品寿命周期内,一个环境因素作用于产品的应力大小往往会随时间变化,这种变化规律难以预先确定,此外同一环境因素高量值和低量值对产品的影响不一定成规律性关系,要想找到等效于实际环境影响的、对应于确定的极端环境应力所需的作用时间非常困难。所以,在目前的环境适应性指标中,一般不规定应力作用时间,而往往是将其放到验证试验方法中去解决。例如 GJB150A 的许多试验方法中均提供了试验验证时间,如高温储存时间 48 h、湿热试验 10 d、盐雾试验 48 h 或 96 h、振动功能试验 1 h 等,这一时间实际上是经验的总结。目前在型号研制总要求或研制合同协议中可以将 GJB150A 中规定的时间作为指标放入环境适应性要求中。实际上,指标中可不列时间,而在验证要求中有就可以。

综上所述,环境适应性要求是一个十分复杂的战术技术指标,由于这一要求复杂多样,在以往装备的立项论证中往往只能将其原则化,例如某装备应在某地域范围环境中能正常工作,有时再加上工作温度和腐蚀方面的具体要求。由于要求提得过于笼统和原则化,可操作性差,而且往往很不明确,承制方不得不根据这一原则要求,将其落实到装备下层产品,即落实到系统、分系统和设备各个层级,在各个层级中针对各种因素分别提出相应的环境适应性要求,这些要求构成了型号工程下层产品合同或协议书中环境适应性要求的内容。

### 7.1.3 环境适应性要求

环境适应性要求是描述研制装备应达到的环境适应性这一质量特性水平的一组定量和定性目标。

环境适应性要求实质上也是一种设计要求,可称为装备进行环境适应性设计的最低要求,通常也是指设计用的最低环境条件,即必须满足的要求和条件。设计人员将产品的环境适应性水平设计得高于此条件,就会有裕度,高出的裕度越多就越安全。

#### 7.1.3.1 环境适应性要求的范围

(1)代表产品寿命期中每一阶段使用环境条件下的产品预期使用情况。

(2)产品在其寿命期中应达到的一系列功能和性能。

(3)产品在其寿命期中每一阶段的预期环境作用下应具有的完成规定任务的能力水平。

#### 7.1.3.2 环境适应性要求的确定原则

(1)在按使用要求规定环境适应性时,应明确相应的寿命剖面、任务剖面、产品合格与失效判别准则和约束条件。

(2)在按环境要求规定环境适应性时,应明确相应的验证方法和通过或不通过的判据。

(3)环境适应性要求是产品研制的原始依据,一般不得变更。在特殊情况下需要进行必要的调整时,应经过充分论证和严格审批。

#### 7.1.3.3 环境适应性要求的特点

环境适应性属于质量特性,既然与质量有关,环境适应性就主要取决于产品自身结构设计和选择的材料、元器件的防护或耐各种环境应力作用的能力。环境适应性要求具有以下特点:

(1)唯一性。

在产品的设计寿命期内,必定会反复遇到各种环境应力的单一或综合作用,在某些情况下必定会遇到极端应力。从环境适应性定义可以看出,产品在这种极端应力的作用下,不应受到破坏或失去功能和性能,否则就是环境适应性不满足要求,因此只存在适应和不适应两种情况。可见环境适应性要求只有一个,即适应环境,否则就不能投入使用,因此这也是唯一的要求。环境适应性要求基本上是行还是不行的问题,是零故障的概念,因此不可能用故障率来表示,这也就导致了环境适应性要求表征的复杂性。

(2)综合性。

产品寿命期遇到的环境多种多样,其环境适应性要求是指对所有遇到的环境都要适应。产品寿命期遇到的环境,有时是单一环境因素为主,有时是综合环境因素为主,有时是几个部分环境因素综合,有时存在这种环境,有时不存在这种环境。不管什么样的环境组合,产品在各种最严酷的环境应力作用下都不许出现故障,所以环境适应性要求的表征就不可能是一言中的,或一数定量的;环境适应性必须是与各种环境应力强度结合起来表达,由此导致了环境适应性要求的多样性。环境适应性要求是产品对各种类型环境适应性的要求的集成,即是对各种环境因素适应性要求的综合,而且只要产品对任何一种环境因素不能适应,其环境适应性就不合格,就不能投入使用。

(3)半定量性。

环境适应性要求不可能完全定量地加以表征,但也不是毫无定量的概念。例如,耐环境应力强度大小,就可以从一个方面表示对产品的环境适应要求的高低;在同样应力作用下,产品失效判据中允许性能容差范围或其他劣化程度的大小,则可以从另一个方面来表达对产品的环境适应性要求的高低,允许容差范围越小,表明对装备环境适应要求越高。可见环境适应性要求虽然不能像可靠性那样用一个数值表示,但同样有定量表达的成分,其非定量表达的成分则是结构破坏、失去功能等,可见环境适应性要求具有半定量的特征。

## 7.2 环境分析

### 7.2.1 装备寿命期环境剖面确定

环境剖面是产品在储存、运输、使用中将会遇到的各种主要环境参数和时间关系的时序描述。寿命剖面包括任务剖面和环境剖面,产品的寿命剖面只有一个,而任务剖面和环境剖面可以有多个,每个任务剖面对应一个环境剖面。

(1)确定装备从工厂出厂到退役以致报废的过程中预期发生的各种类型的事件,一般包括运输、储存/后勤供应、执行任务/作战使用三种状态事件,并按时序列出寿命期剖面表;尽管装备未来实际经历的状态的顺序不一定完全与此相同,但是这一剖面可为充分考虑寿命期潜在重大事件提供基本信息。确定寿命期剖面时应特别考虑并纳入以下内容：

①装备在装卸/返工和运输期间预计遇到的事件或应力；

②将遇到的环境及其有关的地理位置和气候特性；

③包装/容器的设计/技术状态；

④装备所处的安装、储存和运输平台；

⑤与邻近装备的接口及邻近装备的工作情况；

⑥寿命期每个阶段暴露于某环境下相对和绝对持续时间以及发生的任何其他情况的相对和绝对持续时间；

⑦寿命期每个阶段预期出现的频数或可能性；

⑧由于装备的设计或自然规律（如雾或其他沉降物会限制红外探测头的效能）引起的对装备的限制或临界值。

(2)根据寿命剖面三种状态的事件预期的发生地点和状态本身的特点，结合环境应力产生的机理，确定在各种事件下可能遇到或产生的自然和诱发环境类型，并按时间序列处理。尽管装备未来实际经历的不一定与此完全相同，但它具有代表性，为充分考虑装备寿命期将遇到的重大环境提供了信息，可作为分析和确定寿命期环境应力的起始点，也有助于在制定环境试验计划时考虑试验应力及其综合应力，以及应力施加的顺序。

### 7.2.2 确定环境类型及其量值

(1)通过研究确定环境类型及其量值，为产品设计和试验提供依据。在武器装备中，一般称该项工作为"制定环境试验条件"，用于提供作为产品环境适应性设计和试验验证依据的实验室环境试验条件。在分析寿命周期环境剖面中涉及的全部环境具体数据的基础上，整理归纳出构成产品的环境设计工况的环境条件，按照相应设计规范制定出作为产品设计依据之一的环境试验条件。

(2)环境试验条件的编制应在产品正式研制开始之初完成。由于在产品研制之前不可能精确地描述某些与产品特性有关的环境，在初步的环境试验条件文件中，对这些环境仅是初始估计，需要随产品研制进程进行修正。因此，环境试验条件是一种动态文件，应随产品研制工作的进展定期检查和修订，环境试验条件的检查和修订应列入环境工程管理计划中。

(3)总体设计部门制定地面使用环境条件、力学环境、热环境等环境试验条件。环境试验条件文件应作为产品设计的主要依据之一，包含在产品研制任务书或总技术要求文件中。设备承制单位在此基础上制定设备的环境试验条件。

## 7.3 环境适应性设计

在武器装备的设计过程中应根据环境适应性要求，参考相应的环境适应性设计手册，采用适当的技术和方法以使装备达到规定的环境适应性。环境适应性设计主要包括热设计，防冲击和振动设计，防潮湿、霉菌和盐雾设计等。

### 7.3.1 热设计

热设计主要是讨论温度对武器系统影响的设计问题。如大部分武器装备的储存环境温度范围是-55～70 ℃,使用环境温度是-45～55 ℃,表明极端环境温度试验范围是-55～70 ℃。这是根据我国武器作战条件确定的温度范围。

热设计是热力学和流体力学原理在工程设计中的应用。其目的一方面是通过元器的选择、结构设计和电路设计来减少温度及其变化对武器系统性能的影响;另一方面是控制武器系统内部元器件(主要是电子元器件和电源)的温度,以及采取绝热措施使外部热的输入降低到最小限度。总的目的是使装备能在较宽的内、外温度范围内可靠地工作。

#### 7.3.1.1 温度对武器系统可靠性的影响分析

装备使用包括从装备出厂到作战或训练开始的整个时期,在运输、室内存放和仓库储存、野外堆放和阵地使用时可能遇到各种温度及其变化,如弹药装填后可能留膛(暂不发射),会遇到膛内高温,也就是要经受高、低温及热循环。温度变化对武器系统及其零部件的影响主要表现在以下几方面:

(1)热胀冷缩将引起不同材料的零件之间配合尺寸的变化,对运动件来说,则影响相互间的运动及运动规律。

(2)温度不均则产生收缩不均,造成局部的应力集中,形成内应力,从而产生裂纹、弯曲等。

(3)高低温热循环使不同金属的连接点发生电偶效应,热电偶产生的电流会引起电解腐蚀,金属与塑料件的连接点可能脱开等。

(4)塑料、天然纤维、皮革以及天然和人造的橡胶件,对温度特别敏感,可导致发脆、老化等现象,以致失去其功能。

(5)对于电子元器件,高低温可使其参数发生漂移,甚至不能完成其规定的功能。

(6)连发兵器经连发后,膛内温度可能达几百摄氏度,如果弹药留膛时间过长可能使弹药系统中火工品(如传爆管)发热而软化。

高低温的主要影响及引起的典型故障(失效)如表7-1所示。

表7-1 高低温的主要影响及引起的典型故障(失效)

| 温度 | 主要影响 | 诱发的典型故障(失效) |
| --- | --- | --- |
| 高温 | 热老化<br>氧化<br>结构变化<br>化学变化<br>软化、熔化和升华<br>黏度降低和挥发<br>物理膨胀 | 绝热物质的失效<br>电性能改变<br>结构损坏<br>润滑性能损失<br>结构损坏并增加机械应力 |
| 低温 | 黏度增加和固化<br>结冰<br>脆化<br>物理收缩 | 润滑性能损失<br>电性能改变<br>损失机械强度,出现裂纹、断裂<br>结构损坏 |

高低温与其他主要环境的综合影响如表7－2所示。

表7－2 高低温与其他主要环境的综合影响

| 高低温与其他主要环境 | 综合影响 |
| --- | --- |
| 高温＋机械振动 | 加剧机械损坏 |
| 高温＋湿度 | 加剧机械损坏 |
| 高温＋电离气体 | 加剧机械损坏 |
| 高温＋盐雾 | 加剧机械损坏 |
| 低温＋机械振动 | 加剧机械损坏 |
| 低温＋冲击 | 加剧机械损坏 |
| 低温＋加速度 | 加剧机械损坏 |
| 低温＋湿度 | 加剧机械损坏（较弱） |
| 低温＋雨 | 加剧机械损坏（较弱） |

#### 7.3.1.2 热设计的方法

热设计的方法主要有：

(1)提高元器件、材料允许工作温度。

(2)减少设备发热量。

(3)用冷却方法改善环境并加快散热速度。

热设计的重点是通过元器件的选择、电路设计及结构设计来减少温度变化对产品性能的影响，使产品能在较宽的温度范围内可靠地工作。例如，通过改变元器件的安放位置和安放方式，把元器件产生的热对其他元器件的影响减到最低限度，或采用冷却技术，加快散热速度。

产品的冷却方法包括自然冷却、强迫空气冷却、强迫液体冷却、蒸发冷却、热电致冷（半导体致冷）、热管传热和其他冷却方法（如导热模块－TCM技术、冷板技术、静电致冷等）。

冷却方法的选择依据如下：

①根据产品的功耗计算热流密度或体积功率密度；

②根据设计条件和热流密度或体积功率密度选择合适的冷却方法；

③冷却方法的选择顺序为：自然冷却、强迫风冷、液体冷却、蒸发冷却。

#### 7.3.1.3 热设计准则

(1)在强迫空气冷却的单元内，应设法使发热元器件沿着冷壁均匀散开。

(2)不要使热敏感或高发热元器件互相靠紧。

(3)不要使热敏感元器件靠近热点。

(4)对于自由对流冷却设备，不要将元器件正好放在高发热元器件的上方，而应当在水平面内交错放置。

(5)对于强迫对流冷却设备，应将温度敏感的元器件置于靠近冷却剂入口一侧，对温度不太敏感的元器件放在出口一侧。

(6)对于自由对流冷却设备，应将对温度敏感的元器件放在底部，其他元器件放在它们上面。

(7)对于冷壁冷却的电路插件，应使敏感的元器件靠近插件边缘。

(8)为尽量减小传导热阻,应采用短通路。
(9)对于冷板冷却设备,应尽可能将元器件直接安装在冷板上。
(10)应尽量减小元器件连接到模件或冷板上的黏合厚度。
(11)为尽量减小热阻,应加大安装面积。
(12)元器件的安装不要只把引线作为通向散热片的唯一传导通路。
(13)为增大传热面积,应将大功率混合微型电路芯片安装在比芯片面积大的铝片上。
(14)为增大传导通路面积,应将自由对流和辐射或撞击冷却的大功率元器件安装在散热片上。
(15)不要将间隔很小的散热片用于自由对流冷却。
(16)尽量增大所有传导通路面积和元器件与散热片之间的界面。
(17)为尽量减小传导热阻,应采用热导率高的材料。
(18)利用钢和铝等金属构成热传导通路和安装座。
(19)对于没有自由对流或自由对流很少的航天飞行器和高空航空电子设备的应用场合,应利用导热化合物来填塞热流通路上的所有空隙。
(20)尽量不要利用接触表面之间的界面作为热通路。
当利用接触界面时,采用下列措施使接触热阻减到最小:
①尽可能增大接触面积,使接触热阻减到最小;
②确保接触表面平滑;
③利用软接触材料;
④扭紧所有螺栓以加大接触压力;
⑤利用足够的紧固件来保证接触压力均匀。

### 7.3.2 防冲击和防振动设计

#### 7.3.2.1 冲击和振动环境分析

(1)冲击环境分析。
在空运、水运、铁路运输与公路运输以及装卸、储存和装填等过程均有冲击。
各种运输条件下的冲击参数如下:
①飞机(包括直升机和固定翼飞机)运输:一般垂直方向,最大加速度幅值 $12g$,脉冲时间 $0.1\ \text{s}$;
②铁路运输:正常运行情况下冲击加速度小于 $2g$;车辆挂钩时可产生高达 $30g\sim50g$ 的冲击加速度;刹车和间隙碰撞产生的峰值更高,达 $100g$ 以上(包括各个方向),列车速度高时冲击峰值可达到数百个 $g$,但达不到 $1\ 000g$;
③水运:正常运行情况下,冲击加速度很少超过 $2g$,当然这与船的大小有关;
④公路运输:卡车运输时,垂直、纵向、横向冲击加速度的最大值一般小于 $10g$;
⑤装卸的冲击情况,其严酷程度一般比从 $0.915\ \text{m}$ 的高度跌落到混凝土基础上要小,这大约相当于 $4.2\ \text{m/s}$ 的碰撞速度;
⑥储存中的冲击情况是由于铲车搬运及堆垛过程中与其他货箱相碰所产生的,这类数据很少;包装箱在仓库地板上滑动时的最大冲击加速度:垂直方向 $3.18g$,纵向 $2.55g$。
以上数据均引自《美军工程设计手册(环境部分)》,仅供参考。

例如，火炮发射前装填上膛时受到一定的装填力，主要的两种是：直接碰撞力和冲击惯性力。直接碰撞力是由于不正确的操作使炮弹碰炮尾或输弹机等所产生的；冲击惯性力是由于送弹运动的突然停止而产生的前冲力，某些武器的冲击加速度可达 10 000g 以上。如 25 mm 高射炮的这种冲击加速度（前冲）为 $(10.3\sim12.7)\times10^3 g$。还有侧向力有时也不应忽视。对于以上这些力的影响，设计时应考虑。装填时还有一个问题是，可能出于某种原因，弹药装填后不发射了，要及时退出来，退的时候同样会产生类似上述的几种力。同时，退时可能还会掉在地面（装填时也可能掉在地面），掉下的高度和方向基本上有一定的范围。火炮装填时的另一个问题是重装问题，如发射迫击炮弹前一发装入后，还未发射又装入第二发，这时弹尾碰弹头，零部件不论在头部还是在尾部，均要受到较大冲击。

(2) 振动环境分析。

振动环境主要来源于运输系统，包括陆路、空中与水上运输，即火车、汽车、飞机与舰船等运输过程。

各种运输条件下的振动峰值加速度如下：

① 公路运输（各种车辆与路面）：一般在 10g 以内；

② 铁路运输（各种条件与方向）：一般在 10g 以内；

③ 空中运输（固定翼机与直升机）：一般在 10g 以内；航炮射击时可增大 10 倍，即达到 100g 左右（在局部地方或外挂物上）；

④ 水上运输：一般在 10g 以内。

### 7.3.2.2 防冲击、振动设计

(1) 机械零部件及元器件防冲击、振动设计。

对于武器系统中的机械零部件的防冲击、振动设计，首先在零部件本身的结构上提高耐振能力，这与其质量、刚度和安装布局有关，设计时尽量使较重的零部件置于装备整体质心附近，以保证武器系统的质心与几何轴心重合为好。零部件、元器件安装应紧固，螺钉应加装弹簧垫圈，对于易松动的零件（如火工品）可采取黏胶等防松动措施。

(2) 电子线路防冲击、振动设计。

对有电子线路的防冲击、振动设计应注意以下几点：

① 为防止断线、断脚或拉脱焊点等故障，对较重的元器件及印刷电路板应采取固定结构，将导线线束及电缆绑扎，并分段固定；

② 采取局部或整体灌封结构是提高耐振能力的有效措施，例如，弹箭中的电子组件均采取灌封结构；

③ 结构和布局应有利于耐振，质量分布应均匀，质心位置最好位于中心；

④ 选用的电子器件应有足够的抗冲击振动特性。

(3) 整体包装的防冲击、振动设计。

对整体包装的设备，防冲击、振动的主要方法是进行良好的包装设计，以提供多种保护。

① 内外包装的可靠性分析。

武器系统的包装一般均有内包装和外包装，内包装主要是提供物理保护，密封以防潮防腐等。外包装（即装箱）主要是提供搬运保护。两者均对储存提供保护，以延长武器系统的储存寿命。

内包装为密封材料与武器系统壳体直接接触，其材料在长期储存中可能与壳体外表面产

生物理化学作用,影响其可靠性。因此,设计时必须考虑其材料的物理稳定性和相容性,必要时应进行相容性试验。内包装应防潮防水,必须密封好,可设计两种或几种材料的多层包装以达到密封要求。装备在内包装中不应产生位移,否则在运输碰撞中会影响可靠性,因此应设计纸垫、卡板等进行定位和起缓冲作用。

外包装应结实而牢靠,在使用前不得损坏,以确保内包装的完整性。其结构要便于搬运、堆放和储存,否则在搬运过程中或发生跌落时,由于包装的强度不够或不合理而使装备受到过大的冲击,对装备的安全性和可靠性均有很大影响。因此,包装箱的结构与材料设计要考虑各种运输条件下的偶然跌落和粗暴装卸及不适当装载时的强度和牢固性,装备内包装在其中的位置和固定方式也要正确合理,能起到缓冲、减振的作用,必要时应设计减振器或减振系统。如设置各个方向起减振缓冲作用的各种弹簧减振器或橡胶减振器,以保证三个方向上,六个自由度中的减振缓冲作用。

② 单个包装与多个包装的可靠性分析。

单个产品包装的可靠性分析及设计保证已在前面的章节进行了讨论,多个产品包装的问题是,包装的产品数应视其装备一次的用量而定,用量大的,容量可大一些;用量小的,容量可小一些。例如飞机用的航弹的包装盒,应根据所配航弹载机的挂弹特性,按每次挂弹基数或其倍数来设计包装盒的容量。这样,打开包装盒后航弹能及时用完,以免在无包装或仅有内包装时存放和搬运而引起安全问题,也会对可靠性产生影响。多个包装的另一个问题是,每个产品的安放位置一定要牢固,否则在运输过程中各产品可能产生相互碰撞,影响产品的安全性和可靠性。另外,多个包装的重量应考虑适合人的搬运,过重会增加搬运过程中跌落的可能性,影响可靠性。

#### 7.3.2.3 防冲击、振动设计准则

防冲击、振动设计准则较多,下面举一部分示例:

(1)使用软电线而不宜用硬导线,因硬导线在挠曲与振动时易折断。

(2)在门和抽斗上安装锁定装置,以免冲击或振动时自行打开。

(3)抽斗或活动底盘须至少在前面和后面有两个引销。配合零件须十分严密,以免振动时互相冲击。

(4)使用具有足够强度的对准销或类似装置以承受底盘和机箱之间的冲击或振动。不要依靠电气连接器和底盘滑板组件来承受这种负荷。

(5)避免悬臂式安装器件。如采用时,必须经过仔细计算,使设备强度能在最恶劣的环境条件下满足冲击要求。

(6)设备的机箱不应在 50 Hz 以下发生共振。

(7)模块和印制电路板的自然频率应高于它们的支撑架(最好在 60 Hz 以上)。可采用小板块或加支撑架以达到防振目的。

(8)沉重的部件应尽量靠近支架,并尽可能安装在较低的位置。假如设备很高,要在顶部安装防摇装置或托架,则应将沉重的部件尽可能地安装在靠近设备的后壁。

(9)大型平面薄壁金属零件应加折皱、弯曲或支撑架。

(10)所有调谐元件应有固定制动的装置,使调谐元器件在振动和冲击时不会自行移动。

(11)继电器安装应使触点的动作方向同衔铁的吸合方向,尽量不要同振动方向一致,为了防止纵向和横向振动失效可用两个安装方向相垂直的继电器。

(12)实施振动、冲击隔离设计,对发射系统一些关键电真空器件,要采取特殊减振缓冲措施,要使元器件受振强度低于 $0.2\ m/s^2$(加速度)。

(13)通过金属孔或靠近金属零件的导线必须另外套上金属套管,防止振动摩擦。

(14)对于插接式的元器件,纵轴方向应与振动方向一致,同时应加设盖帽或管罩。

(15)对于电阻器和电容器,安装时关键在于避免谐振。为此,一般采用剪短引线来提高其固有频率,使之离开干扰频谱。对于小型电阻、电容尽可能卧装,在元件与底板间填充橡皮或用硅橡胶封装。对大的电阻、电容器则需用附加紧固装置。

(16)对于陶瓷元件及其他较脆弱的元件和金属件连接,它们之间最好垫上橡皮、塑胶、纤维及毛毡等衬垫。

(17)为了提高抗振动和冲击的能力,应尽可能地使设备小型化。优点是易使设备有较坚固的结构和较高的固有频率,在既定的加速度下,惯性力也小。

(18)在结构设计时,除要认真进行动态强度、刚度等计算外,还必须进行必要的模拟试验,以确保抗冲击、振动性能。

(19)适当地选择和设计减振器,使设备实际承受的机械力低于许可的极限值。在选择和设计减振器时,要对缓冲和减振两种效果进行权衡。注意缓冲和减振往往是矛盾的。

(20)对于特别性振动的元器件和部件(如主振动回路元件)可进行单独的被动隔振。对振动源(如电机等)也要单独进行主动隔振。

### 7.3.3 防潮湿、霉菌和盐雾设计

#### 7.3.3.1 潮湿、霉菌和盐雾的影响分析

(1)湿气的主要影响:湿气渗透多孔的物质,在导体之间形成漏电通道,引起氧化导致腐蚀、材料膨胀,特别是密封用的橡皮垫膨胀等;极度的缺少湿气又将引起材料脆裂,并使表面成颗粒状。

因此,潮湿引起的典型故障主要有零件膨胀、破裂、丧失机械强度;损害电气特性,使绝缘性下降;降低火工品的感度以致瞎火等。

(2)微生物包括细菌、霉菌和其他菌类。主要的影响:腐蚀金属表面,损坏电线的绝缘,降低某些润滑作用,产生的有机物和无机物对某些材料起侵蚀作用,细菌群体的增长还能阻塞零件间的间隙等。

(3)盐雾的主要影响:含盐的水是良导体,因而使绝缘材料的绝缘电阻下降,引起金属电解而损坏表面,降低结构强度,增加导电性能;引起化学反应导致腐蚀,降低机械强度并增加表面粗糙度;还能改变电气特性,改变火工元件的特性等。

(4)高、低温对潮湿、霉菌和盐雾的综合影响:

①高温:提高湿气的穿透速度,增大破坏作用;提高盐雾的腐蚀速度;促进霉菌的生长。

②低温:湿度随温度下降而降低,但是低温引起水汽凝结,甚至出现结霜;降低盐雾的腐蚀速度;减少生霉,温度在 0 ℃ 以下时,霉菌处于假死状态。

#### 7.3.3.2 防潮湿、霉菌和盐雾的设计方法

(1)一般设计方法。

①防潮湿的方法:表面涂覆防潮材料;进行密封、灌封结构设计;涂保护层,安装保护套以

及密封包装等；必要时还可安装吸湿料、去湿器等。

②防霉菌的方法：采用不生霉处理的绝缘材料。不易生霉的材料有有机硅塑料、聚乙烯、聚丙乙烯、氯丁橡胶、环氧酚醛玻璃布板、云母、聚酯等。而棉、麻、丝和纸很易生霉，若用作与环境接触的绝缘材料，必须采取防霉处理。

③防盐雾的方法：采用非金属的保护套、密封结构等。

在装备设计中，密封和灌封结构是防潮湿、霉菌和盐雾以及尘埃的最有效的办法。

(2)密封结构设计。

武器系统的密封设计应考虑细致、全面，以保证长期储存的要求。一般应考虑以下几个方面：

①内部密封与外部密封相结合。不仅要考虑外部各连接部位的密封，还要对内部易受潮变质的部件采取密封措施。如对火工品集中的部位进行局部结构密封，使其与其他部件隔绝。一些电子部件也有局部密封的办法，如用塑料密封圈等将其密封，使之与其他部件隔绝；还有一些标准的机构装置有其自身的密封，如标准的密封延期装置、标准的密封保险机构和隔爆机构等。

②单层密封与多层密封相结合。如果单层密封不能达到满意的效果时，可以对同一部位用多层密封方法，每层密封的材料与结构不一定相同。

③各种密封结构和形式，其材料的老化变质率均要满足长期储存的要求，储存寿命要大于装备的储存年限要求。

④采用包装密封。容器内充氮气或其他惰性气体，外壳常用锡焊进行密封。

(3)灌封结构设计。

电子线路部件为了性能稳定，增加强度，以及不受外部潮气等环境因素的影响，常采用灌封结构。

常用的灌封材料有石蜡、环氧树脂、硅橡胶、特种聚氨酯泡沫塑料等。石蜡收缩率太大，机械性能不理想，一般少用。环氧树脂用作结构黏接。硅橡胶和硅凝胶有较好的温度性能和电性能，硅凝胶是目前较好的灌封材料，其固化收率小(小于0.1%)，且无内应力；灌封体透明并有弹性，有很好的防潮、防振效果；适应的温度范围宽(-60~180 ℃)；生产工艺方便。

### 7.3.3.3 防潮湿、霉菌和盐雾的设计准则

防潮湿、霉菌和盐雾的设计准则示例有：

(1)对设备或组件进行密封是防止潮气及盐雾长期影响的最有效的机械防潮方法。

(2)对元器件进行灌封是对其进行气候环境防护的最有效的措施。

(3)对于不可更换的或不可修复的元器件组合装置，可以采用环氧树脂灌装。

(4)对于含有失效率较高及价格昂贵的元器件组合装置，可以采用可拆卸灌封。如硅橡胶、硅凝胶灌封和可拆卸的环氧树脂灌封等。

(5)为了防潮，元器件表面可涂覆有机漆。

(6)为了防潮，对元器件可以采取憎水处理及浸渍等化学防护措施。

(7)为了防止盐雾对设备的危害，应严格进行电镀工艺、保证镀层厚度、选择合适的电镀材料(如铅锡合金)等，这些措施对盐雾雨或海水具有非常好的抵抗能力。

(8)为了防止霉菌对电子设备的危害，应对设备的温度和湿度进行控制，降低温度和湿度，保持良好的通风条件，以防止霉菌生长。

(9)将设备严格密封,并加入干燥剂,使其内部空气干燥,是防止霉菌的具体措施之一。

(10)使用抗霉菌材料是电子设备防霉的基本方法。无机矿物质材料不易长霉,一般合成树脂本身具有一定的抗霉性。

## 7.4 典型装备环境适应性设计分析示例

### 7.4.1 某型微纳卫星热控系统设计示例

(1)产品简介。

某型微纳卫星属于大型卫星的伴随小卫星,质量小于 10 kg,主要由载荷仓、模块盒、太阳电池帆板等部分组成。载荷仓含有微惯性组合、电池组、储箱、相机等组件,具有对地成像、信息传输功能。

(2)热环境特点。

微纳卫星长期运行在高真空太空环境,热传导主要通过传导和辐射进行。

(3)热设计要求。

①采用成熟的热控技术和实施工艺,遵循各项热控规范和标准,力求简单、可靠;

②整星热设计以被动热控方式为主,在被动热控方式不能满足要求时,再考虑电加热补偿的主动热控方式,力求实现最佳热耦合机制;

③星内一般一个设备的温度范围设计余量为±10 ℃。

(4)热控设计措施。

综合考虑卫星结构、特点、温度要求及所在的空间环境,采取如下热控措施:

①载荷仓内除推进系统采取特殊的热控措施外,其他装置外表面进行发黑处理,表面黑度 $\varepsilon \geqslant 0.8$。

②模块盒与载荷仓身内表面黑度 $\varepsilon \geqslant 0.5$。

③模块盒内各电路板与其安装面之间填充导热材料或导热脂。

④位于星外的磁强计、GPS 天线等外表面喷涂有机灰漆或有机黑漆。

(5)建立仿真模型。

利用 IDEAS TMG 软件建立卫星整体及各部分的有限元模型:空间背景为 4K 冷黑空间,输入轨道、姿态等参数(太阳同步圆轨道、高度取 550 km、倾角取 95°、降交点地方时取 11:00 等),三轴稳定姿态时,$+Z$ 轴指向地心,$+X$ 轴指向飞行方向(模型网格略)。

(6)仿真分析。

稳态情况下,卫星各部分温度分布如表 7-3 所示。

表 7-3 卫星各部分温度分布

| 序号 | 部位 | 温度分布范围/℃ |
| --- | --- | --- |
| 1 | 太阳电池帆板 | -38.5~24.7 |
| 2 | 顶板 | -0.7~13.1 |
| 3 | 推进电路盒 | 13.5~13.7 |

续表

| 序号 | 部位 | 温度分布范围/℃ |
|---|---|---|
| 4 | ADCS 模块～BCM 模块等 8 个模块 | 15.5～24.0 |
| 5 | 载荷仓内各装置 | 0.5～5.2 |
| 6 | 磁强计、GPS 天线等 | 1.1～10.2 |

图 7-1 分别是卫星整体（上左）、载荷仓（上右）、太阳电池帆板（下左）、顶板及磁强计和 GPS 天线（下右）的温度分布云图。

由仿真结果可知，所采取的热设计方案满足卫星总体的要求，仓内一般仪器设备的温度为 -10～45 ℃，仓外仪器设备的温度为 -80～80 ℃。

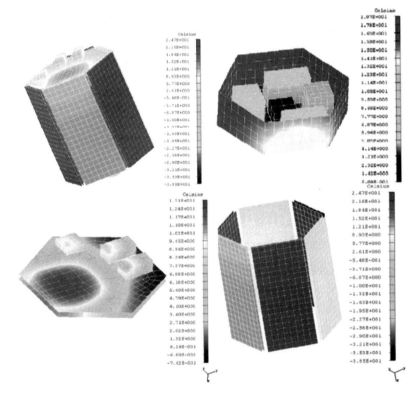

图 7-1 卫星各部分温度分布云图

## 7.4.2 某型弹箭防振动、冲击示例

以某型弹箭的防振动、冲击设计为例进行分析。

(1) 产品简介和环境要求。

该弹箭主要包括弹控系统、弹丸和引信，不考虑发射药筒。该弹箭引信是通用型，用途范围较广，要求适应各种振动、冲击环境应力。

(2) 弹箭振动、冲击环境分析。

①发射周期内，弹控系统、弹丸和引信主要受后坐惯性力和离心力作用，作用时间短，实际

上是一种冲击,对引信来说,直线解脱保险系数 $K_1$ 与离心解脱保险系数 $K_2$ 一般可表征其冲击强度。目前主要弹箭引信的 $K_1$ 与 $K_2$ 值范围如表7-4所示。

表7-4 主要弹箭引信的 $K_1$ 与 $K_2$ 值范围

| 弹箭引信种类 | $K_1$ | | $K_2$ | |
| --- | --- | --- | --- | --- |
| | 最小 | 最大 | 最小 | 最大 |
| 地面炮榴弹引信 | 1 870 | 20 800 | 0 | 6 860 |
| 火箭弹引信 | 10 | 1 690 | 2 | 6 173 |
| 破甲弹引信 | 1 087 | 38 500 | 1 | 6 324 |
| 穿甲弹引信 | 197 | 27 040 | 1 993 | 15 170 |
| 高射炮弹引信 | 13 320 | 44 583 | 3 300 | 25 300 |
| 迫击炮弹引信 | 297 | 8 634 | — | — |
| 特种弹引信 | 791 | 14 039 | 489 | 3 462 |
| 海军专用炮弹引信 | 3 119 | 57 684 | 952 | 79 690 |
| 航空炮弹引信 | 51 230 | 71 330 | 50 940 | 81 600 |
| 航空火箭弹引信 | 52 | 196 | 16 | 25 |
| 总范围 | 10 | 71 330 | 0 | 81 600 |

②发射周期后,在弹道上可能碰到障碍物,如雨滴、树枝和庄稼等,也会受到一定的冲击。
(3)防振动、冲击设计措施。

弹箭中机械零部件和电子元器件的防振动、冲击设计措施见上面章节的相关内容,不再重复,这里只给出火工品和包装情况的设计措施。

①火工品防振动、冲击设计。

弹用火帽、雷管、延期管等火工品,要能承受勤务处理及发射过程中可能产生的最严重的冲击,要有足够的机械强度和冲击安定性,以保证不影响其正常作用性能。紧固方式一般有三种:胶结、铆接(点铆或环铆)、螺盖压紧后再点铆。针对防振动、冲击而言,以螺盖压紧为好。

②单独包装与整弹包装的措施。

多数弹箭是单独包装的,也有将引信先装在所配弹上,然后整弹包装。整弹包装的问题是与弹装配的牢固性与气密性应比单发包装的要求高,因为在整弹情况下要经受运输和长期储存,装上弹后包装的体积和质量均比单发包装大,抗冲击、振动的能力和气密性要更好,整弹包装后才能达到单发包装时同等的程度。

### 7.4.3 某型飞机火力控制系统防潮湿、霉菌和盐雾设计示例

(1)产品简介和环境要求。

飞机火力控制系统主要包括光学瞄准具、计算机、陀螺、传感器、电缆线等,分别安装在飞机的驾驶舱和设备舱。要求按标准对火力控制系统进行三防(防潮湿、防霉菌、防盐雾)设计。

(2)金属材料的选择分析。

由于飞机是长期使用、寿命较长的产品,应选择耐腐蚀性好的金属材料,如铜及铜合金、纯铝、铝镁合金、铝锰合金、银、马氏体不锈钢等。

对耐腐蚀性较差的金属材料如碳钢、低合金钢制成的零件,应采用镀镉、镀锌纯化和化学氧化等防护方法。对铝及铝合金制成的零件,应采用阳极氧化及铬酸盐封闭的防护方法。

(2)非金属材料的选择分析。

抗霉材料有丙烯酸、石棉、陶瓷、玻璃、金属、云母、聚酰胺(尼龙)、聚丙烯、聚苯乙烯、聚四氟乙烯、二氯乙烯等。

不抗霉材料有环氧树脂、润滑剂、有机玻璃、聚氯乙烯、天然橡胶和人造橡胶等。

易长霉的材料有棉、麻、丝、绸、纸、皮革等。

对于易长霉的材料一般不宜选用,必须选用时应采用化学溶剂浸泡等防护处理。

(3)变压器和印制线路板的处理。

变压器、扼流圈和印制线路装配板等应浸 H30－2 环氧酯绝缘烘漆,使其具有良好的防腐蚀性。

(4)印制板插头、插座的处理。

印制板插头、插座应浸 DJB－823 电接触固体薄膜保护剂。这是针对军用电子设备需要而研制的,能防止湿热、盐雾、霉菌、工业大气和手汗等对产品的侵蚀,效果十分显著。

(5)显示器和设备外表面的处理。

三防试验表明,座舱驾驶员显示器外表面喷黑色醇酸皱纹漆,设备舱的设备表面喷灰色氨基烘干锤纹漆,均有良好的耐腐蚀性。

(6)电缆的三防处理。

捆扎电缆的非金属线由原来的棉线改为锦纶线,包裹电缆的材料由原来的黄蜡绸改为胶布或聚酯薄膜。

# 习　题

1. 根据《装备环境工程通用要求》,环境适应性的定义和内涵是什么?
2. 环境适应性的"唯一性"特点的含义是什么?
3. 简述环境适应性与可靠性的关系。
4. 什么是环境剖面?环境剖面与寿命剖面和任务剖面有什么关系?
5. 什么是热设计及其目的?
6. 我国武器作战条件确定的温度范围通常是多少?
7. 装备在运输中遇到的振动环境条件有哪些?
8. 装备通常遇到的冲击环境条件有哪些?
9. 防潮湿、霉菌和盐雾的一般设计方法有哪些?
10. 密封结构设计的方法有哪些?

习题答案

# 第8章
# 武器装备性能与通用质量特性综合设计

## 8.1 概述

武器装备在战争中起着直接摧毁和消灭敌方目标的重要作用。随着军事科学技术的发展和作战模式的变革,战争对装备的依赖性增强,尤其是在信息化高技术战争中,更加强调精确打击能力和毁伤效能。近年来不断出现的各种精度高、射程远、威力大的装备,采用了新原理、新结构、新材料、新工艺等,使武器系统的性能得到了有效改善,作战能力大幅提高,同时对装备的质量特性综合设计提出了更高的要求。

装备性能与通用质量特性综合设计可为装备综合设计、竞标提供决策依据,可以缩短设计周期、节省设计资源、降低保障经费。

综合设计评价技术在系统工程中是一种决策分析方法,能用来解决复杂的、有一个以上选择准则的问题。通用质量特性综合设计是指在充分考虑武器装备性能与通用质量特性影响下,利用多属性决策技术对系统设计方案的性能与通用质量特性各项指标进行综合分析,以求得到总体协调的和满意的设计方案,为设计决策提供支持。武器系统性能与通用质量特性综合设计评价模型是一个多属性决策问题,性能特性反映了武器系统的战斗性能,如命中精度、威力、速度、重量等。通用质量特性反映武器系统在日常或战备使用中是否能够长时间持续发挥性能特性的能力。性能与通用质量特性综合设计正是在装备研制过程中综合权衡性能与可靠性、维修性、保障性、测试性、安全性和环境适应性等特性,以满足武器系统整体设计方案的决策过程。对于性能与通用质量特性综合评价问题,由于其属性间的相关性、互补性和交互性,决策过程指标的确定具有一定的难度,包括指标的取舍、定性指标的处理、指标相关性的分析、指标非线性问题的处理等。同时,评价决策有其复杂性,因为所涉及的决策属性是效益型、成本型的混合,属性权重的确定既有主观因素也有客观因素,属性的信息可能出于确定、随机、模糊或混合状态,对更加科学合理地综合决策提出了更高的要求。目前产品数据管理、智能计算方法和数据挖掘技术已用于复杂决策中,为多属性决策提供了良好的数字化平台和决策支持实现手段,因此,研究武器系统性能与通用质量特性综合设计与分析技术具有可行性。

## 8.2 综合设计方法

综合设计方法有多种,包括简单加权法、理想点法、功效系数法、层次分析法及综合效能设计方法等,每种方法各有特点,适用范围也不同,应根据产品特点选择对应的方法。

### 8.2.1 简单加权法

简单加权法在决策这门学科中较为常用,关于简单加权法的特点、步骤以及优缺点如图 8-1 所示。

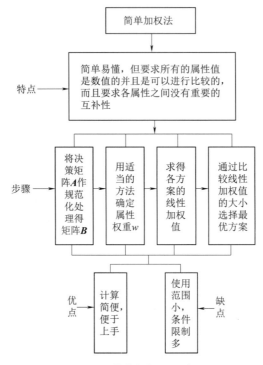

图 8-1 简单加权法示意图

### 8.2.2 理想点法

理想点法(the technique for order preference by similarity to ideal solution,TOPSIS)的基本思想是,将评估对象看作是由反映其整体状况的多个指标值在高维空间中决定的一个点,评估问题就转化成对各评估对象在高维空间中所对应点的评估或排序,这就需要事先确定一个参考点,以此为标准对各评估对象所对应点的优劣做出评估。通常,参考点有正理想点和负理想点之分,距离正理想点越近越好,距离负理想点越远越好。可以通过衡量评估对象的对应点与正理想点的相对接近度来对评估对象的综合状况做出评估,基本步骤为:

(1)对指标实际值预处理求指标评估值,TOPSIS 一般应用相对方法进行指标的无量纲化。

(2)对各指标评估值加权。

(3)确定参考点:正理想点和负理想点。如果指标都正指标化了,则可以用指标加权评估值中的最大值构成正理想点,以各指标加权评估值中的最小值构成负理想点。

(4)分别计算各评估对象对应点到正理想点和负理想点的距离,以及评估对象对应点到正理想点的相对接近程度。

### 8.2.3 功效系数法

功效系数法也属于一种多属性决策方法。对各项评价指标分别排序,并分别给各序号(等级)以相应的评分值即优序数,然后综合各项评价指标,分别计算评价对象的总优序数,并按总优序数大小评定其优劣顺序。

优序法就是通过对多目标决策问题进行两两比较,最后给出全部方案的优劣排序。此方法应用简单,既能处理定量问题,又能处理定性问题。在建立管理成果指标体系的基础上,利用优序法可以给出管理成果评价方法。

### 8.2.4 层次分析法

层次分析法简称 AHP,该方法将决策目标分为若干个互不相同的组成因素,并根据各组成因素的隶属关系和关联关系的不同,将各因素进行分层,形成层次模型,对层次模型进行定性定量分析,最终做出决策。以炮射导弹系统方案为例,将炮射导弹系统方案分为决策目标、对比准则、备选方案,以此模型为基础对炮射导弹方案进行定性定量分析,从而做出决策,获得最佳方案。

在层次模型的每一层次中,将该层的各元素相对于上一层的某一元素进行两两影响度比较,并将比较结果写成矩阵的形式,即建立判断矩阵。然后计算判断矩阵的最大特征根及其对应的归一化特征向量,该归一化的特征向量各元素即为该层次各元素相对于上一层次某一元素的权重。在此基础上进一步综合,求出各层次组成因素相对于总目标的组合权重,进而得出各目标的权重值或多指标决策的各可行方案的权重值。

在对武器装备进行综合设计时,由于装备系统较为复杂,面对的选择因素与比较因素数量较多,导致装备综合设计难度大,容易错过最佳选择因素,进而导致装备设计方案出现一些设计上的缺陷。通过对比以上各方法的特点,决定采用层次分析法作为综合设计方法来解决这个问题,利用层次分析法对装备方案进行综合设计,能有效发挥其本身的优势,完成对最佳装备方案的决策。

### 8.2.5 综合效能设计方法

在进行系统效能评价中,最常用的模型为 WEIAC 模型,WEIAC 模型是美国工业武器系统效能咨询委员会建立的模型,系统效能是指系统在规定的条件下和规定的时间内,满足一组特定任务要求的程度,包括可用性、可信性和固有能力三个参数。

对于一个武器装备而言,所关心的主要是装备的效能和寿命周期费用。为了将两者联系起来,通过建模的方法,即分别建立效能与关键性能参数、总拥有费用与关键性能参数之间的关系模型。可以说,关键性能参数是将效能和费用进行联系的桥梁。关键性能参数是对武器系统的作战能力或执行任务能力的描述,实际上它既包括系统的主要性能参数,也包括主要的通用质量特性参数。

系统在开始执行任务时的状态由系统的"可用性"描述。系统在执行任务过程中的状态由"可信性"描述。系统完成给定任务的程度由系统的"能力"描述。因此,系统的"可用性""可信性"以及"能力"构成了系统的效能,三者统称为效能三要素。

系统的可用性是指需要开始执行任务的任一时刻,系统处于正常工作(即无故障)状态的程度。可用性的量度指标是可用度,即需要开始执行任务的任一时刻,系统处于正常工作状态的概率。对于在开始执行任务前是可修复的系统,系统的可用性依赖于系统的基本可靠性和维修性;对于在开始执行任务前是不可修复的系统,系统的可用性仅仅依赖于系统的固有可靠性。而大多数系统在执行任务前是可修复的系统,但复杂武器系统既包括不可修复的部分,也包括可修复的部分,要分别考虑。

系统的可信性是指在执行任务过程中,系统处于正常工作(即无故障)状态的程度。可信性的量度指标是可信度,即在执行任务过程中,系统处于正常工作的概率。对于在执行任务过程中是可修复的系统,系统的可信性依赖于系统的任务可靠性和维修性;对于在执行任务过程中是不可修复的系统,系统的可信性仅仅依赖于系统的任务可靠性。

系统的固有能力是指系统在最后阶段完成给定任务的程度。能力的量度指标是系统完成给定任务的概率。系统的能力在很大程度上依赖于分配给它的任务。装备的综合效能 $E$ 的计算如式(8-1)所示:

$$E = ADC \tag{8-1}$$

式中:$A$——系统的可用性;

$D$——系统的可信性;

$C$——系统的能力。

## 8.3 性能与通用质量特性综合设计步骤

通用质量特性参数指标的综合设计是指按所建立的相关模型,对装备不同设计方案的通用质量特性指标、作战性能指标、费用进行计算或评估,按确定的设计准则进行设计分析,从而选出优化的通用质量特性指标方案。装备特性(包括通用质量特性指标、效能、费用等)综合设计的基本步骤如图8-2所示。

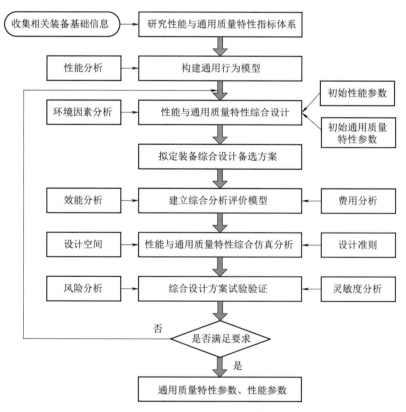

图8-2 装备特性综合设计的基本步骤

(1)收集性能指标和通用质量特性指标相关的基础信息。
(2)研究装备性能与通用质量特性指标体系。
(3)构建装备通用行为模型。
(4)建立装备性能与通用质量特性综合设计模型。
(5)开展装备性能与通用质量特性综合设计,拟定装备综合设计备选方案。
(6)进行装备性能与通用质量特性综合仿真。
(7)典型装备性能与通用质量特性综合设计试验验证。

## 8.4 典型装备性能与通用质量特性综合设计示例

以某型导弹为例,在研制阶段开展性能与通用质量特性综合设计。

### 8.4.1 导弹性能与通用质量特性综合设计的内容

导弹系统的能力在很大程度上依赖于分配给它的任务。用于完成特定任务的系统,对于这项任务而言,它的能力可能提高;若换成了另一项任务,它的能力就可能很低,甚至为零。特定的任务用特定的系统。系统不同,它完成的任务也不同;任务不同,对系统能力的要求也不同。下面仅以导弹武器系统为例,讨论该系统能力所包含的内容。

摧毁或破坏既定目标是导弹系统的最终任务,导弹的能力可根据对目标的摧毁和破坏程度与概率来评价。因此,导弹系统的性能从结构、射程、威力以及制导控制这四个方面进行衡量。

导弹系统效能是系统可用性、可信性与固有能力这三者的综合体现。导弹系统效能指标体系如图8-3所示。

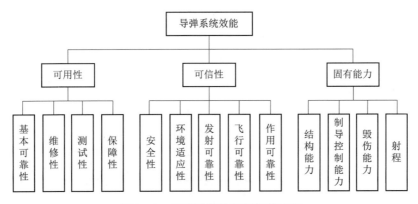

**图8-3 导弹系统效能指标体系图**

### 8.4.2 导弹系统效能的数学模型

导弹系统效能包括可用性、可信性和固有能力三个参数。
(1)导弹可用性分析。
导弹为长期储存一次使用的产品,它在使用期内不工作时,一般是在规定条件下进行储存；当执行作战任务时，导弹进入工作状态后经过制导飞行，直到摧毁目标。从导弹使用期的全过程来看，可以将导弹的使用阶段分为储存阶段和工作阶段两个部分。

通常情况下，可利用技术准备完好率来评价导弹的可用性。

技术准备完好率（technical readiness）是指在收到战斗准备指令后，处于储存状态的导弹系统，在规定的技术准备时间内按照既定要求完成技术准备工作的可能性，通常用百分数 $P_{WH}$ 表示。其数学模型如式（8-2）所示：

$$P_{WH}=R_{tp}+(1-R_{tp})R_{FD}M_{(t_m<t_d)}S \tag{8-2}$$

式中：$R_{tp}$——导弹在储存状态的可靠度；

$t_m$——当在技术阵地出现故障时，导弹系统的修复时间与保障延误时间之和；

$t_d$——当在技术阵地出现故障时，导弹系统可用于完成维修工作的时间与延误的时间之和；

$R_{FD}$——在技术阵地上，检测并发现故障的概率；

$M_{(t_m<t_d)}$——当在技术阵地出现故障时，导弹系统能完成修复的概率；

$S$——当在技术阵地出现故障时，导弹系统零件需要更换时备件满足的概率。

当导弹系统在技术阵地发射前时，需对其进行检查，一旦检查到故障，应及时进行修理或更换，并在收到作战任务命令之后完成相应的技术准备工作。因此可以得出，技术准备完好率主要受储存状态的可靠度 $R_{tp}$（储存期间）因素的影响。

导弹的可用性表达式如式（8-3）所示：

$$A=P_{WH} \tag{8-3}$$

（2）导弹可信性分析。

通常用任务成功率来描述导弹的可信性 $D$。任务成功率是指已进入发射阵地的导弹装备系统成功执行发射、飞行、毁伤作用任务的概率。其数学模型如式（8-4）所示：

$$D=P_{rc}=R_{发}R_{飞}R_{作用} \tag{8-4}$$

式中：$P_{rc}$——任务成功的概率；

$R_{发}$——发射可靠度；

$R_{飞}$——飞行可靠度；

$R_{作}$——作用可靠度。

发射可靠度是指导弹在规定发射环境条件下和规定发射准备时间内，按照预定的发射程序，完成发射准备任务，并能正常发射出去的概率。导弹发射失效主要由发射时导弹膛炸和留膛两个故障事件引起的。根据导弹故障机理分析中的故障树分析可知，导弹炸膛主要由火炮发射系统存在致命隐患，发射膛压过高，顶杆开关短路，导弹爆炸引起的。导弹爆炸主要由于主引信提前作用，战斗部有底隙，药柱有裂纹事件引起的。留膛故障是由于火炮激发系统故障，底火不发火，发射点火器失效，发射药失效和感应部件故障综合作用引起的。

发射系统可靠度主要由导弹留膛和膛炸概率决定，如式（8-5）所示：

$$R_{发}=1-F_{留}-F_{膛} \tag{8-5}$$

式中：$R_{发}$——发射可靠度；

$F_{留}$——导弹留膛概率；

$F_{膛}$——导弹膛炸概率。

飞行可靠度是指导弹在规定飞行环境条件下和规定飞行时间内，按照规定飞行的程序正常工作,将战斗部送入预定目标区的概率。飞行失效主要是由于导弹在弹道飞行中失控引起的。由于信息场故障可能使飞行弹道失控;由于发射平台摆动、初速不正常引起导弹未进入信息场;由于翼片脱落或弹体强度低引起弹体异常;由于发动机意外熄火等引起导弹发动机工作异常。因此导弹飞行可靠度可由信息场故障,导弹未进入信息场,弹体异常和发动机工作异常四种事件决定。

飞行可靠性可用式(8—6)和式(8—7)表达:

$$R_{飞} = 1 - F_{失控} \tag{8-6}$$

$$F_{失控} = F_{信息场} + F_{未进入} + F_{弹体} + F_{发动机} \tag{8-7}$$

式中: $R_{飞}$——导弹飞行可靠度;

$F_{失控}$——导弹弹道失控概率;

$F_{信息场}$——导弹信息场故障概率;

$F_{未进入}$——导弹未进入信息场概率;

$F_{弹体}$——导弹弹体强度低的概率;

$F_{发动机}$——导弹发动机工作异常的概率。

作用可靠度是指导弹在规定任务剖面中,按照规定程序对目标正常毁伤作用的概率。作用失效主要是引信未作用,延时器异常,导弹触发线路断路引起的,作用可靠度计算如式(8—8)和式(8—9)所示:

$$R_{作用} = 1 - F_{瞎火} \tag{8-8}$$

$$F_{瞎火} = F_{引信} + F_{延时器} + F_{线路} \tag{8-9}$$

式中: $R_{作用}$——导弹作用可靠度;

$F_{瞎火}$——导弹瞎火概率;

$F_{引信}$——引信瞎火概率;

$F_{延时器}$——延时器异常概率;

$F_{线路}$——触发线路断路概率。

(3)导弹固有能力分析。

固有能力是指导弹系统在给定的内在条件下,满足给定的性能要求的自身能力,通常用性能参数来衡量,如威力、射程等。固有能力通常用 $C$ 来表示,表示系统在满足可用度与可信度要求的条件下,能够完成任务目标的概率。主要从结构、射程、制导控制能力和威力等方面对导弹系统的固有能力进行评价。

导弹结构性能是将导弹上各主要部件、子系统等给以合理的布置,以保证导弹达到良好的结构防护能力。在部位安排过程中,要调整质心位置、计算质量等。

射程指导弹在满足命中率的前提下,弹体发射点与命中点之间的距离。

导弹制导控制性能指根据目标的运动情况或位置坐标,克服各种干扰因素,将导弹引向目标或使其按预定弹道飞行,进而实现对目标或目标区域的准确命中。

导弹威力是对目标实施毁伤或产生其他效应的能力。

导弹能力指数是指利用统一的衡量标准将需用到的固有能力参数归一化为相对"指数"。指数法是基本参数幂指数函数的乘积,也是研究导弹系统能力的常用方法,其优点是快速方便,并能与专家的经验判断相结合,能满足较高的估算精度。

利用指数法对导弹系统的固有能力进行建模,其估算模型如式(8—10)所示:

$$C = C_1^{\mu_1} C_2^{\mu_2} C_3^{\mu_3} C_4^{\mu_4} \tag{8-10}$$

式中：$C$——能力指数；

$C_1$——结构指数；

$C_2$——射程指数；

$C_3$——制导控制指数；

$C_4$——威力指数；

$\mu_1, \mu_2, \mu_3, \mu_4$——加权系数。

### 8.4.3 导弹系统效能模型

根据上述分析,建立导弹系统效能估算模型,如式(8-11)所示：

$$E = ADC = P_{\text{WH}} P_{\text{rc}} C \tag{8-11}$$

因此,能够得到关于导弹系统效能的输入参数,如表 8-1 所示。

表 8-1 导弹系统效能估算输入参数表

| 参数类型 | 具体参数 |
| --- | --- |
| 可用性参数 | 基本/固有可靠度 |
|  | 故障检测率 |
|  | 修复率 |
|  | 备件满足率 |
| 可信性参数 | 安全性 |
|  | 环境适应性 |
|  | 发射可靠度 |
|  | 飞行可靠度 |
|  | 作用可靠度 |
| 固有能力参数 | 结构指数 |
|  | 射程指数 |
|  | 制导控制指数 |
|  | 威力指数 |
|  | 加权系数 |

由系统效能模型可知,只需输入各方案的参数,就能够快速估算出导弹系统效能值,并在以效能作为设计准则的条件下,选出最优方案。

### 8.4.4 基于层次分析法的综合设计分析

导弹性能与通用质量特性使用要求的确定是从导弹作战要求到通用质量特性参数指标逐渐细化反复设计的过程。系统效能体现导弹完成特定作战任务的能力,反映导弹的总体特性和水平。当研究导弹的总体能力时,可用系统效能对导弹综合效能进行评价。

通过对导弹的综合效能分析和系统费用分析,建立导弹的性能与通用质量特性综合设计的效能模型以及包含导弹研制、生产和保障的系统费用模型,可以分别计算导弹的系统效能和系统费用,从而可以对多种备选方案进行效能、费用、效费比的综合评价分析。

进行导弹效能、费用的综合评价分析的目标,通常是在完成既定任务的效能水平的前提下,将费用减少到最低限度。导弹效能、费用的综合评价有三种途径:一是在固定经费的条件下,研究能达到最高效能的方案;二是在确定效能的条件下,获取费用最低的方案;三是在费用允许的范围内,获取效能最优的方案。三种途径就是通常所指的等费用准则、等效能准则和效费比准则。

#### 8.4.4.1 建立层次分析结构模型

进行综合设计时,需要确定各组成因素的关联关系和隶属关系,将问题所含的各组成因素按其关联关系和隶属关系分成若干组,每一组作为一个层次,在相邻的两层次元素中,若上一层次中的某一元素与下一层次中的某一元素有关联关系,用实线相连,这样就构成一个由上到下的递阶层次结构模型,如图8-4所示。

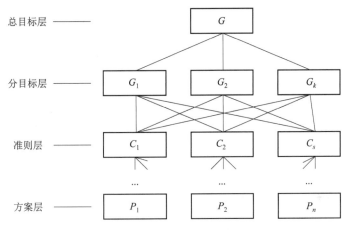

图8-4 层次结构模型图

它由最高层、若干中间层和最低层构成。最高层为总目标层,是所解决问题要达到的总目标,一般只有一个。若需将总目标分解成多个分目标,则可在此层下面再建立分目标层。中间层为准则层,是实现预定目标所要遵循的若干准则。最低层为目标的具体属性层或解决问题的措施、方案层。若用层次分析法确定各目标的权重,则最低层即为各目标的属性指标;若用层次分析法进行各可行方案的优劣排序,则最低层即为各可行方案。

在对导弹的性能与通用质量特性进行分析和研究后,得到导弹性能与通用质量特性综合设计技术指标,如图8-5所示。

由于导弹存在工作阶段和储存阶段,于是将导弹综合设计技术指标分为三部分:第一部分为性能指标,第二部分为工作阶段通用质量特性指标,第三部分为储存阶段通用质量特性指标。根据技术指标的分类以及层次分析法使用原则建立层次结构模型,如图8-6所示。

由于目标层包含分目标,于是根据层次结构模型,首先对三个分目标运用层次分析法进行综合设计,之后再对总目标进行综合设计,即可得到导弹最佳设计方案。

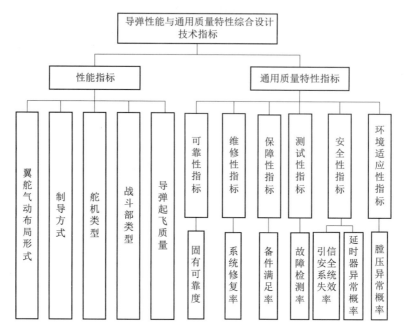

图 8—5 导弹性能与通用质量特性综合设计技术指标示意图

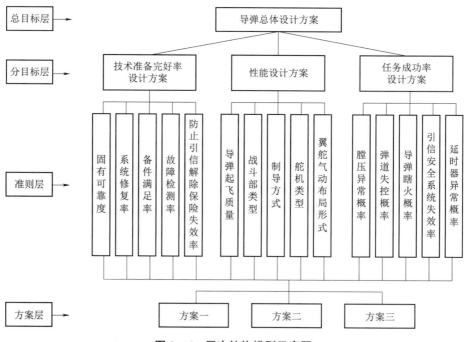

图 8—6 层次结构模型示意图

### 8.4.4.2 技术准备完好率综合设计

(1)建立判断矩阵。

对同一层的两因素相对于上一层的某一因素的影响度对比进行打分,分值依据两因素影响度对比图给定。两因素影响度对比分值含义如图 8—7 所示。分值 2 代表影响大小的对比度在 1 和 3 所代表的影响大小的对比度之间,分值 4 代表影响大小的对比度在 3 和 5 所代表的影响大小的对比度之间,6 和 8 以此类推。根据图 8—7 中 $a_{ij}$ 的含义不难得出 $a_{ji}$ 的含义,按照式 $a_{ji}=1/a_{ij}$,可得到 $a_{ji}$ 的大小。由此可推导出判断矩阵 $\boldsymbol{A}$,如式(8—12)所示:

$$\boldsymbol{A}=(a_{ij})_{n\times n}=\begin{bmatrix} a_{11} & a_{12} & \cdots & a_{1n} \\ a_{21} & a_{22} & \cdots & a_{2n} \\ \cdots & \cdots & \cdots & \cdots \\ a_{n1} & a_{n2} & \cdots & a_{nn} \end{bmatrix} \qquad (8-12)$$

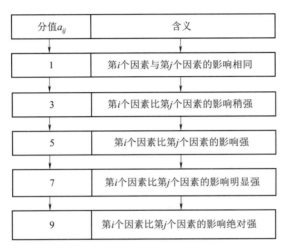

**图 8—7 两因素影响度对比分值含义**

对技术准备完好率的下层各因素相对于技术准备完好率的影响度进行两两对比与打分,分值如表 8—2 所示。

表 8—2 各因素对比打分

| 下层因素 | 固有可靠度 | 系统修复率 | 备件满足率 | 故障检测率 | 防止引信解除保险失效率 |
|---|---|---|---|---|---|
| 固有可靠度 | 1 | 1 | 2 | 1 | 1/2 |
| 系统修复率 | 1 | 1 | 2 | 1 | 1/2 |
| 备件满足率 | 1/2 | 1/2 | 1 | 1/2 | 1/3 |
| 故障检测率 | 1 | 1 | 2 | 1 | 1/2 |
| 防止引信解除保险失效率 | 2 | 2 | 3 | 2 | 1 |

表 8—2 所示的各分值的含义为相对于技术准备完好率,下层因素的影响度两两对比的强弱程度量化值。从 3 分到 1/3 分,前一个因素的影响度相对于后一个因素,强度逐渐减弱。分值大于 1 时前一个因素强,分值等于 1 时两因素强度相同,分值小于 1 时,后一个因素强。参考图 8—7 以及之前对分值的研究与分析,可知各分值所代表的含义。

根据表 8—2 所示分值，得到判断矩阵，如式(8—13)所示：

$$\boldsymbol{A}_1 = \begin{bmatrix} 1 & 1 & 2 & 1 & 1/2 \\ 1 & 1 & 2 & 1 & 1/2 \\ 1/2 & 1/2 & 1 & 1/2 & 1/3 \\ 1 & 1 & 2 & 1 & 1/2 \\ 2 & 2 & 3 & 2 & 1 \end{bmatrix} \qquad (8-13)$$

对方案层各因素相对于技术准备完好率的准则层各因素进行两两对比与打分。

对各因素的固有可靠度的对比与打分情况分析：方案一充分考虑了性能与通用质量特性的设计方案，在固有可靠度方面，根据前文分析与研究而提出的可靠性措施，对方案做了较大改进，因此固有可靠度得到很大提升；方案二只考虑性能的设计方案，性能的提升无法避免地会造成固有可靠度在原水平上下降；方案三以"芦笛"导弹为原形的初始设计方案，固有可靠度的变化不大。方案层各因素对固有可靠度进行对比所得的分值如表 8—3 所示。

表 8—3　各方案固有可靠度对比打分

| 方案 | 方案一 | 方案二 | 方案三 |
| --- | --- | --- | --- |
| 方案一 | 1 | 4 | 2 |
| 方案二 | 1/4 | 1 | 1/2 |
| 方案三 | 1/2 | 2 | 1 |

根据表 8—3 所示分值，得到判断矩阵，如式(8—14)所示：

$$\boldsymbol{B}_1 = \begin{bmatrix} 1 & 4 & 2 \\ 1/4 & 1 & 1/2 \\ 1/2 & 2 & 1 \end{bmatrix} \qquad (8-14)$$

对方案层各因素的系统修复率进行对比与打分情况分析：方案一充分考虑了性能与通用质量特性的设计方案，在系统修复率方面，根据前文分析与研究而提出的维修性措施，对方案做了具体改进，因此系统修复率得到很大提高；方案二只考虑性能不考虑维修的设计方案，并且性能的提升无法避免地会造成系统修复率在原水平上下降；方案三以"芦笛"导弹为原形的初始设计方案，系统修复率的变化不大。方案层各因素对系统修复率进行对比所得的分值如表 8—4 所示。

表 8—4　各方案系统修复率对比打分

| 方案 | 方案一 | 方案二 | 方案三 |
| --- | --- | --- | --- |
| 方案一 | 1 | 8 | 2 |
| 方案二 | 1/8 | 1 | 1/4 |
| 方案三 | 1/2 | 4 | 1 |

根据表 8—4 所示分值，得到判断矩阵，如式(8—15)所示：

$$\boldsymbol{B}_2 = \begin{bmatrix} 1 & 8 & 2 \\ 1/8 & 1 & 1/4 \\ 1/2 & 4 & 1 \end{bmatrix} \qquad (8-15)$$

对方案层各因素的备件满足率进行对比与打分情况分析:方案一充分考虑了性能与通用质量特性的设计方案,在备件满足率方面,根据前文分析与研究而提出的保障性措施,对方案做了具体改进,因此备件满足率得到很大提高;方案二只考虑性能而不考虑保障性的设计方案,性能的提升无法避免地会造成备件满足率在原水平上下降;方案三以"芦笛"导弹为原形的初始设计方案,备件满足率的变化不大。方案层各因素对备件满足率进行对比所得的分值如表 8—5 所示。

表 8—5　各方案备件满足率对比打分

| 方案 | 方案一 | 方案二 | 方案三 |
|---|---|---|---|
| 方案一 | 1 | 7 | 4 |
| 方案二 | 1/7 | 1 | 1/2 |
| 方案三 | 1/4 | 2 | 1 |

根据表 8—5 所示分值,得到判断矩阵,如式(8—16)所示:

$$\boldsymbol{B}_3 = \begin{bmatrix} 1 & 7 & 4 \\ 1/7 & 1 & 1/2 \\ 1/4 & 2 & 1 \end{bmatrix} \quad (8-16)$$

对方案层各因素的故障检测率进行对比与打分情况分析:方案一充分考虑了性能与通用质量特性的设计方案,在故障检测率方面,根据前文分析与研究而提出的测试性措施,对方案做了具体改进,因此故障检测率得到很大提高;方案二只考虑性能而不考虑测试性的设计方案,性能的提升无法避免地会造成故障检测率在原水平上下降;方案三以"芦笛"导弹为原形的初始设计方案,故障检测率的变化不大。方案层各因素对故障检测率进行对比所得的分值如表 8—6 所示。

表 8—6　各方案故障检测率对比打分

| 方案 | 方案一 | 方案二 | 方案三 |
|---|---|---|---|
| 方案一 | 1 | 7 | 4 |
| 方案二 | 1/7 | 1 | 1/2 |
| 方案三 | 1/4 | 2 | 1 |

根据表 8—6 所示分值,得到判断矩阵,如式(8—17)所示:

$$\boldsymbol{B}_4 = \begin{bmatrix} 1 & 7 & 4 \\ 1/7 & 1 & 1/2 \\ 1/4 & 2 & 1 \end{bmatrix} \quad (8-17)$$

对方案层各因素的防止引信解除保险失效率进行对比与打分情况分析:方案一充分考虑了性能与通用质量特性的设计方案,在防止引信解除保险失效率方面,根据前文分析与研究而提出的安全性措施,对方案做了具体改进,因此防止引信解除保险失效率得到了降低;方案二只考虑性能的设计方案,为提升性能,采用了技术含量更高的引信,引信提升了该方案的性能的同时,却大幅度降低了防止引信解除保险失效率;方案三以"芦笛"导弹为原形的初始设计方案,防止引信解除保险失效率的变化不大。方案层各因素对防止引信解除保险失效率进行对比所得的分值如表 8-7 所示。

表 8-7 各方案防止引信解除保险失效率对比打分

| 方案 | 方案一 | 方案二 | 方案三 |
| --- | --- | --- | --- |
| 方案一 | 1 | 1/2 | 2 |
| 方案二 | 2 | 1 | 4 |
| 方案三 | 1/2 | 1/4 | 1 |

根据表 8-7 所示分值,得到判断矩阵,如式(8-18)所示:

$$\boldsymbol{B}_5 = \begin{bmatrix} 1 & 1/2 & 2 \\ 2 & 1 & 4 \\ 1/2 & 1/4 & 1 \end{bmatrix} \qquad (8-18)$$

(2)层次单排序及一致性检验。

层次单排序就是计算本层次元素相对于上一层次某一元素的相对重要性的权重值。根据获得的所有判断矩阵计算最大特征根 $\lambda_{max}$、一致性指标 CI、一致性比率 CR 以及权重向量。在参数计算完成后对比 CR 的值,若 CR<0.1,则通过一致性检验,指标计算完成;若 CR<0.1 不成立,则对本项 CR 对应的判断矩阵进行检查与调整,直至调整后计算得到的 CR 达到要求为止。层次分析法计算流程如图 8-8 所示,随机一致性指标 RI 数值如表 8-8 所示,计算得到矩阵 $\boldsymbol{A}_1$ 对应的参数如表 8-9 所示,计算得到矩阵 $\boldsymbol{B}_1 \sim \boldsymbol{B}_5$ 对应的参数如表 8-10 所示。

表 8-9 以及表 8-10 的 CR 值符合要求,通过一致性检验。

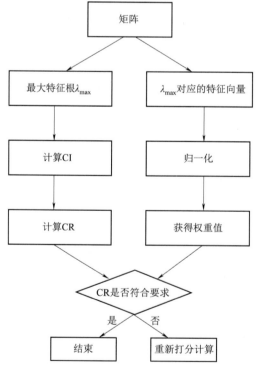

图 8-8 层次分析法计算流程

表 8－8  RI 数值

| 矩阵阶数 | 1 | 2 | 3 | 4 | 5 | 6 | 7 | 8 | 9 | 10 |
|---|---|---|---|---|---|---|---|---|---|---|
| RI | 0 | 0 | 0.58 | 0.90 | 1.12 | 1.24 | 1.32 | 1.41 | 1.45 | 1.49 |

表 8－9  判断矩阵 $A_1$ 对应的参数

| 参数 | $\lambda_{\max}$ | $\omega_1$ | $\omega_2$ | $\omega_3$ | $\omega_4$ | $\omega_5$ | CI | RI | CR |
|---|---|---|---|---|---|---|---|---|---|
| 数值 | 5.010 5 | 0.184 6 | 0.184 6 | 0.097 8 | 0.184 6 | 0.348 5 | 0.002 6 | 1.12 | 0.002 3 |

表 8－10  判断矩阵 $B_1 \sim B_5$ 对应的参数

| 参数 | 矩阵 $B_1$ | 矩阵 $B_2$ | 矩阵 $B_3$ | 矩阵 $B_4$ | 矩阵 $B_5$ |
|---|---|---|---|---|---|
| $\omega_1$ | 0.571 4 | 0.615 4 | 0.715 3 | 0.715 3 | 0.285 7 |
| $\omega_2$ | 0.142 9 | 0.076 9 | 0.097 7 | 0.097 7 | 0.571 4 |
| $\omega_3$ | 0.285 7 | 0.307 7 | 0.187 0 | 0.187 0 | 0.142 9 |
| $\lambda_{\max}$ | 3.000 0 | 3.000 0 | 3.002 1 | 3.002 1 | 3.000 0 |
| CI | 0 | 0 | 0.001 1 | 0.001 1 | 0 |
| CR | 0 | 0 | 0.001 9 | 0.001 9 | 0 |

(3)层次总排序及一致性检验。

层次总排序是利用层次单排序的计算结果,进一步计算出最低层元素相对于总目标最高层的相对重要性权重值。层次总排序依然要进行一致性检验,若 CR＜0.1,则通过一致性检验,指标计算完成;若 CR＜0.1 不成立,则检查并调整判断矩阵,再次计算,直至一致性检验通过为止。通过计算得到层次总排序参数如表 8－11 所示。

表 8－11  层次总排序参数

| 方案一权重值 | 方案二权重值 | 方案三权重值 | CR |
|---|---|---|---|
| 0.520 7 | 0.267 3 | 0.212 2 | 0.000 5 |

由表 8－11 可知,CR 通过一致性检验。根据权重值得出方案层对于技术准备完好率的影响度排序:方案一＞方案二＞方案三。

#### 8.4.4.3  性能综合设计

(1)建立判断矩阵。

对性能分目标层的下层各因素相对于性能的影响度进行两两对比,以两因素影响度对比分值作为标准进行打分,分值如表 8－12 所示。表中所示的各项分值的含义为,相对于分目标层性能,下层因素的影响度两两对比的强弱程度量化值。

表 8－12　各因素对比打分

| 因素 | 炮射导弹起飞重量 | 战斗部类型 | 制导方式 | 舵机类型 | 翼舵气动布局形式 |
|---|---|---|---|---|---|
| 炮射导弹起飞重量 | 1 | 2 | 1 | 1 | 2 |
| 战斗部类型 | 1/2 | 1 | 1/3 | 1 | 2 |
| 制导方式 | 1 | 3 | 1 | 2 | 2 |
| 舵机类型 | 1 | 1 | 1/2 | 1 | 2 |
| 翼舵气动布局形式 | 1/2 | 1/2 | 1/2 | 1/2 | 1 |

根据表 8－12 所示分值,得到判断矩阵,如式(8－19)所示:

$$\boldsymbol{A}_2 = \begin{bmatrix} 1 & 2 & 1 & 1 & 2 \\ 1/2 & 1 & 1/3 & 1 & 2 \\ 1 & 3 & 1 & 2 & 2 \\ 1 & 1 & 1/2 & 1 & 2 \\ 1/2 & 1/2 & 1/2 & 1/2 & 1 \end{bmatrix} \quad (8-19)$$

对方案层各因素相对于性能的准则层的各因素进行两两对比与打分。

对各因素的导弹起飞重量的对比与打分:方案一充分考虑了性能与通用质量特性的设计方案,在导弹起飞重量方面,采用轻量化设计,因此本方案的导弹起飞重量较轻;方案二只考虑性能的设计方案,为提升导弹性能,导弹起飞重量轻于方案一;方案三以"芦笛"导弹为原形的初始设计方案,导弹起飞重量的变化不大。方案层各因素对导弹起飞重量进行对比所得的分值如表 8－13 所示。

表 8－13　各方案导弹起飞重量对比打分

| 方案 | 方案一 | 方案二 | 方案三 |
|---|---|---|---|
| 方案一 | 1 | 1/2 | 2 |
| 方案二 | 2 | 1 | 4 |
| 方案三 | 1/2 | 1/4 | 1 |

根据表 8－13 所示分值,得到判断矩阵,如式(8－20)所示:

$$\boldsymbol{B}_1 = \begin{bmatrix} 1 & 1/2 & 2 \\ 2 & 1 & 4 \\ 1/2 & 1/4 & 1 \end{bmatrix} \quad (8-20)$$

方案一和方案二采用两级聚能装药串联战斗部,方案三采用自锻破片式战斗部。两种战斗部都用于攻击装甲目标,但两级聚能装药串联战斗部毁伤能力强于自锻破片式战斗部,自锻破片式战斗部适合攻击距离较远且装甲较薄的目标。由于导弹对破甲的要求较高,因此认为两级聚能装药串联战斗部优于自锻破片式战斗部。根据以上分析和标准进行打分,得到分值如表 8-14 所示。

表 8-14 各方案战斗部类型对比打分

| 方案 | 方案一 | 方案二 | 方案三 |
|---|---|---|---|
| 方案一 | 1 | 1 | 2 |
| 方案二 | 1 | 1 | 2 |
| 方案三 | 1/2 | 1/2 | 1 |

根据表 8-14 所示分值,得到判断矩阵,如式(8-21)所示:

$$\boldsymbol{B}_2 = \begin{bmatrix} 1 & 1 & 2 \\ 1 & 1 & 2 \\ 1/2 & 1/2 & 1 \end{bmatrix} \tag{8-21}$$

方案一和方案三采用激光寻的制导,方案二采用红外成像寻的制导。两种制导方式抗干扰能力都强,但激光寻的制导抗烟雾能力差,而红外成像寻的制导不能全天候工作。由于战斗环境的不可操控性,红外成像寻的制导不能全天候工作成为一个无法弥补的短板,对比后认为激光寻的制导优于红外成像寻的制导。根据以上分析和标准进行打分,分值如表 8-15 所示。

表 8-15 各方案制导方式对比打分

| 方案 | 方案一 | 方案二 | 方案三 |
|---|---|---|---|
| 方案一 | 1 | 2 | 1 |
| 方案二 | 1/2 | 1 | 1/2 |
| 方案三 | 1 | 2 | 1 |

根据表 8-15 所示分值,得到判断矩阵,如式(8-22)所示:

$$\boldsymbol{B}_3 = \begin{bmatrix} 1 & 2 & 1 \\ 1/2 & 1 & 1/2 \\ 1 & 2 & 1 \end{bmatrix} \tag{8-22}$$

方案一采用电磁式舵机,方案二和方案三采用冲压式舵机。根据两种舵机特点的对比,可知电磁式舵机优于冲压式舵机。根据以上分析和标准进行打分,分值如表 8-16 所示。

表 8-16 各方案舵机类型对比打分

| 方案 | 方案一 | 方案二 | 方案三 |
|---|---|---|---|
| 方案一 | 1 | 3 | 3 |
| 方案二 | 1/3 | 1 | 1 |
| 方案三 | 1/3 | 1 | 1 |

根据表 8-16 所示分值,得到判断矩阵,如式(8-23)所示:

$$\boldsymbol{B}_4 = \begin{bmatrix} 1 & 3 & 3 \\ 1/3 & 1 & 1 \\ 1/3 & 1 & 1 \end{bmatrix} \tag{8-23}$$

对于翼舵气动布局形式,方案一和方案二采用"鸭式",方案三采用"正常式"。根据两种翼舵气动布局形式特点的对比,认为"鸭式"优于"正常式"。根据以上分析和标准进行打分,分值如表8-17所示。

表8-17 各方案翼舵气动布局形式对比打分

| 方案 | 方案一 | 方案二 | 方案三 |
|---|---|---|---|
| 方案一 | 1 | 1 | 2 |
| 方案二 | 1 | 1 | 2 |
| 方案三 | 1/2 | 1/2 | 1 |

根据表8-17所示分值,得到判断矩阵,如式(8-24)所示:

$$\boldsymbol{B}_5 = \begin{bmatrix} 1 & 1 & 2 \\ 1 & 1 & 2 \\ 1/2 & 1/2 & 1 \end{bmatrix} \tag{8-24}$$

(2)层次单排序及一致性检验。

根据判断矩阵,进行层次单排序及一致性检验。计算得到矩阵 $\boldsymbol{A}_2$ 对应的参数如表8-18所示,矩阵 $\boldsymbol{B}_1 \sim \boldsymbol{B}_5$ 对应的参数如表8-19所示。

表8-18和表8-19的CR值符合要求,通过一致性检验。

表8-18 判断矩阵 $\boldsymbol{A}_2$ 对应的参数

| 参数 | $\lambda_{max}$ | $\omega_1$ | $\omega_2$ | $\omega_3$ | $\omega_4$ | $\omega_5$ | CI | RI | CR |
|---|---|---|---|---|---|---|---|---|---|
| 数值 | 5.139 5 | 0.247 1 | 0.150 3 | 0.307 8 | 0.187 3 | 0.107 5 | 0.034 9 | 1.12 | 0.031 2 |

表8-19 判断矩阵 $\boldsymbol{B}_1 \sim \boldsymbol{B}_5$ 对应的参数

| 参数 | 矩阵 $\boldsymbol{B}_1$ | 矩阵 $\boldsymbol{B}_2$ | 矩阵 $\boldsymbol{B}_3$ | 矩阵 $\boldsymbol{B}_4$ | 矩阵 $\boldsymbol{B}_5$ |
|---|---|---|---|---|---|
| $\omega_1$ | 0.285 7 | 0.400 0 | 0.400 0 | 0.600 0 | 0.400 0 |
| $\omega_2$ | 0.571 4 | 0.400 0 | 0.200 0 | 0.200 0 | 0.400 0 |
| $\omega_3$ | 0.142 9 | 0.200 0 | 0.400 0 | 0.200 0 | 0.200 0 |
| $\lambda_{max}$ | 3.000 0 | 3.000 0 | 3.000 0 | 3.000 0 | 3.000 0 |
| RI | 0.58 | 0.58 | 0.58 | 0.58 | 0.58 |
| CI | 0 | 0 | 0 | 0 | 0 |
| CR | 0 | 0 | 0 | 0 | 0 |

(3)层次总排序及一致性检验。

通过计算得到层次总排序参数,如表8-20所示。

表8-20 层次总排序参数

| 方案一权重值 | 方案二权重值 | 方案三权重值 | CR |
|---|---|---|---|
| 0.409 1 | 0.343 3 | 0.247 5 | 0 |

由表 8—20 可知，CR 通过一致性检验。根据权重值得出方案层对于性能的影响度排序：方案一＞方案二＞方案三。

#### 8.4.4.4 任务成功率综合设计

（1）建立判断矩阵。

对任务成功率的下层各因素相对于任务成功率的影响度进行两两对比与打分，以之前对分值的研究与分析作为标准进行打分，分值如表 8—21 所示。

表 8—21 各因素对比打分

| 因素 | 膛压异常概率 | 导弹弹道失控概率 | 导弹瞎火概率 | 引信安全系统失效率 | 延时器异常概率 |
| --- | --- | --- | --- | --- | --- |
| 膛压异常概率 | 1 | 2 | 1 | 1 | 1 |
| 导弹弹道失控概率 | 1/2 | 1 | 1/2 | 1/2 | 1/2 |
| 导弹瞎火概率 | 1 | 2 | 1 | 1/2 | 1 |
| 引信安全系统失效率 | 1 | 2 | 2 | 1 | 1 |
| 延时器异常概率 | 1 | 2 | 1 | 1 | 1 |

根据表 8—21 所示分值，得到判断矩阵，如式（8—25）所示：

$$A_3 = \begin{bmatrix} 1 & 2 & 1 & 1 & 1 \\ 1/2 & 1 & 1/2 & 1/2 & 1/2 \\ 1 & 2 & 1 & 1/2 & 1 \\ 1 & 2 & 2 & 1 & 1 \\ 1 & 2 & 1 & 1 & 1 \end{bmatrix} \tag{8—25}$$

对方案层各因素相对于任务成功率的准则层各因素进行两两对比与打分。

对各方案的膛压异常概率的对比与打分：方案一充分考虑了性能与通用质量特性的设计方案，为减少膛压异常，方案一做了很多改进；方案二只考虑性能的设计方案，性能的提升提升了导弹的作战能力，但也使膛压异常的概率上升；方案三以"芦笛"导弹为原形的初始设计方案，膛压异常的概率变化不大。根据以上分析，依据标准进行打分，分值如表 8—22 所示。

表 8—22 各方案膛压异常概率对比打分

| 方案 | 方案一 | 方案二 | 方案三 |
| --- | --- | --- | --- |
| 方案一 | 1 | 3 | 2 |
| 方案二 | 1/3 | 1 | 1/2 |
| 方案三 | 1/2 | 2 | 1 |

根据表 8—22 所示分值，得到判断矩阵，如式（8—26）所示：

$$\boldsymbol{B}_1 = \begin{bmatrix} 1 & 3 & 2 \\ 1/3 & 1 & 1/2 \\ 1/2 & 2 & 1 \end{bmatrix} \qquad (8-26)$$

对各方案的导弹弹道失控概率的对比与打分：方案一为减少导弹弹道失控概率做了很多改进；方案二只考虑性能的设计方案，性能的提升提升了导弹的作战能力，但也使弹道失控概率上升；方案三以"芦笛"导弹为原形的初始设计方案，弹道失控概率变化不大。根据以上分析和标准进行打分，分值如表8－23所示。

表 8－23　各方案导弹弹道失控概率对比打分

| 方案 | 方案一 | 方案二 | 方案三 |
| --- | --- | --- | --- |
| 方案一 | 1 | 4 | 2 |
| 方案二 | 1/4 | 1 | 1/2 |
| 方案三 | 1/2 | 2 | 1 |

根据表8－23所示分值，得到判断矩阵，如式(8－27)所示：

$$\boldsymbol{B}_2 = \begin{bmatrix} 1 & 4 & 2 \\ 1/4 & 1 & 1/2 \\ 1/2 & 2 & 1 \end{bmatrix} \qquad (8-27)$$

对各方案的导弹瞎火概率的对比与打分：方案一为减少导弹瞎火概率做了很多改进；方案二只考虑性能的设计方案，性能的提升一方面提升了导弹的作战能力，但另一方面也使导弹瞎火概率上升；方案三以"芦笛"导弹为原形的初始设计方案，导弹瞎火概率变化不大。根据以上分析和标准进行打分，分值如表8－24所示。

表 8－24　各方案导弹瞎火概率对比打分

| 方案 | 方案一 | 方案二 | 方案三 |
| --- | --- | --- | --- |
| 方案一 | 1 | 2 | 1 |
| 方案二 | 1/2 | 1 | 1/2 |
| 方案三 | 1 | 2 | 1 |

根据表8－24所示分值，得到判断矩阵，如式(8－28)所示：

$$\boldsymbol{B}_3 = \begin{bmatrix} 1 & 2 & 1 \\ 1/2 & 1 & 1/2 \\ 1 & 2 & 1 \end{bmatrix} \qquad (8-28)$$

对各方案的防止引信解除保险失效率的对比与打分：方案一为降低防止引信解除保险失效率做了很多改进；方案二只考虑性能的设计方案，性能的提升提升了导弹的作战能力，但也使防止引信解除保险失效率上升；方案三是以"芦笛"导弹为原形的初始设计方案，防止引信解除保险失效率变化不大。根据以上分析和标准进行打分，分值如表8－25所示。

表 8－25　各方案防止引信解除保险失效率对比打分

| 方案 | 方案一 | 方案二 | 方案三 |
|---|---|---|---|
| 方案一 | 1 | 3 | 2 |
| 方案二 | 1/3 | 1 | 1/2 |
| 方案三 | 1/2 | 2 | 1 |

根据表 8－25 所示分值，得到判断矩阵，如式(8－29)所示：

$$\boldsymbol{B}_4 = \begin{bmatrix} 1 & 3 & 2 \\ 1/3 & 1 & 1/2 \\ 1/2 & 2 & 1 \end{bmatrix} \quad (8-29)$$

对各方案的延时器异常概率的对比与打分：方案一为减小延时器异常概率做了很多改进；方案二只考虑性能的设计方案，性能的提升一方面提升了导弹的作战能力，但另一方面也使延时器异常概率上升；方案三以"芦笛"导弹为原形的初始设计方案，延时器异常概率变化不大。根据以上分析和标准进行打分，分值如表 8－26 所示。

表 8－26　各方案延时器异常概率对比打分

| 方案 | 方案一 | 方案二 | 方案三 |
|---|---|---|---|
| 方案一 | 1 | 2 | 2 |
| 方案二 | 1/2 | 1 | 1 |
| 方案三 | 1/2 | 1 | 1 |

根据表 8－26 所示分值，得到判断矩阵，如式(8－30)所示：

$$\boldsymbol{B}_5 = \begin{bmatrix} 1 & 2 & 2 \\ 1/2 & 1 & 1 \\ 1/2 & 1 & 1 \end{bmatrix} \quad (8-30)$$

(2)层次单排序及一致性检验。

根据判断矩阵，进行层次单排序及一致性检验。计算得到矩阵 $\boldsymbol{A}_3$ 对应的参数如表 8－27 所示，矩阵 $\boldsymbol{B}_1 \sim \boldsymbol{B}_5$ 对应的参数如表 8－28 所示。

表 8－27 和表 8－28 的 CR 值符合要求，通过一致性检验。

表 8－27　判断矩阵 $\boldsymbol{A}_3$ 对应的参数

| 参数 | $\lambda_{max}$ | $\omega_1$ | $\omega_2$ | $\omega_3$ | $\omega_4$ | $\omega_5$ | CI | RI | CR |
|---|---|---|---|---|---|---|---|---|---|
| 数值 | 5.063 4 | 0.221 3 | 0.110 6 | 0.192 6 | 0.254 2 | 0.221 3 | 0.015 9 | 1.12 | 0.014 2 |

表 8－28　判断矩阵 $\boldsymbol{B}_1 \sim \boldsymbol{B}_5$ 对应的参数

| 参数 | 矩阵 $\boldsymbol{B}_1$ | 矩阵 $\boldsymbol{B}_2$ | 矩阵 $\boldsymbol{B}_3$ | 矩阵 $\boldsymbol{B}_4$ | 矩阵 $\boldsymbol{B}_5$ |
|---|---|---|---|---|---|
| $\omega_1$ | 0.539 6 | 0.571 4 | 0.400 0 | 0.539 6 | 0.500 0 |
| $\omega_2$ | 0.163 4 | 0.142 9 | 0.200 0 | 0.163 4 | 0.250 0 |
| $\omega_3$ | 0.297 0 | 0.285 7 | 0.400 0 | 0.297 0 | 0.250 0 |

续表

| 参数 | 矩阵 $B_1$ | 矩阵 $B_2$ | 矩阵 $B_3$ | 矩阵 $B_4$ | 矩阵 $B_5$ |
| --- | --- | --- | --- | --- | --- |
| $\lambda_{max}$ | 3.009 2 | 3.000 0 | 3.000 0 | 3.009 2 | 3.000 0 |
| RI | 0.58 | 0.58 | 0.58 | 0.58 | 0.58 |
| CI | 0.004 6 | 0 | 0 | 0.004 6 | 0 |
| CR | 0.007 9 | 0 | 0 | 0.007 9 | 0 |

(3)层次总排序及一致性检验。

通过计算得到层次总排序参数,如表 8—29 所示。

表 8—29 层次总排序参数

| 方案一权重值 | 方案二权重值 | 方案三权重值 | CR |
| --- | --- | --- | --- |
| 0.507 5 | 0.187 3 | 0.305 2 | 0.002 2 |

由表 8—29 可知,CR 通过一致性检验。根据权重值得出方案层对于任务成功率的影响度排序:方案一>方案三>方案二。

#### 8.4.4.5 导弹总体方案综合设计

(1)建立判断矩阵。

总目标层导弹总体方案的下层各因素相对于总目标导弹总体方案的影响度的对比分值如表 8—30 所示,以之前对分值的研究与分析作为打分标准。

表 8—30 各因素对比打分

| 因素 | 技术准备完好率 | 性能 | 任务成功率 |
| --- | --- | --- | --- |
| 技术准备完好率 | 1 | 1/2 | 1 |
| 性能 | 2 | 1 | 2 |
| 任务成功率 | 1 | 1/2 | 1 |

根据表 8—30 所示分值,得到判断矩阵,如式(8—31)所示:

$$A = \begin{bmatrix} 1 & 1/2 & 1 \\ 2 & 1 & 2 \\ 1 & 1/2 & 1 \end{bmatrix} \quad (8-31)$$

方案层各因素相对于分目标层各因素的对比分值如表 8—31 所示,打分依据为之前计算的权重值。

表 8—31 各方案技术准备完好率对比打分

| 方案 | 方案一 | 方案二 | 方案三 |
| --- | --- | --- | --- |
| 方案一 | 1 | 2 | 3 |
| 方案二 | 1/2 | 1 | 2 |
| 方案三 | 1/3 | 1/2 | 1 |

根据表 8-31 所示分值,得到判断矩阵,如式(8-32)所示:

$$B_1 = \begin{bmatrix} 1 & 2 & 3 \\ 1/2 & 1 & 2 \\ 1/3 & 1/2 & 1 \end{bmatrix} \tag{8-32}$$

方案层各因素相对于性能的对比分值如表 8-32 所示,打分依据为之前计算的各方案对性能的影响度的权重值。

表 8-32　各方案性能对比打分

| 方案 | 方案一 | 方案二 | 方案三 |
|---|---|---|---|
| 方案一 | 1 | 1 | 2 |
| 方案二 | 1 | 1 | 2 |
| 方案三 | 1/2 | 1/2 | 1 |

根据表 8-32 所示分值,得到判断矩阵,如式(8-33)所示:

$$B_2 = \begin{bmatrix} 1 & 1 & 2 \\ 1 & 1 & 2 \\ 1/2 & 1/2 & 1 \end{bmatrix} \tag{8-33}$$

方案层各因素相对于任务成功率的对比分值如表 8-33 所示,打分依据为之前计算的各方案对任务成功率的影响度的权重值。

表 8-33　各方案任务成功率对比打分

| 方案 | 方案一 | 方案二 | 方案三 |
|---|---|---|---|
| 方案一 | 1 | 3 | 2 |
| 方案二 | 1/3 | 1 | 1/2 |
| 方案三 | 1/2 | 2 | 1 |

根据表 8-33 所示分值,得到判断矩阵,如式(8-34)所示:

$$B_3 = \begin{bmatrix} 1 & 3 & 2 \\ 1/3 & 1 & 1/2 \\ 1/2 & 2 & 1 \end{bmatrix} \tag{8-34}$$

(2)层次单排序及一致性检验。

根据判断矩阵,进行层次单排序及一致性检验。计算得到矩阵 $A$ 对应的参数如表 8-34 所示,矩阵 $B_1 \sim B_3$ 对应的参数如表 8-35 所示。

表 8-34 和表 8-35 的 CR 值符合要求,通过一致性检验。

表 8-34　判断矩阵 $A$ 对应的参数

| 参数 | $\lambda_{\max}$ | $\omega_1$ | $\omega_2$ | $\omega_3$ | CI | RI | CR |
|---|---|---|---|---|---|---|---|
| 数值 | 3.000 0 | 0.250 0 | 0.500 0 | 0.250 0 | 0 | 0.58 | 0 |

表 8-35 判断矩阵 $B_1 \sim B_3$ 对应参数表

| 参数 | $\lambda_{\max}$ | $\omega_1$ | $\omega_2$ | $\omega_3$ | CI | RI | CR |
|---|---|---|---|---|---|---|---|
| 矩阵 $B_1$ | 3.009 2 | 0.539 6 | 0.297 0 | 0.163 4 | 0.004 6 | 0.58 | 0.007 9 |
| 矩阵 $B_2$ | 3.000 0 | 0.400 0 | 0.400 0 | 0.200 0 | 0 | 0.58 | 0 |
| 矩阵 $B_3$ | 3.009 2 | 0.539 6 | 0.163 4 | 0.297 0 | 0.004 6 | 0.58 | 0.007 9 |

(3) 层次总排序及一致性检验。

通过计算得到层次总排序参数,如表 8-36 所示。

表 8-36 层次总排序参数

| 方案一权重值 | 方案二权重值 | 方案三权重值 | CR |
|---|---|---|---|
| 0.469 8 | 0.315 1 | 0.215 1 | 0.002 3 |

由表 8-36 可知,CR 通过一致性检验。根据权重值得出方案层对于总目标导弹最佳方案的影响度排序:方案一>方案二>方案三。方案一为最佳方案,方案一设计指标此处略。

#### 8.4.4.6 综合设计结果分析

根据综合设计结果发现,充分考虑导弹性能与通用质量特性的方案一优于充分考虑导弹性能的方案二,充分考虑导弹性能的方案二优于以"芦笛"导弹为原形的初始方案即方案三。

(1) 由于方案一充分提升了导弹的通用质量特性与性能,相比其他两个方案,方案一拥有更好的性能,例如毁伤能力强、射程远等;同时方案一拥有更好的通用质量特性,能保证导弹将性能发挥到最佳,可靠性高,有充足的备件支持,维修方便,于是方案一为最佳方案。

(2) 方案二充分考虑了导弹的性能,应用了较为先进的零部件,相比方案三性能有较大提升,虽然通用质量特性在只考虑性能的前提下随着性能的提升而下降,但综合了通用质量特性和性能的影响后,依然优于方案三。

(3) 方案二和方案一相比,方案二提升了性能,但未考虑通用质量特性,性能提升并不能保证性能的发挥,性能提升导致方案二不可避免地存在结构复杂、维修困难、可靠性降低等问题,并且方案二不提供备件,所以方案二差于方案一。

(4) 方案三是以"芦笛"导弹为原形的初始设计方案,性能与通用质量特性都差于方案一,所以方案三差于方案一。

(5) 根据理论上的分析,推测了综合设计结果所产生的原因,同时理论分析依然得出方案一>方案二>方案三的结论,与综合设计结果一致,说明综合设计结果可信,按照方案一设计的导弹能够更好地完成作战任务,更好地发挥出导弹的作用。

# 习 题

1. 装备性能与通用质量特性综合设计的作用是什么?
2. 什么是通用质量特性综合设计?
3. 综合设计方法一般有哪些?
4. 对武器装备进行综合设计时为什么多数都选择层次分析法?

5. 什么是武器系统的效能三要素？
6. 简述装备综合效能模型及其参数含义。
7. 什么是可用性？可修复系统与不可修复系统的可用性有何区别？
8. 什么是可信性？可修复系统与不可修复系统的可信性有何区别？
9. 什么是系统的固有能力？导弹的固有能力有哪些？
10. 导弹系统效能估算的输入参数如表 8－37 的第 1 列和第 2 列所示，请问第 2 列的参数分别属于六性的哪个特性？

表 8－37　导弹系统效能估算输入参数

| 参数类型 | 具体参数 | 属于六性的哪个特性 |
|---|---|---|
| 可用性参数 | 固有可靠度 | |
| | 故障检测率 | |
| | 修复率 | |
| | 备件满足率 | |
| 可信性参数 | 发射可靠度 | |
| | 飞行可靠度 | |
| | 作用可靠度 | |
| | 安全可靠度 | |
| | 环境适应性 | |

习题答案

# 参 考 文 献

[1] 杨为民,阮镰,俞沼,等.可靠性·维修性·保障性总论[M].北京:国防工业出版社,1995.
[2] 李良巧,等.产品可靠性基础[M].北京:中国兵器工业质量与可靠性研究中心,2002.
[3] 李良巧.可靠性工程师手册[M].2版.北京:中国人民大学出版社,2017.
[4] 康锐,石荣德,肖波平,等.型号可靠性维修性保障性技术规范[M].北京:国防工业出版社,2010.
[5] 康锐.可靠性维修性保障性工程基础[M].北京:国防工业出版社,2012.
[6] 中国兵器工业质量与可靠性研究中心.可靠性维修性保障性简明手册[M].北京:兵器工业出版社,2013.
[7] 曾声奎.可靠性设计与分析[M].北京:国防工业出版社,2011.
[8] 于永利,郝建平,杜晓明,等.维修性工程理论与方法[M].北京:国防工业出版社,2007.
[9] 赵廷弟.安全性设计分析与验证[M].北京:国防工业出版社,2011.
[10] 马麟.保障性设计分析与评价[M].北京:国防工业出版社,2012.
[11] 祝耀昌.产品环境工程概论[M].北京:航空工业出版社,2003.
[12] 田仲,石君友.系统测试性设计分析与验证[M].北京:北京航空航天大学出版社,2003.
[13] 刘混举,赵河明,王春燕.机械可靠性设计[M].北京:科学出版社,2012.
[14] 张亚.弹药可靠性技术与管理[M].北京:兵器工业出版社,2001.
[15] 张赪.电子产品设计宝典可靠性原则2000条[M].2版.北京:机械工业出版社,2016.
[16] 李良巧.引信可靠性设计指南[M].北京:兵器工业出版社,1993.

# 附录 通用质量特性相关国家和军用标准

GJB 150.1A～29A—2009《军用装备实验室环境试验方法》
GJB 190—1986《特性分类》
GJB 368B—2009《装备维修性工作通用要求》
GJB 450B—2021《装备可靠性工作通用要求》
GJB 451A—2005《可靠性维修性保障性术语》
GJB 813—1990《可靠性模型的建立和可靠性预计》
GJB 841—1990《故障报告、分析和纠正措施系统》
GJB 899A—2009《可靠性鉴定和验收试验》
GJB 900A—2012《装备安全性工作通用要求》
GJB 1032A—2020《电子产品环境应力筛选方法》
GJB 1364—1992《装备费用-效能分析》
GJB 1371—1992《装备保障性分析》
GJB 1378A—2007《装备以可靠性为中心的维修分析》
GJB 1387—1992《装备预防性维修大纲的制订要求与方法》
GJB 1407—1992《可靠性增长试验》
GJB 1686A—2005《装备质量信息管理通用要求》
GJB 1775—1993《装备质量与可靠性信息分类和编码通用要求》
GJB 1909A—2009《装备可靠性维修性保障性要求论证》
GJB 2072—1994《维修性试验与评定》
GJB 2515—1995《弹药储存可靠性要求》
GJB 2547A—2012《装备测试性工作通用要求》
GJB 2961—1997《维修级别分析》
GJB 3334A—2021《舰船质量与可靠性信息分类和编码要求》
GJB 3385A—2020《测试与诊断术语》
GJB 3386—1998《航天系统质量与可靠性信息分类和编码要求》
GJB 3404—1998《电子元器件选用管理要求》
GJB 3469—1998《导弹武器系统质量与可靠性信息分类和编码要求》
GJB 3554—1999《车辆系统质量与可靠性信息分类和编码要求》
GJB 3555—1999《火炮系统质量与可靠性信息分类和编码要求》
GJB 3676—1999《军用工程机械可靠性维修性要求》
GJB 3837—1999《装备保障性分析记录》
GJB 3872—1999《装备综合保障通用要求》
GJB 3966—2000《被测单元与自动测试设备兼容性通用要求》
GJB 4239—2001《装备环境工程通用要求》

GJB 4355—2002《备件供应规划要求》
GJB 5938—2007《军用电子装备测试程序集通用要求》
GJB 6117—2007《装备环境工程术语》
GJB 7686—2012《装备保障性试验与评价要求》
GJB 8892.9—2017《武器装备论证通用要求 第 9 部分:可靠性》
GJB 8892.10—2017《武器装备论证通用要求 第 10 部分:维修性》
GJB 8892.11—2017《武器装备论证通用要求 第 11 部分:保障性》
GJB 8892.12—2017《武器装备论证通用要求 第 12 部分:测试性》
GJB 8892.13—2017《武器装备论证通用要求 第 13 部分:安全性》
GJB 8892.14—2017《武器装备论证通用要求 第 14 部分:环境适应性》
GJB 8895—2017《装备测试性试验与评价》
GJB 9001C—2017《质量管理体系要求》
GJB 9157—2017《装备环境工程文件编写要求》
GJB 10054—2021《装备测试性建模要求》
GJB 346—2019《引信安全系统失效率计算方法》
GJB 373B—2019《引信安全性设计准则》
GJB 4385—2002《通用弹药储存技术要求》
GJB/Z 23—1991《可靠性和维修性工程报告编写一般要求》
GJB/Z 27—1992《电子设备可靠性热设计手册》
GJB/Z 34—1993《电子产品定量环境应力筛选指南》
GJB/Z 35—1993《元器件降额准则》
GJB/Z 57—1994《维修性分配与预计手册》
GJB/Z 72—1995《可靠性维修性评审指南》
GJB/Z 77—1995《可靠性增长管理手册》
GJB/Z 89—1997《电路容差分析指南》
GJB/Z 91—1997《维修性设计技术手册》
GJB/Z 99—1997《系统安全工程手册》
GJB/Z 102A—1997《军用软件安全性设计指南》
GJB/Z 108A—2006《电子设备非工作状态可靠性预计手册》
GJB/Z 145—2006《维修性建模指南》
GJB/Z 147—2006《装备综合保障评审指南》
GJB/Z 151—2007《装备保障方案和保障计划编制指南》
GJB/Z 170.13—2013《军工产品设计定型文件编制指南 第 13 部分:可靠性维修性测试性保障性安全性评估报告》
GJB/Z 190—2021《装备测试性设计准则制定指南》
GJB/Z 299C—2006《电子设备可靠性预计手册》
GJB/Z 768A—1998《故障树分析指南》
GJB/Z 1391—2006《故障模式、影响及危害性分析指南》
GJB/Z 2072—1994《维修性试验与评定》

GJB/Z 212—2002《引信故障树底事件数据手册》
GJB/Z 29A—2003《引信典型故障树手册》
GJB/Z 2072—1994《维修性试验与评定》